Flächennutzungsplanung – Aufgabenwandel und Perspektiven

BERLINER SCHRIFTEN ZUR STADT- UND REGIONALPLANUNG

Herausgegeben von Stephan Mitschang

Band 3

PETER LANG
Frankfurt am Main · Berlin · Bern · Bruxelles · New York · Oxford · Wien

Stephan Mitschang (Hrsg.)

Flächennutzungsplanung – Aufgabenwandel und Perspektiven

PETER LANG
Internationaler Verlag der Wissenschaften

Bibliografische Information der Deutschen Nationalbibliothek
Die Deutsche Nationalbibliothek verzeichnet diese Publikation in der Deutschen Nationalbibliografie; detaillierte bibliografische Daten sind im Internet über <http://www.d-nb.de> abrufbar.

ISSN 1861-762X
ISBN 978-3-631-56919-1

www.peterlang.de

Vorwort

Seine rechtliche Regelung erfährt der Flächennutzungsplan in § 5 BauGB. Es handelt sich bei ihm um die vorbereitende Bauleitplanung, der auf der nachfolgenden Planungsebene der verbindliche Bebauungsplan und regelmäßig noch ein Genehmigungs- oder Anzeigeverfahren für das jeweilige Bauvorhaben nachfolgt. Ihm vorgeordnet ist die Ebene der Raumordnung. Der Flächennutzungsplan ist an die Ziele der Landes- und Regionalplanung anzupassen, wird also über die landes- und regionalplanerischen Zielvorgaben hinsichtlich der auf seiner Planungsebene zu treffenden grundsätzlichen Bodennutzungsentscheidungen gesteuert. In diese Struktur des deutschen Planungssystems eingebettet, erfuhr der Flächennutzungsplan seit dem Beginn der neunziger Jahre einen Bedeutungszuwachs, dem sich in der Folge weder die Wissenschaft noch die Planungspraxis entziehen konnte. An der Schwelle zu einer neuerlichen Novellierung des BauGB durch das „Gesetz zur Erleichterung von Planungsvorhaben für die Innenentwicklung der Städte“ (BauGBÄndG 2006 vom 21.12.2006, BGBl. I S. 3316) hat an der Technischen Universität Berlin am 11. und 12. September 2006 eine wissenschaftliche Fachtagung zu dem Themenbereich der „Flächennutzungsplanung“ stattgefunden, die zum Ziel hatte, den aktuellen Stand der Flächennutzungsplanung vor dem Hintergrund bestehender Fach- und Rechtsprobleme sowie der Rechtsprechung zu erörtern sowie anhand einzelner Themenfelder die rechtliche und faktische Bedeutung dieses Planungsinstruments für die Steuerung der städtebaulichen Entwicklung in den Gemeinden zu erfassen.

Jenseits dieser aktuellen Fragestellungen wurde auch die weitere Entwicklung dieses originären kommunalen Planungsinstruments in den Blick genommen, einerseits in Anbetracht der anstehenden Gesetzesnovelle, andererseits hinsichtlich bestehender unterschiedlicher praktischer Anwendungsformen und in diese auch die möglichen Entwicklungen im Bereich des Rechtsschutzes in die Betrachtungen einbezogen.

Berlin, im März 2007

Universitätsprofessor Dr.-Ing. habil. Stephan Mitschang

am Institut für Stadt- und Regionalplanung der TU Berlin
Fachgebiet Städtebau- und Siedlungswesen
- Orts-, Regional- und Landesplanung –
Hardenbergstraße 40 a
10623 Berlin

Inhaltsverzeichnis

I Der Flächennutzungsplan als Gegenstand der Gesetzgebung

Prof. Dr. Wilhelm Söfker

Im Städtebaurecht des Bundes gelten seit dem Erlass des Bundesbaugesetzes im Jahre 1960 und dem Baugesetzbuch von 1986 unverändert folgende Prinzipien:

> Der Flächennutzungsplan gilt als vorbereitender Bauleitplan, der Bebauungsplan als verbindlicher Bauleitplan (§ 1 Abs. 2 BauGB); beide werden von der Gemeinde in eigener Verantwortung aufgestellt (§ 2 Abs. 1 S. 1 BauGB).

Im Flächennutzungsplan ist für das ganze Gemeindegebiet die sich aus der beabsichtigten städtebaulichen Entwicklung ergebende Art der Bodennutzung nach den voraussehbaren Bedürfnissen der Gemeinde in den Grundzügen darzustellen (§ 1 Abs. 5 S. 1 BauGB).

Die Bebauungspläne sind aus dem Flächennutzungsplan zu entwickeln (§ 8 BauGB).

Es besteht ein grundsätzliches Anpassungsgebot für die Planungen anderer öffentlicher Planungsträger an den Flächennutzungsplan (§ 7 BauGB).

Die rechtlichen Grundlagen des Flächennutzungsplans sind allerdings seit 1960 im Bundesbaugesetz (BBauG) und ab 1987 im Baugesetzbuch (BauGB) mehrmals Gegenstand gesetzgeberischer Maßnahmen gewesen, die – ohne die Grundprinzipien zu berühren – zu einer Fortentwicklung in einzelnen Beziehungen bis in jüngste Zeit, zuletzt durch das Europarechtsanpassungsgesetz Bau im Jahre 2004 (BauGB-Novelle 2004) geführt haben. Auch das aktuell in Vorbereitung befindliche Gesetz zur Erleichterung von Planungsvorhaben für die Innenentwicklung der Städte sieht im Gesetzentwurf der Bundesregierung[1] Änderungen vor. Zudem sind die Auswirkungen der am 1. September 2006 in Kraft getretenen Föderalismusreform zu beachten.

[1] Gesetzentwurf der Bundesregierung vom 9.8.2006, BR-Drucks. 558/06, BT-Drucks. 16/2496.

1. Flächennutzungsplan als Element der Zweistufigkeit der Bauleitplanung

a) Flächennutzungsplanung als Element der städtebaulichen Entwicklung

Die Grundaufgabe des Flächennutzungsplans, für das ganze Gemeindegebiet die Art der Bodennutzung in den Grundzügen darzustellen (§ 5 Abs. 1 S. 1 BauGB), ist im Prinzip seit 1960 beibehalten worden. Allerdings hat der Gesetzgeber die Flächennutzungsplanung als Element der städtebaulichen Entwicklung herausgestellt, um zu erreichen, dass die vorbereitende Bauleitplanung zur Entwicklung des Gemeindegebiets genutzt wird. So wurde mit der BBauG-Novelle 1976 der Bezug zum Entwicklungsprinzip in die Aufgabenbeschreibung der Flächennutzungsplanung in § 5 Abs. 1 S. 1 BauGB aufgenommen: „Im Flächennutzungsplan ist für das Gemeindegebiet die sich aus der beabsichtigten städtebaulichen Entwicklung ergebende Art der Bodennutzung in den Grundzügen darzustellen".

Von Bedeutung ist seit der BauGB-Novelle 2004 die Pflicht zur Berücksichtigung städtebaulicher Entwicklungskonzepte (§ 1 Abs. 6 Nr. 11 BauGB). Diese Regelung berücksichtigt die Notwendigkeit Konzept gemäßen Vorgehens auch auf der Ebene der Bauleitplanung; sie trägt auch dazu bei, eine widersprüchliche Bauleitplanung auch auf der Ebene der Flächennutzungsplanung zu vermeiden. Hat die Gemeinde ein städtebauliches Konzept, auch zu bestimmten städtebaulichen Sachbereichen, beschlossen, ist sie im Rahmen des § 1 Abs. 3, 6 und 7 BauGB in bestimmter Weise daran gebunden.

Das Entwicklungsprinzip erfordert eine Flächennutzungsplanung, die den aktuellen Anforderungen an die Entwicklung des Gemeindegebiets entspricht. Idealtypisch wird dem nicht entsprochen, wenn Flächennutzungspläne allein aus Anlass der Aufstellung eines Bebauungsplans angepasst werden. Die Neuaufstellung eines Flächennutzungsplans liegt in der planerischen Verantwortung der Gemeinde; planungsrechtlich ist dies nach § 1 Abs. 3 S. 1 BauGB zu beurteilen.

Unabhängig davon kann die in § 5 Abs. 1 S. 3 BauGB geregelte Überprüfungspflicht in diesem Zusammenhang Bedeutung haben. Nach dieser durch die BauGB-Novelle 2004 eingeführten Vorschrift soll der Flächennutzungsplan spätestens 15 Jahre nach seiner erstmaligen oder erneuten Aufstellung überprüft und, soweit nach § 1 Abs. 3 S. 1 BauGB erforderlich, geändert, ergänzt oder neu aufgestellt werden. Nach den Intentionen des Gesetzgebers[2] soll mit der Regelung erreicht werden, dass die Flächennutzungspläne alle 15 Jahre nach ihrer Aufstellung überprüft und wenn notwendig an neue städtebaulichen Entwicklungen angepasst werden, um die Bedeutung der zeitgemäßen städtebaulichen Gesamtplanung hervorzuheben und das Instrument der Flächennutzungsplanung insgesamt in seiner Funktion zu stärken.

---

[2] Begründung des Regierungsentwurfs, BT-Drucks. 15/2250 S. 47.

Die Regelung gilt unabhängig von der Überwachung der Umweltauswirkung nach § 4 c und hat, weil jene Vorschrift auf die Umweltauswirkung bei Verwirklichung der Bauleitpläne bezogen ist, eine grundsätzlich andere und weitergehende Zielrichtung, nämlich die Überprüfung des Flächennutzungsplans als das gesamte Gemeindegebiet und alle damit zusammenhängenden städtebaulichen Zielsetzungen und Auswirkungen umfassende Gesamtplanung.

Die Überprüfungspflicht des § 5 Abs. 1 S. 3 BauGB ergänzt die sich aus § 1 Abs. 3 S. 1 und § 2 Abs. 1 S. 1 BauGB ergebende Rechtslage, ohne diese Grundsätze zu verändern. Denn die Überprüfungspflicht lässt die dem eigenen Wirkungskreis der Gemeinde zuzuordnende Verantwortung für ihre Flächennutzungsplanung ebenso unberührt wie die grundsätzlich auf das planerische Konzept der Gemeinde abstellende allgemeine Planungspflicht des § 1 Abs. 3 S. 1 BauGB (so auch der ausdrückliche Wortlaut des § 5 Abs. 1 S. 3 BauGB). Der Gesetzgeber misst gleichwohl der Überprüfungspflicht nach § 5 Abs. 1 S. 3 BauGB Bedeutung bei, weil die Ergebnisse einer Gesamtüberprüfung grundsätzlich geeignet sind, die Gemeinde zu veranlassen, den Flächennutzungsplan neu aufzustellen oder durch Änderung oder Ergänzung fortzuentwickeln.

Der Flächennutzungsplan „soll spätestens 15 Jahre nach seiner (...) Aufstellung" überprüft werden. „Aufstellung" des Flächennutzungsplans bedeutet, dass es sich um die Aufstellung eines Flächennutzungsplans im Sinne des § 5 Abs. 1 S. 1 BauGB handelt. Sie ist daher abzugrenzen von einer Änderung oder Ergänzung eines Flächennutzungsplans, unabhängig von deren Umfang. Die erstmalige Aufstellung betrifft den Fall der erstmaligen Aufstellung eines Flächennutzungsplans. Die erneute Aufstellung bezieht sich auf den Fall, dass ein Flächennutzungsplan durch einen Flächennutzungsplan im Sinne des § 5 Abs. 1 S. 1 BauGB ersetzt wird, insofern also ein Flächennutzungsplan vollständig neu aufgestellt wurde.

Die Überprüfungspflicht gilt jeweils grundsätzlich alle 15 Jahre nach einer erneuten Aufstellung des Flächennutzungsplans. Führt z. B. eine Überprüfung im Sinne des § 5 Abs. 1 S. 3 BauGB zu einer Neuaufstellung des Flächennutzungsplans, ist dieser spätestens nach 15 Jahren wieder zu überprüfen. Das gleiche gilt, wenn aus anderem Anlass, etwa vor Ablauf der 15-Jahres-Frist, der Flächennutzungsplan erneut aufgestellt wird. Auf Grund der Überleitungsvorschrift gilt die Überprüfungspflicht für Flächennutzungspläne, die vor dem 20.7.2004 aufgestellt worden sind, erstmals ab dem 1.1. 2010.

b) Flächennutzungsplanung für das Gemeindegebiet

Aus der Aufgabenbeschreibung des § 5 Abs. 1 BauGB und dem Gebot des Entwickelns des Bebauungsplans aus dem Flächennutzungsplan nach § 8 Abs. 2 S. 1 BauGB folgt der Grundsatz, dass der Flächennutzungsplan für das gesamte Gemeindegebiet aufzustellen ist. Dieser Grundsatz hat durch Gesetzgebung Modifizierungen erhalten, um unterschiedlichen planungsrechtlichen Situationen Rechnung tragen zu können.

Mit dem Baugesetzbuch 1987 wurde § 5 Abs. 1 S. 2 BauGB eingeführt. Danach können aus dem Flächennutzungsplan Flächen und sonstige Darstellungen ausgenommen werden, wenn dadurch die Darstellungen des Flächennutzungsplans über die Grundzüge der gemeindlichen Entwicklung nicht berührt werden und die Gemeinde beabsichtigt, die Darstellungen zu einem späteren Zeitpunkt nachzuholen. Damit werden für solche planerischen Fälle Erleichterungen geschaffen, in denen bei Aufstellung des Flächennutzungsplans für bestimmte Flächen etwa wegen ausstehender Untersuchungen noch keine Aussagen getroffen werden können. Im Kern geht es hier um eine verfahrensmäßige Erleichterung – die Flächennutzungsplanung soll nicht verzögert werden müssen, weil für einzelne Flächen noch keine Aussagen getroffen werden können – und nicht um eine Relativierung des Grundsatzes der Gemeindegebiets umfassenden Flächennutzungsplanung.

Anders verhält es sich mit den Instrumenten der sogen. Teilflächennutzungspläne. Darunter sind solche Flächennutzungspläne zu verstehen, die nicht für das gesamte Gemeindegebiet gelten oder nur für bestimmte Sachbereiche Darstellungen enthalten.

Solche Teilflächennutzungspläne sind bekannt bei kommunalen Neugliederungen im Zusammenhang mit der Fortgeltung von Flächennutzungsplänen für das ursprüngliche Gemeindegebiet nach § 204 Abs. 2 BauGB. Diese Teil-Flächennutzungspläne haben hier die Funktion einer Überleitungsregelung, deren Fortbestand endet, wenn die neu gebildete Gemeinde für ihr Gemeindegebiet im Sinne des § 5 Abs. 1 S. 1 BauGB einen Flächennutzungsplan aufstellt.

Übergangsweise bestand für die Gemeinden in den neuen Ländern vom 3. 10. 1990 bis zum 31.12.1997 die Möglichkeit, bis zur Aufstellung des Flächennutzungsplans für das gesamte Gemeindegebiet für räumliche und sachliche Teile Darstellungen zu treffen, also sogen. Teilflächennutzungspläne aufzustellen (§ 246 a Abs. 1 Nr. 1 BauGB 1990 i. V. m. § 5 Abs. 1 S. 3 Bauplanungs- und Zulassungsverordnung der ehemaligen DDR; § 246 Abs. 1 Nr. 1 S. 3 BauGB 1993). Diese Teil-Flächennutzungspläne hatten den Zweck, den Gemeinden der neuen Länder in den ersten Jahren seit Einführung des Bauplanungsrechts die Möglichkeit zu eröffnen, wenigstens für den Teil des Gemeindegebiets, in denen die Aufstellung von Bebauungsplänen beabsichtigt war, die erforderliche vorbereitende Bauleitplanung zu praktizieren. Nach dem 1.1.1998 besteht diese Möglichkeit nicht mehr. Vorhandene Teilflächennutzungspläne gelten aber grundsätzlich weiter, wie sich aus der allgemeinen Überleitungsvorschrift des § 233 Abs. 3 BauGB ergibt. Für die von solchen Teilflächennutzungsplänen erfassten Teile des Gemeindegebiets gelten daher die Vorschriften des § 8 BauGB ebenso wie bei Vorliegen eines das gesamte Gemeindegebiet umfassenden Flächennutzungsplans.

Systematisch und inhaltlich abgegrenzt vom allgemeinen Flächennutzungsplan ist der zur gezielten Steuerung der Ansiedlung bestimmter im Außenbereich privilegiert zulässiger Vorhaben durch die BauGB-Novelle 2004 in § 5 Abs. 2 a BauGB eingeführte sachliche Teilflächennutzungsplan, mit dem der Planvorbehalt des § 35 Abs. 3 S. 3 BauGB gezielt umgesetzt werden kann. Er hat nicht die Aufgabe im Sinne des § 5 Abs. 1 S. 1 BauGB, die Grundzüge der gemeindlichen Entwicklung darzustellen.

Mit ihm können gezielt die Rechtswirkungen des § 35 Abs. 3 S. 3 BauGB herbeigeführt werden. Der sachliche Teilflächennutzungsplan ist auf die mit diesen Rechtswirkungen zusammenhängenden Darstellungen in sachlicher Hinsicht beschränkt. Er ist daher abzugrenzen von dem allgemeinen oder auch Gesamt-Flächennutzungsplan im Sinne des § 5 Abs. 1 BauGB, der begrifflich als Flächennutzungsplan bezeichnet wird. Er ist auch abzugrenzen von den oben dargestellten Fallgestaltungen nach § 204 Abs. 2 BauGB und dem ehemaligen § 246 a Abs. 1 Nr. 1 BauGB 1990/1993. Denn grundsätzlich kennt § 5 BauGB einen Teilflächennutzungsplan nicht, sondern nur den das gesamte Gemeindegebiet umfassenden Flächennutzungsplan, der die beabsichtigte städtebauliche Entwicklung der Gemeinde in den Grundzügen darstellt (§ 5 Abs. 1 S. 1 BauGB). § 5 Abs. 2 b BauGB stellt demgegenüber eine Besonderheit dar, indem für bestimmte Zwecke ein sachlicher Teilflächennutzungsplan ermöglicht wird.

Der sachliche Teilflächennutzungsplan im Sinne des § 5 Abs. 2 b BauGB steht im inhaltlichen Zusammenhang mit den Steuerungsmöglichkeiten der Flächennutzungsplanung für Vorhaben im Außenbereich nach § 35 Abs. 3 S. 3 BauGB (siehe dazu näher unten), ist in seinen Rechtswirkungen darauf ausgerichtet und hat insofern eine grundsätzlich andere Funktion als der Flächennutzungsplan im Sinne des § 5 Abs. 1 S. 1 BauGB, auch soweit dieser ebenfalls Darstellungen mit den Rechtswirkungen des § 35 Abs. 3 S. 3 BauGB enthalten kann.

Daraus folgt, dass der sachliche Teilflächennutzungsplan die gleiche Rechtsqualität hat wie der (allgemeine) Flächennutzungsplan im Sinne des § 5 Abs. 1 S. 1 BauGB. Er hat daher nicht den Charakter einer Rechtsvorschrift; aus den Rechtswirkungen des § 35 Abs. 3 S. 3 BauGB folgt auch nicht der Normcharakter, da insofern die Darstellungen des Flächennutzungsplans auch nur die Bedeutung eines öffentlichen Belangs im Sinne des § 35 Abs. 3 BauGB haben. Die Darstellungen des sachlichen Teilflächennutzungsplans haben über § 35 Abs. 3 S. 3 BauGB hinaus auch die gleichen Rechtswirkungen wie die des (allgemeinen) Flächennutzungsplans. Aus den Darstellungen des sachlichen Teilflächennutzungsplans wie des (allgemeinen) Flächennutzungsplans können Bebauungspläne nach § 8 Abs. 2 BauGB entwickelt werden. Denn die Funktion dieser Darstellungen haben in Bezug auf die Zulässigkeit von Vorhaben nach § 35 Abs. 1 BauGB nicht bloß negative Wirkung im Sinne des § 35 Abs. 3 S. 3 BauGB, sondern sie haben zwangsläufig (die Darstellungen müssen eine Ausweisung von Standorten für die Vorhaben an anderer Stelle beinhalten) die positive planungsrechtliche Bedeutung, wie sie Darstellungen eines

Flächennutzungsplans insgesamt eigen sind. Darstellungen für Vorhaben nach § 35 Abs. 1 Nr. 2 bis 6 BauGB haben neben den Rechtswirkungen des § 35 Abs. 3 S. 3 BauGB immer auch die Funktion der planungsrechtlichen Grundlagen für weitere Maßnahmen, namentlich für die Aufstellung von Bebauungsplänen durch Entwicklung aus diesen Darstellungen im Sinne des § 8 Abs. 2 S. 1 BauGB. Die Darstellungen des sachlichen Teilflächennutzungsplans haben auch die Rechtswirkungen eines öffentlichen Belangs im Sinne des § 35 Abs. 3 S. 1 Nr. 1 BauGB (Vorhaben im Außenbereich dürfen den Darstellungen des Flächennutzungsplans nicht widersprechen) und des § 7 BauGB (Bindungswirkung anderer öffentlicher Planungsträger an den Flächennutzungsplan).

Aus der rechtlichen Selbstständigkeit des sachlichen Teilflächennutzungsplans folgt, dass er rechtlich nicht abhängig ist von einem (allgemeinen) Flächennutzungsplan im Sinne des § 5 Abs. 1 S. 1 BauGB. Er kann aufgestellt werden, ohne dass ein solcher Flächennutzungsplan vorliegt. Das Bestehen eines solchen (allgemeinen) Flächennutzungsplans hindert aber auch nicht die Aufstellung eines sachlichen Teilflächennutzungsplans. § 5 Abs. 2 b BauGB hindert schließlich nicht die Herbeiführung der Rechtswirkungen des § 35 Abs. 3 S. 3 BauGB durch entsprechende Darstellungen im (allgemeinen) Flächennutzungsplan im Sinne des § 5 Abs. 1 S. 1 BauGB. Es ist also nach der Einführung des sachlichen Teilflächennutzungsplans in § 5 Abs. 2 b BauGB auch weiterhin möglich, die Rechtswirkungen des § 35 Abs. 3 S. 3 BauGB durch entsprechende (z. B. ergänzende) Darstellungen im (allgemeinen) Flächennutzungsplan herbeizuführen.

c) Darstellung der Grundzüge

Unverändert gilt, dass im Flächennutzungsplan die Grundzüge der gemeindlichen Entwicklung darzustellen sind. Im System des Bauplanungsrechts hat diese inhaltliche Ausrichtung einen eigenständigen und den Inhalt des Flächennutzungsplans auch beschränkenden rechtlichen Stellenwert[3]. Dies schließt insoweit Parzellen scharfe Darstellungen allein schon deswegen nicht aus, als die Darstellungen des Flächennutzungsplans in der Regel Flächen bezogen sind und damit der räumlichen Abgrenzung bedürfen, also z. B. zur räumlichen Abgrenzung der darzustellenden Bauflächen und Flächen für andere Nutzungen (vgl. § 5 Abs. 2 BauGB, § 1 Abs. 1 BauNVO) erforderlich sind. Auch ist die Darstellung detaillierter Nutzungen möglich, wie z. B. von Flächen für bestimmte Infrastrukturanlagen im Sinne des § 5 Abs. 2 Nrn. 2 ff. BauGB und von Baugebieten nach § 1 Abs. 2 BauNVO. Die Diskussion um die Zweckmäßigkeit dieses Grundansatzes hat allerdings nicht zu Änderungen des § 5 Abs. 1 BauGB geführt, wohl aber zu Änderungen innerhalb des § 8 BauGB (s. dazu unten). Denn von diesem Grundsatz zu trennen ist auch die Frage, inwieweit das Gebot des Entwickelns des Bebauungsplans aus dem

---

[3] Dazu rechtsgrundsätzlich: BVerwG, Urt. vom 18.08.2005 – 4 C 13.04 –, BVerwGE 121, 283 = ZfBR 2005, 66

Flächennutzungsplan bestimmte Abweichungen von den Darstellungen des Flächennutzungsplans erlaubt.

d) Zum Grundsatz des Entwickelns des Bebauungsplans aus dem Flächennutzungsplan (§ 8 BauGB)

Das Gebot des § 8 Abs. 1 S. 1 BauGB, nachdem Bebauungspläne aus dem Flächennutzungsplan zu entwickeln sind, ist eine zentrale Vorschrift, die das Prinzip der Zweistufigkeit der Bauleitplanung verbindlich macht. Dieser Grundsatz gilt seit dem Bundesbaugesetz 1960 unverändert. Verstöße gegen dieses „Entwicklungsgebot" können zur Unwirksamkeit des Bebauungsplans führen (vgl. § 214 Abs. 2 BauGB). Es verpflichtet die Gemeinde zur Zweistufigkeit der Bauleitplanung und zum zweistufigen planerischen Vorgehen und bezweckt im Wesentlichen, sicherzustellen, dass der Aufstellung von Bebauungsplänen ein das gesamte Gemeindegebiet umfassendes bauleitplanerisches Konzept zu Grunde liegt.

Das Prinzip der Zweistufigkeit der Bauleitplanung beschränkt sich hierauf nicht. Es wirkt sich auch auf die Grundsätze des Abwägungsgebots aus. Von der Bauleitplanung berührte und nach Abwägungsgrundsätzen zu behandelnde Belange können „ebenenspezifisch" auf den beiden planerischen Ebenen unterschiedliche, dem Zweck der jeweiligen planerischen Stufe zugeordnet Berücksichtigung finden. Dies findet seinen Ausdruck auch in der Möglichkeit, die Auswirkungen der Bauleitplanung auf die Umwelt „ebenenspezifisch" vorzunehmen. In diesem Zusammenhang ist die sog. Abschichtungsregelung des § 2 Abs. 4 S. 5 BauGB zu verstehen, eingefügt durch die BauGB-Novelle 2004. Danach soll, wird eine Umweltprüfung für das Plangebiet oder für Teile davon in einem Raumordnungs-, Flächennutzungs- oder Bebauungsplanverfahren durchgeführt, die Umweltprüfung in einem zeitlich nachfolgend oder gleichzeitig durchgeführten Bauleitplanverfahren auf zusätzliche oder andere erhebliche Umweltauswirkungen beschränkt werden.

Das Gebot des Entwickelns des Bebauungsplans aus dem Flächennutzungsplan hat allerdings Ausnahmen. Es ist dies zum einen der seit 1960 mögliche sog. selbstständige Bebauungsplan (§ 8 Abs. 2 S. 2 BauGB), der ohne einen vorliegenden Flächennutzungsplan aufgestellt werden kann. Dies gilt begrifflich aber nur, wenn der Bebauungsplan ausreicht, um die städtebauliche Entwicklung zu ordnen. Zum anderen ist dies der sogen. vorzeitige Bebauungsplan (§ 8 Abs. 4 S. 1 BauGB), der aufgestellt werden kann, bevor der Flächennutzungsplan aufgestellt ist. Voraussetzung hierfür ist, dass dringende Gründe für die Bebauungsplanung vorliegen und der Bebauungsplan der beabsichtigten städtebaulichen Entwicklung des Gemeindegebiets nicht entgegenstehen wird. Ähnlich verhält es sich mit der möglichen Bebauungsplanung ohne vorherige Änderung oder Ergänzung des Flächennutzungsplans im Fall von Gebietsveränderungen der Gemeinden im Zuge kommunaler Neugliederungen oder Veränderungen der Planungszuständigkeiten

(§ 8 Abs. 4 S. 2 BauGB). Mit diesen Ausnahmen vom Prinzip der Zweistufigkeit und dem „Entwicklungsgebot“ hat der Gesetzgeber in mehreren Schritten – durch die damalige sogen. Beschleunigungsnovelle 1979, das Baugesetzbuch 1987, das Bau- und Raumordnungsgesetz 1998 – besondere Fallgestaltungen vor allem durch Verfahrenserleichterungen berücksichtigt.

e) Erleichterung von Verfahren bei abweichender Bebauungsplanung

In der Praxis stellt sich relativ häufig die Notwendigkeit, mit der Aufstellung von Bebauungsplänen von Darstellungen des Flächennutzungsplans abzuweichen. Die Gründe hierfür sind unterschiedlich, etwa weil die Darstellungen des Flächennutzungsplans zu detailliert sind und sich deswegen im Zeitablauf überholen oder weil sich die gemeindlichen Vorstellungen zur städtebaulichen Entwicklung weiterentwickelt haben. Es kann sich daher oftmals die Notwendigkeit ergeben, den Flächennutzungsplan – zumeist aus Anlass der Aufstellung von Bebauungsplänen – durch seine Änderung und Ergänzung anzupassen. Um dies zu erleichtern, hat es einige gesetzgeberische Maßnahmen gegeben.

Im Vordergrund steht hier das sog. Parallelverfahren (Paralleländerung des Flächennutzungsplans im Falle der Aufstellung eines abweichenden Bebauungsplans mit Möglichkeit der vorherigen Inkraftsetzung des Bebauungsplans), geregelt in § 8 Abs. 2 BauGB mit Vorgängerregelungen im BBauG 1979 und BauGB 1987. Diese Verfahrensweise ist geboten, wenn die Spielräume, die der Begriff des „Entwickelns“ an sich zulässt[4], ausgeschöpft sind; dabei haben im Hinblick auf für die Rechtswirksamkeit des Bebauungsplans nach § 214 Abs. 2 Nr. 2 BauGB unbeachtliche Verstöße gegen das Entwicklungsgebot Bedeutung.

Von der letztlich auf eine Kongruenz zielende planerische Anpassung durch das Parallelverfahren zu trennen ist die über das „Entwickeln“ hinausgehende Abweichung vom Flächennutzungsplan. Der Gesetzgeber hatte diese Frage zunächst 1990 aufgegriffen:

Von 1990 bis 1997 konnten nach § 1 Abs. 2 BauGB-Maßnahmengesetz Bebauungspläne, die der Deckung eines dringenden Wohnbedarfs dienten, aufgestellt, ergänzt oder geändert werden, bevor der Flächennutzungsplan geändert oder ergänzt war. Der Flächennutzungsplan war (lediglich) zu berichtigen.

Der eingangs erwähnte aktuelle Gesetzentwurf der Bundesregierung zur Änderung des BauGB greift diese Regelung in § 13 a Abs. 2 BauGB-Entwurf wieder auf. Danach kann im sogen. beschleunigten Verfahren „ein Bebauungsplan, der von den Darstellungen des Flächennutzungsplans abweicht, auch aufgestellt werden, bevor der Flächennutzungsplan geändert oder ergänzt ist; die geordnete städtebauliche

[4] Vgl. insbesondere BVerwG, Urt. vom 28.2.1975 – 4 C 74.72 –, BVerwGE 48, 70 = DVBl. 1975, 661; seitdem ständige Rechtsprechung.

Entwicklung darf nicht beeinträchtigt werden; der Flächennutzungsplan ist im Wege der Berichtigung anzupassen."

Diese Vorschrift steht im Zusammenhang mit der Einführung eines beschleunigten Verfahrens für Bebauungspläne der Innenentwicklung (neuer § 13 a BauGB). Seine Merkmale sind:

Für die Aufstellung, Änderung und Ergänzung von Bebauungsplänen der Innenentwicklung, die der Wiedernutzbarmachung von Flächen, der Nachverdichtung oder anderen Maßnahmen der Innenentwicklung dienen, soll ein beschleunigtes Verfahren eingeführt werden. Entsprechende Bebauungspläne sollen keiner förmlichen Umweltprüfung unterliegen und bedürfen daher der Europa rechtlich gebotenen Begrenzung: Sie dürfen in ihrem Geltungsbereich grundsätzlich nur eine Grundfläche von weniger als 20 000 Quadratmetern festsetzen; bei einer Grundfläche von 20 000 bis weniger als 70 000 Quadratmetern muss die Gemeinde auf Grund einer Vorprüfung des Einzelfalls zu der Einschätzung gelangt sein, dass der Bebauungsplan voraussichtlich keine erheblichen Umweltauswirkungen hat. Zudem darf der Bebauungsplan nicht einer Pflicht zur Umweltverträglichkeitsprüfung unterliegen, und es dürfen keine Anhaltspunkte für Beeinträchtigungen von Fauna-Flora-Habitat- und Vogelschutzgebieten bestehen.

Für die Aufstellung eines Bebauungsplans im beschleunigten Verfahren (ebenso für seine Änderung und Ergänzung) soll insgesamt Folgendes vorgesehen werden:

- Die Vorschriften über das vereinfachte Beteiligungsverfahren nach § 13 Abs. 2 und 3 S. 1 und 3 BauGB sind entsprechend anwendbar; der Öffentlichkeit ist die Möglichkeit zu geben, sich frühzeitig über die beabsichtigte Planung zu informieren.
- Ein Bebauungsplan kann auch aufgestellt, geändert oder ergänzt werden, bevor der Flächennutzungsplan geändert oder ergänzt ist.
- Einem dringenden Bedarf an Investitionen zur Erhaltung, Sicherung und Schaffung von Arbeitsplätzen, zur Versorgung der Bevölkerung mit Wohnraum oder zur Verwirklichung von Infrastrukturvorhaben soll in der Abwägung in angemessener Weise Rechnung getragen werden.
- Es wird gesetzlich bestimmt, dass die Voraussetzungen des § 1 a Abs. 3 S. 5 BauGB für bestandsorientierte Bebauungsplanungen (keine Erforderlichkeit eines Ausgleichs für Eingriffe in Natur und Landschaft) stets gegeben sind (soll gelten für die Fallvariante von Bebauungsplänen der Innenentwicklung mit einer Grundfläche von bis zu 20 000 Quadratmetern).

Die Möglichkeit der Abweichung vom Flächennutzungsplan berücksichtigt, dass bei Bebauungsplanungen der Innenentwicklung eine Abweichungssituation vom Flächennutzungsplan deswegen eintreten kann, weil städtebauliche Anpassungen und Änderungen auch gegenüber solchen Darstellungen des Flächennutzungsplans erforderlich werden können, die lediglich den tatsächlichen Nutzungszustand wiedergeben und deren Änderung die im Flächennutzungsplan darzustellenden Grundzüge nicht tangieren. Insofern kommt es bezüglich der Nichtbeeinträchtigung der geordneten städtebaulichen Entwicklung darauf an, ob die Grundzüge der gemeindlichen Entwicklung nicht beeinträchtigt werden.

2. Zu den Rechtswirkungen des Flächennutzungsplans gegenüber Vorhaben im Außenbereich

Anders als in Gebieten mit Bebauungsplänen sowie in den nicht beplanten Innenbereichen (§§ 30 und 34 BauGB) können die Darstellungen des Flächennutzungsplans im Außenbereich (§ 35 BauGB) Rechtswirkungen in Bezug auf die Zulässigkeit von Vorhaben entfalten:

Seit dem BBauG 1960, verdeutlicht durch das BauGB 1987, können die Darstellungen des Flächennutzungsplans als öffentliche Belange Vorhaben entgegengehalten werden. Sind die Darstellungen entsprechend konkret, können sie sich ggf. auch gegenüber den sog. privilegierten Vorhaben im Sinne des § 35 Abs. 1 BauGB durchsetzen. Auf diese Weise kann der Flächennutzungsplan auch die Funktion einer Standortsicherung (Sicherung bestimmter Standorte im Außenbereich vor anderen Nutzungen) haben.

Eine grundlegend weitergehende Rechtsfolge kann der Flächennutzungsplan nach § 35 Abs. 3 S. 3 BauGB haben. Danach stehen öffentliche Belange einem Vorhaben nach § 35 Abs. 1 Nr. 2 bis 6 BauGB in der Regel auch entgegen, soweit hierfür durch Darstellungen im Flächennutzungsplan eine Ausweisung an anderer Stelle erfolgt ist.

Dieser sog. Planvorbehalt wurde 1996[5] eingeführt, parallel zur Aufnahme von Windenergieanlagen in § 35 Abs. 1 BauGB. Mit diesem Planvorbehalt hat die Gemeinde die Möglichkeit, die im Außenbereich durch gesetzgeberische Entscheidung in § 35 Abs. 1 BauGB privilegiert zulässigen Vorhaben (mit Ausnahme von Vorhaben, die land- und forstwirtschaftlichen Zwecken sowie der Kernenergie dienen) auf bestimmte Standorte im Gemeindegebiet zu konzentrieren und an anderer Stelle auszuschließen. Dies kann geschehen durch Darstellungen im Flächennutzungsplan, wodurch bestimmte im Außenbereich nach § 35 Abs. 1 zulässige Vorhaben auf Standorte, für die Darstellungen im Flächennutzungsplan getroffen

[5] BauGB-Änderungsgesetz zum 30.07.1996 (BGBL. I S. 1180).

werden, verwiesen werden. Seitdem ist zu der zentralen Funktion des Flächennutzungsplans als vorbereitender Bauleitplan, die sich aus der beabsichtigten städtebaulichen Entwicklung ergebende Art der Bodennutzung in den Grundzügen für das gesamte Gemeindegebiet darzustellen, eine weitergehende Funktion der Steuerung von Außenbereichsvorhaben hinzugekommen.

Für diese weitergehende Funktion und zum Zwecke der Erleichterung der Praxis ist durch die BauGB-Novelle 2004 in § 5 Abs. 2 b BauGB die Möglichkeit geschaffen worden, für die Ausweisung von Standorten der betreffenden Vorhaben im Außenbereich anstelle einer Ergänzung des das gesamte Gemeindegebiet umfassenden Flächennutzungsplans im Sinne des § 5 Abs. 1 S. 1 BauGB auch sachliche Teilflächennutzungspläne aufstellen zu können (s. bereits oben). Damit ist erstmals ein eigenständiges Instrument geschaffen worden, mit dem in bestimmter Weise die gesetzlich normierte Zulässigkeit von Vorhaben im Außenbereich in § 35 Abs. 1 BauGB in der Weise modifiziert werden kann, dass diese Vorhaben nicht generell allein nach Maßgabe der gesetzlichen Regelung zulässig sind, sondern aufgrund planerischer Entscheidung der Gemeinde auf bestimmte Standorte verwiesen werden können.

Flankiert wurde diese Steuerungsmöglichkeit auf der Ebene der Flächennutzungsplanung durch die Möglichkeit der Zurückstellung von Baugesuchen nach § 15 Abs. 3 BauGB (Vorgängerregelung im § 245 b Abs. 2 BauGB – diese jedoch befristet bis Ende 1998).

3. Flächennutzungsplan als Abstimmungsinstrument zu anderen Planungen

Die hierfür maßgebliche Grundnorm des § 7 BauGB macht die zentrale Funktion der Flächennutzungsplanung im Verhältnis zu anderen Fachplanungsträgern deutlich. Sie verschafft der Bauleitplanung der Gemeinden Sicherheit. Wegen des daraus resultierenden Abstimmungsbedarfs mit staatlichen Stellen erklärt sich auch die Genehmigungspflicht des Flächennutzungsplans nach § 6 BauGB.

4. Stellung des Flächennutzungsplans nach der Föderalismusreform

Die am 1.9.2006 in Kraft getretene Föderalismusreform hat – in den hier interessierenden Zusammenhängen – zu wichtigen Änderungen im Bereich der Gesetzgebungskompetenz geführt. Die Rechtsmaterie der Bauleitplanung wie das Baugesetzbuch insgesamt gehören zur Regelungsmaterie Bodenrecht, die nach Art. 75 Nr. 18 GG auch weiterhin in der Kompetenz des Bundes liegt. Das Erfordernis des Bedürfnisses nach bundeseinheitlicher Regelung im Sinne des Art. 72 Abs. 2 GG ist für die Gesetzgebungsmaterie Bodenrecht entfallen.

Zu beachten sind die neuen Vorschriften des Art. 84 Abs. 1 GG über die Befugnis, vom Bundesrecht abweichende Verfahrensregelungen zu treffen. Nach dieser neu gefassten Vorschrift gilt:

- Grundsätzlich regeln die Länder das Verwaltungsverfahren,
- der Bund kann ohne Zustimmung der Länder Verfahrensregelungen treffen, von denen die Länder aber abweichen können,
- in Ausnahmefällen kann der Bund wegen eines besonderen Bedürfnisses nach bundeseinheitlicher Regelung das Verwaltungsverfahren ohne Abweichensmöglichkeit für die Länder regeln.

Für den Flächennutzungsplan ist zu beachten: Er ist zwar keine Rechtsvorschrift (wie etwa der Bebauungsplan, der als Satzung erlassen wird), er unterliegt auch nicht der Normkontrolle nach § 47 VwGO. Er ist aber mehr als nur eine bloße Verwaltungsvorschrift, sondern er ist Teil des Planungssystems der Bauleitplanung und hat materiell-rechtliche Funktionen. Änderungen des Rechts der Flächennutzungsplanung wären daher weiterhin als Teil der Gesetzgebungsmaterie Bodenrecht Aufgabe des Bundesgesetzgebers.

II Die zunehmende Bedeutung der Flächennutzungsplanung für die Steuerung der räumlichen Entwicklung

Prof. Dr. Stephan Mitschang

1. Zur gegenwärtigen Situation der Flächennutzungsplanung in den Gemeinden

Die nach wie vor umfassendste Information über den Stand der Anwendungspraxis der Flächennutzungsplanung in der Bundesrepublik Deutschland ist einer Untersuchung des Deutschen Instituts für Urbanistik (DIfU)[1] aus dem Jahr 1996 zu entnehmen. Diese in ihren Erhebungen bis auf die Anfänge der neunziger Jahre zurückgehende Studie umfasste eine Befragung von 750 Städten und Gemeinden unterschiedlicher Größenordnung, flankiert von 14 detaillierten Fallstudien. Während das Instrumentarium der Flächennutzungsplanung in den alten Bundesländern schon im Jahr 1960 eingeführt und insoweit etabliert war, stellte sich die Ausgangssituation für die ostdeutschen Bundesländer anders dar, denn mehr als 90 % aller Gemeinden der neuen Bundesländer konnten noch nicht auf einen wirksamen Flächennutzungsplan zurückgreifen und befanden sich erst im Aufstellungsverfahren. Folgende für die im Rahmen dieser Abhandlung zu klärenden Fragestellungen wichtige Ergebnisse können der DIfU-Studie entnommen werden:

- Die durchschnittliche Geltungsdauer beträgt im Mittel aller Gemeindegrößenklassen[2] ungefähr 12 Jahre, bei Städten über 50 000 Einwohnern sogar 14 Jahre.
- Nur etwa 30% der Gemeinden haben einen Flächennutzungsplan der zweiten, nur 4% einen der dritten oder sogar schon der vierten Generation.
- Der festgestellten langen Lebensdauer von Flächennutzungsplänen entsprechen die vielfach durchgeführten Änderungsverfahren. In diesem Sinne werden die Flächennutzungspläne insbesondere der großen Städte im Laufe ihres Geltungsanspruchs insgesamt 78 mal, das heißt jährlich etwa sechsmal geändert. Der Spitzenreiter liegt bei über 300 Änderungen.
- In der Größenklasse zwischen 50.000 und 100.000 Einwohnern liegt die durchschnittliche Zahl der Änderungen bei 43 und selbst in der Gemeindegrößenklasse von 10.000 bis 50.000 Einwohnern noch bei durchschnittlich 30 Änderungen.

---

[1] Bunzel/Meyer, in: Deutsches Institut für Urbanistik (Hrsg.), Die Flächennutzungsplanung – Bestandsaufnahme und Perspektiven für die kommunale Praxis, Berlin 1996.

[2] Mitberücksichtigt sind auch nur kurze Geltungsdauern von gerade neu aufgestellten Flächennutzungsplänen.

- Oftmals geht mit jeder zweiten Aufstellung eines Bebauungsplanes eine Änderung des Flächennutzungsplanes im Parallelverfahren einher. Regelmäßig geht es dabei um die Ausweisung, seltener um die Rücknahme von Bauflächen.
- Das Aufstellungsverfahren für einen Flächennutzungsplan dauert im Durchschnitt 7 Jahre. Gründe dafür sind in Abstimmungsproblemen mit den Trägern öffentlicher Belange zu sehen, den politischen Gremien in der Gemeinde selbst sowie in ungelösten Teilfragen, die häufig nur einzelne Flächen oder sachliche Aspekte betreffen.

Wenngleich viele der damals begonnenen Flächennutzungsplanverfahren heute zu einem Abschluss gebracht und in Teilen wahrscheinlich auch schon eine Fortschreibung stattgefunden hat oder ein betreffender Flächennutzungsplan sich gegenwärtig in einer solchen befindet, so dürfte sich zwar das statistische Zahlenwerk aktuell etwas anders darstellen, doch haben viele der in der difu-Studie getroffenen Grundaussagen zur Situation der Flächennutzungsplanung in den neunziger Jahren auch noch gegenwärtig ihre Gültigkeit:

- hohe inhaltliche Anforderungen,
- hohe finanzielle Anforderungen,
- hoher Zeitaufwand für die Neuaufstellung,
- Wirkungs- und Bedeutungslosigkeit der Flächennutzungsplanung für die Planverwirklichung,
- statischer Charakter der Flächennutzungsplanung[3].

Zu differenzieren ist in Bezug auf die beiden zuletzt genannten Grundaussagen. Die Darstellungen des Flächennutzungsplans[4] haben mittlerweile auf der Grundlage von § 35 Abs. 3 S. 1 Nr. 1 und Abs. 3 S. 3 BauGB[5] durchaus Bedeutung für die Planverwirklichung und können als öffentliche Belange sogar privilegierten Vorhaben entgegenstehen und deren Zulässigkeit im Außenbereich steuern. Auch der kritisierte statische Charakter des Flächennutzungsplans wurde aufgeweicht und

[3] Dazu bereits: Mitschang, Die Flächennutzungsplanung als die vorbereitende Bauleitplanung und Ansätze zu ihrer zukunftsorientierten Weiterentwicklung, in: Spannowsky/Mitschang (Hrsg.), Flächennutzungsplanung im Umbruch?, 1999, S. 20.

[4] Dies gilt auch für Darstellungen eines Teilflächennutzungsplans.

[5] Baugesetzbuch (BauGB) i. d. F. der Bekanntmachung vom 23. September 2004, BGBl. I S. 2414, zul. geänd. durch Gesetz vom 21. Juni 2005, BGBl. I S. 1818.

seit dem In-Kraft-Treten des EAG Bau die Möglichkeit der Aufstellung von Teilflächennutzungsplänen[6] zur Steuerung von Vorhaben im Sinne von § 35 Abs. 1 Nr. 2 bis 6 BauGB geschaffen. Schließlich ist in diesem Zusammenhang auch noch auf § 5 Abs. 1 S. 3 BauGB hinzuweisen, wonach der Flächennutzungsplan spätestens 15 Jahre nach seiner erstmaligen oder erneuten Aufstellung überprüft und gegebenenfalls geändert, ergänzt oder neu aufgestellt werden soll.

Von weiteren gesetzgeberischen Maßnahmen flankiert, mit denen insgesamt den veränderten Rahmenbedingungen in Staat, Gesellschaft und Wirtschaft Rechnung getragen werden soll, und die im Großen und Ganzen betrachtet zu einer maßgeblichen Stärkung der Flächennutzungsplanung[7] gegenüber der verbindlichen Bauleitplanung geführt haben, kommt der damit verbundene Bedeutungszuwachs der Flächennutzungsplanung dadurch zum Ausdruck, dass der Stellenwert des Flächennutzungsplans in vielen Gemeinden (wieder) erkannt wurde und deshalb zunehmend an seiner Neuaufstellung gearbeitet wird. Gleichwohl kann dies nicht allgemein auf die Situation der Flächennutzungsplanung in der Planungspraxis übertragen werden. Das Bild, das sich zeigt, ist sehr heterogen. Die faktische Bedeutung des Flächennutzungsplans hängt in erheblichem Maße davon ab, welchen Stellenwert die Kommunalpolitik in der jeweiligen Gemeinde diesem Planungsinstrument für die Lösung anstehender Probleme beimisst. Der Flächennutzungsplan ist nach innen gerichtet und bezieht sich räumlich auf das gesamte Gebiet einer Gemeinde. Er kann folglich für die Bewältigung von Problemen im interkommunalen oder regionalen Rahmen nicht herangezogen werden. Dazu bedarf es anderer planerischer Instrumente (vgl. §§ 203 ff. BauGB) oder vertraglicher Regelungen (vgl. § 11 BauGB sowie § 13 ROG[8]). Andere Gemeinden machen ausschließlich vom Parallelverfahren (vgl. § 8 Abs. 3 BauGB) Gebrauch und ändern ihren Flächennutzungsplan immer wieder parallel zur Aufstellung eines Bebauungsplans, ohne damit die Absicht zu verbinden, das gesamte Planwerk einer Neuaufstellung zu unterziehen. Diese eher als pragmatisch zu charakterisierende Handhabung des Flächennutzungsplans steht neben seiner rechtlichen Aufwertung durch den Gesetzgeber in den letzten Jahren. Nur darauf kann sich die folgende Betrachtung beziehen. Was die einzelne Gemeinde daraus macht, obliegt ihrer Entscheidungsbefugnis.

---

[6] Vgl. § 5 Abs. 2 b BauGB sowie die Erläuterungen, unten 7.4.

[7] Vgl. im Einzelnen unten 6.

[8] Raumordnungsgesetz vom 18. August 1997, BGBl. I S. 2081, zul. geänd. durch Gesetz vom 28. Juni 2005, BGBl. I S. 1746.

2. Planungssystematische Einordnung

Das Beziehungsgeflecht zwischen Landes- und Regionalplanung einerseits und Bauleitplanung andererseits findet im so genannten „Gegenstromprinzip“[9] seine rechtliche Grundlage. Danach soll sich die Entwicklung, Ordnung und Sicherung der Teilräume in die Gegebenheiten und Erfordernisse des Gesamtraums einfügen; umgekehrt soll die Entwicklung, Ordnung und Sicherung des Gesamtraums die Gegebenheiten und Erfordernisse seiner Teilräume berücksichtigen (§ 1 Abs. 3 ROG). Mit Blick auf die Beachtenspflicht für Ziele der Raumordnung bestimmt § 7 Abs. 5 ROG in Ausfüllung dieses Gegenstromprinzips, dass die öffentlichen Stellen, also auch die Gemeinden, bei der Aufstellung der Ziele der Raumordnung zu beteiligen sind[10]. Gleichzeitig stellt § 1 Abs. 4 BauGB für die Gemeinden klar, dass eine Anpassungspflicht an die Ziele der Raumordnung bei der Wahrnehmung der kommunalen Planungshoheit im Rahmen der Aufstellung, Änderung, Ergänzung und Aufhebung von Bauleitplänen besteht. Durch die so normierte Bindung an die in den Raumordnungsplänen festgelegten Ziele der Raumordnung werden die Bauleitpläne der Gemeinde auf der einen Seite in das Geflecht der überörtlichen räumlichen Gesamtplanung einbezogen und eingebunden. Dabei sind vor allem die konkreteren Aussagen der Regionalplanung von Bedeutung, so dass diese Planungsstufe die Funktion eines Bindeglieds zwischen der Landes- und der Kommunalebene übernimmt. Auf der anderen Seite setzt die Gemeinde im Rahmen ihrer Bauleitplanung, die in den Regionalplänen festgelegten Ziele der Raumordnung auf örtlicher Ebene um. Auf Grund des mit regionalplanerischen Zielfestlegungen verbundenen Steuerungspotenzials für hierarchisch nachgeordnete städtebauliche Planungen ist dem das gesamte Gemeindegebiet umfassenden Flächennutzungsplan gerade für die Umsetzung regionalplanerischer Ziele künftig ein größeres Augenmerk beizumessen[11]. Ihm kommt insoweit für die städtebaulichen Planungen auf örtlicher Ebene eine Art „Scharnierfunktion“ in Bezug auf die vorgelagerten Ebenen der Raumordnung zu.

Für die Flächennutzungsplanung von besonderer Bedeutung ist die in § 1 Abs. 4 BauGB geregelte Anpassungspflicht. Danach sind die Bauleitpläne den Zielen der Raumordnung anzupassen. Das Anpassungsgebot soll gewährleisten, dass die örtliche Planung über das gemeindenachbarliche Abstimmungsgebot hinaus, einer überörtlichen Koordination unterworfen und dadurch dem öffentlichen Interesse

---

[9] Das Raumordnungsrecht trägt dem Gegenstromprinzip in vielen Vorschriften Rechnung. Vgl. dazu z. B. § 4 Abs. 1 und 2 ROG, § 9 Abs. 2 S. 1 ROG oder § 9 Abs. 2 S. 2 ROG. Auch das in § 1 Abs. 4 BauGB geregelte Anpassungsgebot ist eine Ausprägung des Gegenstromprinzips.

[10] Gleiches gilt im Übrigen auch für die Privaten, die öffentliche Aufgaben wahrnehmen und im Mehrheitsbesitz der öffentlichen Hand sind oder von ihr überwiegend finanziert werden. Die Privaten im Sinne von § 4 Abs. 3 ROG werden damit öffentlichen Stellen gleichgestellt.

[11] Entscheidendes Kriterium ist vor allem der Wegfall der präventiven staatlichen Kontrolle bei aus dem Flächennutzungsplan entwickelten Bebauungsplänen. Vgl. dazu: Mitschang, Die Flächennutzungsplanung als die vorbereitende Bauleitplanung und Ansätze für ihre zukunftsorientierte Weiterentwicklung, in: (Fußn. 3), S. 28.

„an einer großräumigen Steuerung der Entwicklung, an einem großräumigen Ausgleich von Interessen und einer großräumigen Verteilung unterschiedlicher Funktionen“ Rechnung getragen wird[12]. Während die Grundsätze der Raumordnung aber lediglich Belange sind, die von der Gemeinde bei der Bauleitplanung im Rahmen ihrer planerischen Gestaltungsfreiheit gegeneinander und untereinander abzuwägen sind, stellen die Ziele der Raumordnung bindende Vorgaben für die planende Gemeinde dar. Deshalb sind nach § 1 Abs. 4 BauGB die Bauleitpläne inhaltlich den Zielen der Raumordnung anzupassen. Dabei spielt die Rechtsform der Raumordnungspläne für die Anpassungspflicht keine Rolle. Ist eine Gemeinde bei der Aufstellung sie bindender Ziele der Raumordnung nicht beteiligt worden, so begründet der Raumordnungsplan für diese Gemeinde keine Anpassungspflicht in Bezug auf die Bauleitplanung[13].

Da Bebauungspläne grundsätzlich aus dem Flächennutzungsplan zu entwickeln sind, wirkt sich das Anpassungsgebot primär auf die vorbereitende Bauleitplanung aus. Das Anpassungsgebot begründet für die Gemeinden die Verpflichtung zu einer dauerhaften materiellen Übereinstimmung der Bauleitplanung mit den Zielen der Raumordnung. Deshalb müssen neue Bauleitpläne an den Zielen der Raumordnung ausgerichtet werden. Aber nicht nur bei seiner Neuaufstellung ist der Flächennutzungsplan den Zielen der Raumordnung anzupassen, sondern er muss ihnen vielmehr dauerhaft angepasst sein. Das bedeutet, dass für die städtebauliche Entwicklung und Ordnung der Gemeinde bedeutsame Änderungen der Ziele der Raumordnung, auch eine Änderung des Flächennutzungsplans erforderlich machen. Soweit die Änderungen zu Entschädigungsansprüchen gegen die Gemeinde im Sinne der §§ 39 ff. BauGB führen, gewähren die Landesgesetze mittlerweile den Gemeinden Ersatzansprüche.

Für die städtebauliche Planung stellen die Ziele der Raumordnung Rahmenbedingungen dar, die einer Verfeinerung und Ausdifferenzierung auf der örtlichen Ebene bedürfen[14]. Der dabei zur Verfügung stehende Spielraum hängt vom Konkretisierungsgrad der raumordnerischen Ziele ab und gibt in nicht wenigen Fällen Anlass für weitreichende Diskussionen, ob es sich bei der in Rede stehenden Regelung tatsächlich um ein Ziel der Raumordnung handelt[15], an das sich die Bauleitplanung anzupassen hat oder um einen Grundsatz der Raumordnung, der demgegenüber im Rahmen der bauleitplanerischen Abwägung überwunden werden kann.

---

[12] Gaentzsch, in: Berliner Kommentar zum BauGB, 3. Aufl. 2002, Loseblattsammlung Stand: Dezember 2005, § 1 Rn. 23.
[13] Gaentzsch (Fußn. 12), § 1 Rn. 34.
[14] BVerwG, Urteil vom 30. Januar 2003 – 4 CN 14.01 –, DVBl. 2003, S. 733 und Beschluss vom 20. August 1992 – 4 NB 20.91 –, DVBl. 1992, S. 1438; OVG Rheinland-Pfalz, Urteil vom 14. November 1991 – 1 A 10016/90 –, NVwZ-RR 1992, S. 463 und VGH Kassel, Urteil vom 20. Juni 1990 – 4 UE 475/87 –, NuR 1993, S. 235.
[15] Zum Streitstand, vgl. Gaentzsch (Fußn. 12), § 1 Rn. 28 ff.

Die örtliche Planungsebene der Bauleitplanung ist zweistufig aufgebaut. Nach § 1 Abs. 2 BauGB handelt es sich bei dem Flächennutzungsplan um den „vorbereitenden“ Bauleitplan. Schon aus dem terminologischen Rückgriff auf das Adjektiv „vorbereitend“ ergibt sich, dass der Flächennutzungsplan noch einer weiteren Konkretisierung bedarf. Dazu dient die verbindliche Bauleitplanung in der Form des sogar als Satzung aufzustellenden Bebauungsplans.

Diese Differenzierung wird an mehreren Stellen des Städtebaurechts deutlich:

- Im Flächennutzungsplan wird die beabsichtigte städtebauliche Entwicklung „dargestellt“, im Bebauungsplan werden die „rechtsverbindlichen Festsetzungen“ für die geordnete städtebauliche Entwicklung getroffen[16].
- Der Bebauungsplan wird als Satzung erlassen, der Flächennutzungsplan wird als Verwaltungsprogramm beschlossen.
- Der Inhaltskatalog möglicher Darstellungen in § 5 Abs. 2 BauGB ist lediglich beispielhaft, der Festsetzungskatalog gemäß § 9 Abs. 1 BauGB ist abschließend.

Als die nachgeordneten Bebauungspläne rahmensetzend bindender Bauleitplan hat die Bedeutung des Flächennutzungsplans in den letzten Jahren kontinuierlich zugenommen. Dieser lediglich „vorbereitende Charakter“ des Flächennutzungsplans bestimmt seine inhaltliche Struktur und entspricht seinem Standort im Planungsgefüge auf der örtlichen Ebene. Konkretere und mit Außenverbindlichkeit ausgestattete sonstige städtebauliche Planungen setzen ihn inhaltlich und auf das Gemeindegebiet bezogen teilräumlich um, werden aber durch ihn planerisch gesteuert[17]. Vielmehr ist der Flächennutzungsplan sogar eine notwendige Voraussetzung, die Bebauung auf der örtlichen Ebene planvoll zu leiten[18]. Mit dieser rahmensetzend bindenden Funktion des vorbereitenden Bauleitplans für die nachgeordnete Bebauungsplanung auf der örtlichen Ebene korrespondiert seine „Scharnierfunktion“ für die Koordinierung und Umsetzung der überörtlichen Vorgaben der Raumordnung.

---

[16] Erst die Festsetzungen des Bebauungsplanes sind die rechtliche Grundlage für die Bebauung der Grundstücke, für städtebauliche Gebote, die Enteignung, gemeindliche Vorkaufsrechte oder bodenordnende Maßnahmen.

[17] Nur für den eng begrenzten Ausnahmefall, dass der Bebauungsplan zur Ordnung der städtebaulichen Entwicklung ausreicht, ist ein Flächennutzungsplan entbehrlich. Vgl. § 8 Abs. 2 S. 2 BauGB.

[18] BVerfG, Gutachten vom 16. Juni 1954 – 1 PBvV 2/52 –, BVerfGE 3, S. 407.

3. Das Verhältnis zu informellen Planungen

Formelle Planungen[19] haben trotz ihrer Maßgeblichkeit für die räumliche Entwicklung in den vergangenen Jahren zu Gunsten informeller Planungen[20] an Bedeutung verloren. Zurückgeführt werden kann dies im Wesentlichen auf die der Bauleitplanung anhaftenden, sie sogar als schwerfällig charakterisierende Wesensmerkmale:

- Trennung von Planung und Planverwirklichung.
    - Dies führt zu Diskrepanzen zwischen Planungsanlass und Planungsziel einerseits und faktischer Entwicklung andererseits.
- Mangelhafte Umsetzungsfähigkeit.
    - Flächennutzungspläne sind auf eine längere Frist angelegt und scheitern auf Grund unzureichender Finanzausstattung der Kommunen in Bezug auf ihre vollständige Verwirklichung.
- Mangelnde Flexibilität.
    - Umfangreiche und stetig zunehmende materielle und formelle Anforderungen führen zu einem starren, das heißt nur durch zusätzlichen Aufwand veränderbaren Planwerk.

Als Aufgabe kommt den informellen Planungen einerseits zu, anstehende Entscheidungen über bestimmte städtebauliche Vorhaben vorzubereiten, andererseits nicht nur zwischen der vorbereitenden und verbindlichen Bauleitplanung, sondern auch zur übergeordneten Ebene der Regionalplanung hin, zu vermitteln[21]. Gerade hierin ist eine stark zukunftsorientierte Funktion von informellen Planungen zu sehen, denn konzeptionelle Aspekte lassen sich nur bedingt im Rahmen der Aufstellung von Flächennutzungsplänen berücksichtigen. Trotz der in der Planungspraxis verwendeten unterschiedlichen Formen von informellen Planungen, ihren inhaltlichen Besonderheiten und räumlich differierenden Geltungsbereichen, lassen sich zwei wesentliche, auf die städtebauliche Entwicklung ausgerichtete Planungen

---

[19] Dies gilt auch für die überörtliche Planungsebene und die dort aufgestellten Raumordnungspläne.

[20] Z. B. Kreis-, Stadt-(Orts-)Entwicklungspläne, städtebauliche Entwicklungspläne, städtebauliche Entwicklungskonzepte, Rahmenpläne, Strukturpläne oder Dorfentwicklungs- und Dorferneuerungspläne.

[21] Z. B. bei der Ausgestaltung von örtlichen bzw. überörtlichen Eingriffs- und Ausgleichskonzeptionen oder bei der Erarbeitung von örtlichen sowie übergemeindlichen Windenergiekonzeptionen.

ausmachen: die „kommunale und die städtebauliche Entwicklungsplanung“[22] sowie die gerade für die Flächennutzungsplanung bedeutsame „städtebauliche Rahmenplanung“[23].

Die Rahmenplanung[24] ist flexibel einsetzbar und kann sowohl kleinräumig und damit auf der Stadt- oder Ortsteilebene als auch großräumig, etwa auf Gemeindegebietsebene und sogar darüber hinaus zum Einsatz gebracht werden. Neben der räumlichen Differenzierung erlaubt sie auch eine sachliche Differenzierung, z. B. durch Nutzungs-, Verkehrs-, Gestaltungs- oder Freiraumkonzeptionen[25]. Für die Flächennutzungsplanung hat die Rahmenplanung maßgebliche Bedeutung, da sie räumlich für die erstmalige Erarbeitung, aber auch für die Fortschreibung des Flächennutzungsplans bedeutsame Arbeitsergebnisse bereitstellen soll. Doch setzt dies voraus, dass die Rahmenplanung in ihren Einzelschritten, also sowohl hinsichtlich der Bestandsaufnahme und der Analyse sowie bezüglich der konzeptionellen Umsetzung auf die Bauleitplanung orientiert ist[26]. Die Rahmenplanung kann außerdem für Gemeinden, die noch keinen oder aber nur einen veralteten Flächennutzungsplan haben, die städtebaulichen Entwicklungsvorstellungen vorprägen und bezüglich ihrer Übernahme in den Flächennutzungsplan vor allem vorprüfen. Besondere Bedeutung hat dies in den Fällen, wo die Rahmenplanung auch die formell-rechtlich erforderlichen Verfahrensschritte, wie etwa die Bürgerbeteiligung, durchlaufen hat. Zwar ist die Rahmenplanung rechtlich unverbindlich und dient damit vielmehr der Vorbereitung formeller Planungen, doch kann sie dennoch als Begründung einer verbindlichen Planung herangezogen werden. Schließlich kann die Rahmenplanung das Verfahren zur Aufstellung eines Flächennutzungsplans entlasten, denn nach § 3 Abs. 1 S. 2 Nr. 2 BauGB kann auf die frühzeitige Öffentlichkeitsbeteiligung verzichtet werden[27], wenn die Unterrichtung und Erörterung der Ziele und Zwecke der Planung bereits zuvor auf anderer Grundlage erfolgt ist[28].

Die Aufstellung informeller Planungen unterliegt keinem förmlichen Verfahren. Beschlüsse eines Ausschusses oder des Gemeinderates genügen, um eine gemeindliche Selbstbindung vergleichbar der des Flächennutzungsplanes herbeizuführen.

---

[22] Siehe dazu: Mitschang, Der Flächennutzungsplan, 2003, Rn. 65 ff.

[23] Ausführlich: Mitschang, Steuerung der städtebaulichen Entwicklung durch Bauleitplanung, 2003, S. 279 ff.

[24] Dazu insbesondere Krautzberger, BBauBl. 1986, S. 210 ff.

[25] Koppitz/Schwarting, Der Flächennutzungsplan in der kommunalen Praxis, 3. Aufl. 2005, Rn. 70.

[26] Zu Recht weisen Koppitz/Schwarting (Fußn. 25), Rn. 71 darauf hin, dass eine bloße Szenarienqualität oder reine Gestaltplanungen für die Flächennutzungsplanung kaum gewinnbringend verarbeitet werden können.

[27] Für die Flächennutzungsplanung geht dies nur im vereinfachten Verfahren nach § 13 BauGB.

[28] Krautzberger, in: Battis/Krautzberger/Löhr, BauGB, 9. Aufl. 2005, § 1 Rn. 81.

Auch geht von informellen Planungen keine unmittelbare[29] rechtliche Wirkung aus, so dass ihnen eine nach außen gerichtete verbindliche Steuerungskraft nicht beizumessen ist; sie sind allerdings als abwägungserhebliche Belange bei der Aufstellung von Bauleitplänen zu berücksichtigen[30]. Zu ihrer rechtsverbindlichen Umsetzung benötigen sie vielmehr die Bauleitplanung. Gerade darin liegt ihre grundsätzliche Bedeutung: Sie erzeugen eine interne Bindungswirkung, insbesondere für das Erfordernis einer Bauleitplanung.

4. Aufgabe und Inhalt des Flächennutzungsplans

4.1 Aufgaben des Flächennutzungsplans

Unter planungssystematischen Gesichtspunkten gehört die Bauleitplanung zur Gesamtplanung und hat daher als überfachliche Planung die Gestaltung der strukturellen Gesamtverhältnisse eines bestimmten Gebietes zum Gegenstand. Dabei ist die Flächennutzungsplanung in besonderem Maße dazu geeignet, alle raumrelevanten Gegebenheiten und Vorstellungen innerhalb ihres Geltungsbereiches aufzunehmen und planerisch zu bewältigen. Durch die Bauleitplanung soll einer sich selbst überlassen bleibenden „automatischen" städtebaulichen Entwicklung[31] als Ergebnis der sich jeweils verwirklichenden Bodennutzungen entgegengewirkt werden. Die städtebauliche Entwicklung soll vielmehr „planmäßig", also unter Einbeziehung des Flächennutzungsplanes und von Bebauungsplänen bestimmt werden. Hervorgehoben und zugleich abgesichert wird der Planmäßigkeitsgrundsatz durch die Verpflichtung zur Planung, sobald und soweit diese für die städtebauliche Entwicklung und Ordnung erforderlich ist[32]. Eine Vorbereitung und Leitung der baulichen und sonstigen Nutzung der Grundstücke durch andere Mittel als die der Bauleitplanung ist nicht zulässig. Zwar werden auch andere Formen der gemeindlichen Planung sowie vertragliche Regelungen nicht ausgeschlossen, doch können sie nicht dazu führen, die der Bauleitplanung zugewiesenen Funktionen zu ersetzen bzw. auf sie ganz oder teilweise zu verzichten.

Nach § 5 Abs. 1 S. 1 BauGB besteht die Aufgabe des Flächennutzungsplanes darin, „für das gesamte Gemeindegebiet die sich aus der beabsichtigten städtebaulichen

---

[29] Mittelbare Außenwirkungen können allerdings von informellen Planungen ausgehen, z. B. von städtebaulichen Entwicklungskonzepten im Rahmen des Stadtumbaus für den Abschluss von Stadtumbauverträgen oder für die Versagung von Genehmigungen in Stadtumbaugebieten.

[30] Mit dem In-Kraft-Treten des BauROG im Jahr 1998 ist das Städtebaurecht um eine klarstellende Bestimmung in § 1 Abs. 5 S. 2 Nr. 10 BauGB (heute Nr. 11), nach der bei der bauleitplanerischen Abwägung „die Ergebnisse einer von der Gemeinde beschlossenen sonstigen städtebaulichen Planung" zu berücksichtigen sind, ergänzt worden.

[31] Müller-Ibold, Einführung in die Stadtplanung Band 2: Leitgedanken, Systeme und Strukturen, 1996, S. 132.

[32] Vgl. § 1 Abs. 3 BauGB. Ausführlich dazu: Rinsdorf, Der Flächennutzungsplan als Steuerungsinstrument der Gemeinde, 2004, S. 36 ff.

Entwicklung ergebende Art der Bodennutzung nach den voraussehbaren Bedürfnissen der Gemeinde in den Grundzügen darzustellen". Im Hinblick darauf enthält der Flächennutzungsplan den planerischen Willen der Gemeinde für die künftige Inanspruchnahme der gemeindlichen Grundstücke, und zwar sowohl für eine bauliche als auch für eine sonstige Nutzung (vgl. § 1 Abs. 1 BauGB). Die Bedeutung des Flächennutzungsplans geht jedoch bei weitem über eine einseitige Bezugnahme auf die Bebauung hinaus[33]. Er setzt im Sinne eines das gesamte Gemeindegebiet umfassenden Bodennutzungskonzeptes den Rahmen für die nach den bestehenden städtebaulichen Entwicklungsvorstellungen künftige Bodennutzung auf den Grundstücken in der Gemeinde. Gerade der umfassende Anspruch eines Bodennutzungskonzeptes verlangt, großräumige Nutzungskonflikte auszuräumen und Wechselbeziehungen zwischen der baulichen und sonstigen Nutzung zu berücksichtigen, und so zu steuern und zu ordnen, dass sie einer planerischen Lösung durch die nachgeordnete Bebauungsplanung zugeführt werden können.

Damit werden zwei bedeutsame Aufgaben der Flächennutzungsplanung näher angesprochen: Die Ordnungs- (oder Koordinierungs-) und Entwicklungsfunktion sowie die Steuerungsfunktion des Flächennutzungsplans. Vor diesem Hintergrund beinhaltet der Flächennutzungsplan die zum Ausgleich gebrachten Zielvorstellungen sowohl der Öffentlichkeit, der Behörden und der sonstigen Träger öffentlicher Belange als auch der Gemeinde selbst. Da der Flächennutzungsplan die Art der Bodennutzung in den Grundzügen[34] und damit weitgehend allgemein, generalisierend oder typisierend darstellen soll, bezieht sich sein Regelungsgehalt allein auf die Darstellung der Bodennutzung. Zumindest bislang handelte es sich bei ihm um eine reine Flächenplanung[35]. Ein umfassender Konkretisierungsgrad im Sinne parzellenscharfer Darstellungen würde dem widersprechen[36] und vor allem den bei der Entwicklung von Bebauungsplänen aus den Darstellungen des Flächennutzungsplans vorhandenen Spielraum deutlich einschränken.

Für seine Umsetzung ist des Weiteren an einen längeren Zeitraum gedacht, denn der Gesetzgeber bindet die Darstellungen des Flächennutzungsplans an die voraussehbaren Bedürfnisse in der Gemeinde und stellt insoweit für die künftige städtebauliche Entwicklung auf prognostische Aussagen ab[37]. Nach herrschender Auffassung bezieht sich die Voraussehbarkeit auf einen Zeitraum von ca. 10 bis 15 Jahre[38]. Dem entspricht die mit dem EAG Bau neu eingeführte Prüfvorschrift in § 5 Abs. 1 S. 3 BauGB, nach der spätestens 15 Jahre nach der erstmaligen oder erneuten Aufstellung des Flächennutzungsplans ein ggf. bestehender Änderungs-, Ergänzungs- oder Neuaufstellungsbedarf vor dem Hintergrund des Erforderlich-

---

[33] Vgl. unten 7.
[34] Dazu ausführlich: BVerwG, Urteil vom 18. August 2005 – 4 C 13/04 –, NVwZ 2006, S. 87.
[35] Zur stärkeren Maßnahmenbezogenheit, ebenda.
[36] Gaentzsch (Fußn. 12), § 5 Rn. 11.
[37] Dazu Spangenberger, VR 2000, S. 11 ff.
[38] So Löhr, in: Battis/Krautzberger/Löhr, BauGB, 9. Aufl. 2005, § 5 Rn. 1; Gaentzsch (Fußn. 12), § 5 Rn. 8 und 10; W. Schrödter, in: Schrödter (Hrsg.), BauGB, 7. Aufl. 2006, § 5 Rn. 11.

keitsgrundsatzes in § 1 Abs. 3 S. 1 BauGB überprüft werden soll[39]. Wenngleich diese Regelung erst zum 1. Januar 2010 tatsächlich greift, so trägt sie doch zu einer Stärkung der Flächennutzungsplanung bei, denn sie verpflichtet die Gemeinden nach rechtlichen Erforderlichkeitsgesichtspunkten über Änderung, Ergänzung oder sogar über die Neuaufstellung des Flächennutzungsplanes zu entscheiden. Dadurch soll der gesetzgeberischen Zielsetzung, den Flächennutzungsplan als städtebauliche Grundlage der Gemeinde an aktuelle städtebauliche Entwicklungen[40] anzupassen, Rechnung getragen werden[41]. Zwar ist die Bestimmung in § 5 Abs. 1 S. 3 BauGB nur als so genannte „Soll-Regelung" normiert, doch gehen von ihr vor dem Hintergrund der Rechtsprechung des BVerwG[42], wonach ein erforderlicher Bebauungsplan im Wege der Kommunalaufsicht durchgesetzt werden kann, nicht unmaßgebliche Konsequenzen dergestalt aus, dass eine Gemeinde veraltete und den voraussehbaren Bedürfnissen für die Bodennutzung entsprechende Darstellungen aufheben oder aktualisieren muss[43].

4.2 Inhalte, Form und Bestandteile des Flächennutzungsplans

Die Hauptinhalte des Flächennutzungsplans sind in § 5 Abs. 2 bis 4 BauGB geregelt. Sie beziehen sich auf:

- Darstellungen,
- nachrichtliche Übernahmen und Vermerke sowie
- Kennzeichnungen.

Den künftigen Entwicklungsvorstellungen kann die Gemeinde allein durch Darstellungen Ausdruck verleihen. Sie dienen außerdem als Grundlage für das Entwicklungsgebot und sind abwägungsrelevant im Gegensatz zu den sonstigen angeführten Inhalten des Flächennutzungsplanes. Eine nicht abgeschlossene Auflistung möglicher Darstellungen[44] enthält § 5 Abs. 2 BauGB[45]. Im Hinblick darauf ist es der Gemeinde nicht verboten, auch andere Darstellungen zu treffen.

---

[39] Dabei ist allerdings zu berücksichtigen, dass diese Verpflichtung nach § 244 Abs. 4 S. 1 BauGB erst zum 1. Januar 2010 tatsächlich greift.
[40] Vgl. unten 7.
[41] BT-Drs. 15/2250, S. 47.
[42] Urteil vom 17. September 2003 – 4 C 14/01 –, BVerwGE 119, S. 25, DVBl. 2004, S. 239.
[43] Krautzberger, UPR 2004, S. 47 und W. Schrödter (Fußn. 38), § 5 Rn. 15 a.
[44] Gaentzsch (Fußn. 12), § 5 Rn. 20; Löhr (Fußn. 38), § 5 Rn. 11; W. Schrödter (Fußn. 38), § 5 Rn. 18.

Die nachrichtlichen Übernahmen und Vermerke sollen Hinweise geben auf Fachplanungen, die sich auf die städtebauliche Entwicklung der Gemeinde auswirken oder deren Kenntnis zum Verständnis der Darstellungen des Flächennutzungsplans beiträgt. Mit ihnen werden nach anderen Vorschriften getroffene Festsetzungen als „Fremdplanungen" kenntlich gemacht; dies gilt insbesondere für Planungen nach § 38 BauGB, aber auch für sonstige Nutzungsregelungen, die nach dem Bundes- und Landesnaturschutzrecht oder dem Denkmalschutzrecht rechtsverbindlich geregelt sind. Besondere Aufmerksamkeit[46] hat in diesem Zusammenhang seit dem In-Kraft-Treten des Hochwasserschutzgesetzes[47] am 10. Mai 2005 der Hochwasserschutz erfahren, für den sogar eine neben der allgemeinen Bestimmung über die nachrichtliche Übernahme in § 5 Abs. 4 BauGB stehende eigenständige Normierung im Städtebaurecht vorgenommen wurde, mit dem Ziel, die besondere Bedeutung des Hochwasserschutzes als im Rahmen von städtebaulichen Planungen zu berücksichtigender Belang hervorzuheben. Im Hinblick darauf sollen nunmehr nach § 5 Abs. 4 a BauGB[48] festgesetzte Überschwemmungsgebiete im Sinne von § 31 b Abs. 2 S. 3 und 4 WHG[49] nachrichtlich in den Flächennutzungsplan übernommen werden und noch nicht festgesetzte Überschwemmungsgebiete nach § 31 b Abs. 5 WHG sowie überschwemmungsgefährdete Gebiete nach § 31 c WHG sollen demgegenüber lediglich vermerkt werden.

Flächen, die gekennzeichnet werden sollen, sind in § 5 Abs. 3 BauGB aufgeführt[50]. Ihnen kommt eine Hinweisfunktion zu, die dem Schutz künftiger Nutzer[51] dienen und diese auf mögliche Gefährdungen oder Nutzungseinschränkungen aufmerksam machen soll, die bestimmter Vorkehrungen bedürfen. Die Kennzeichnungspflicht besteht allein im öffentlichen Interesse, eine geordnete städtebauliche Entwicklung sicherzustellen und Gefährdungen auszuschließen, die sich insbesondere aus der baulichen Nutzung ergeben können. Wichtig ist, dass durch die Kennzeichnung vorhandene oder bestehende Gefahren nicht bereits beseitigt sind[52]; vielmehr besteht eine Aufklärungspflicht durch die Gemeinde, um eine entsprechende Nutzung festlegen zu können. Nachrichtliche Übernahmen und Vermerke sowie Kennzeichnungen unterliegen nicht dem unmittelbaren Einfluss der Gemeinden.

---

[45] Zu den einzelnen Darstellungsmöglichkeiten und ihrer planungspraktischen Anwendung, vgl. Mitschang (Fußn. 22), Rn. 436 ff.

[46] Zu den Neuregelungen des Hochwasserschutzgesetzes ausführlich: Mitschang, LKV 2006, S. 433 ff.; Berendes, ZfW 2005, S. 197 ff.; Jekel, ZUR 2005, S. 393 ff.; Kotulla, NVwZ 2006, S. 130 ff.

[47] Hochwasserschutzgesetz vom 3. Mai 2005, BGBl. I S. 1224.

[48] Für den Bebauungsplan, vgl. § 9 Abs. 6 a BauGB

[49] Gesetz zur Ordnung des Wasserhaushalts i. d. F. der Bek. vom 19. August 2002, BGBl. I S. 3245, zul. geänd. durch Gesetz vom 25. Juni 2005, BGBl. I S. 1746.

[50] Genauer: Löhr (Fußn. 38), § 5 Rn. 36 ff.; W. Schrödter (Fußn. 38), § 5 Rn. 43 ff.

[51] Ausführlich: Löhr (Fußn. 38), § 5 Rn. 36.

[52] Ebenda.

Zwingend vorgeschrieben ist nach § 5 Abs. 1 BauGB das Plangebiet des Flächennutzungsplans. Grundsätzlich werden alle Grundstücke des Gemeindegebiets von seinen Darstellungen erfasst. Lediglich eine zeitliche Ausnahme gewährt § 5 Abs. 2 S. 2 BauGB, doch dürfen dadurch die Grundzüge der Bodennutzung nicht berührt sein. Dies dient dem Zweck, zeitliche Verzögerungen bei der Aufstellung des Flächennutzungsplans zu vermeiden (z. B. bei Altlastenverdachtsflächen).

Was die Planform angeht, so enthält das BauGB keine Vorschriften, allerdings ist es auch beim Flächennutzungsplan sinnvoll, wie beim Bebauungsplan aus Gründen der Rechtssicherheit und Eindeutigkeit der Festlegungen, die Inhalte durch Farbe, Schrift oder Text darzustellen. Auch kann der Flächennutzungsplan aus mehreren Teilblättern bestehen, beispielsweise in Fällen zu hoher Informationsdichte. Für die kartographische Darstellung müssen die Plangrundlagen § 1 PlanzV 90[53] genügen. Was den Konkretisierungsgrad des Flächennutzungsplanes angeht, ist auf die konkrete Planungssituation abzustellen[54]. In diesem Sinne kann es beispielsweise aus Nutzungsvorstellungen durchaus erforderlich sein, einen höheren Konkretisierungsgrad zu wählen; § 1 Abs. 1 BauNVO[55] erlaubt diesbezüglich ausdrücklich die Darstellung von Baugebieten auch auf dieser vorgelagerten Planungsebene. Trotz dieser Möglichkeiten darf aber nicht aus dem Auge verloren werden, dass sich der Flächennutzungsplan auf die Grundzüge zu beschränken hat und insoweit Wechselbeziehungen zwischen den einzelnen Darstellungsinhalten berücksichtigen soll, die Detaillierung von Konflikten aber den nachgeordneten Planungen überlassen muss.

Zu jedem Flächennutzungsplan gehört außerdem eine Begründung, regelmäßig einschließlich Umweltbericht[56], aus dem Interessierte planungsbezogene Informationen abgreifen können. In ihr müssen die Planinhalte, die Entscheidungen, die Planungsvarianten sowie das Verfahren und die Behandlung der Stellungnahmen von Öffentlichkeit, Behörden sowie sonstigen Trägern öffentlicher Belange umfassend dargestellt und erläutert werden. Besonders wichtig sind in diesem Zusammenhang Aussagen zum Planungsanlass, zu den Kernpunkten der Planung, insbesondere zur Bewältigung der Umweltanforderungen im Rahmen der Umweltprüfung. Die Begründung ist nicht Bestandteil des Flächennutzungsplanes, nimmt jedoch an allen Verfahrensschritten teil und wird auch von der Gemeinde beschlossen.

---

[53] Verordnung über die Ausarbeitung der Bauleitpläne und die Darstellung des Planinhalts (Planzeichenverordnung-PlanzV 90) vom 18. Dezember 1990, BGBl. I S. 58.

[54] Zur Darstellungstiefe genauer: BVerwG, Urteil vom 18. August 2005 – 4 C 13/04 –, NVwZ 2006, S. 87.

[55] Verordnung über die bauliche Nutzung der Grundstücke (Baunutzungsverordnung – BauNVO) i. d. F. der Bek. vom 23. Januar 1990, BGBl. I S. 132, zul. geänd. durch Gesetz vom 22. April 1993, BGBl. I S. 466.

[56] Vgl. § 2 a und § 2 Abs. 4 S. 1 BauGB.

5. Kommunale Verantwortung

Art. 28 Abs. 2 S. 1 GG[57] gewährleistet den Gemeinden das Recht, „alle Angelegenheiten der örtlichen Gemeinschaft im Rahmen der Gesetze in eigener Verantwortung zu regeln". In diesem Zusammenhang weitgehend unbestritten ist, dass die Bauleitplanung[58] als Teil der kommunalen Planungshoheit zum essentiellen Kernbereich der gemeindlichen Selbstverwaltung gehört. Allerdings ist sie nur im Rahmen der Gesetze gewährleistet, so dass die Gemeinde normative Vorgaben beachten muss, die einerseits durch das BauGB selbst sowie andererseits durch die sonstigen Gesetze für die Bauleitplanung festgelegt werden[59]. Unter Planungshoheit ist in diesem Zusammenhang das der Gemeinde zustehende Recht auf eigenverantwortliche Planung und Regelung der Bodennutzung in ihrem Gebiet anzusehen. Die Gemeinde entscheidet demnach im Rahmen ihrer eigenen planerischen Vorstellungen über die künftige städtebauliche Entwicklung und gestaltet ihre Bauleitpläne danach aus[60]. § 2 Abs. 1 S. 1 BauGB bringt dies deutlich zum Ausdruck. Danach sind die Bauleitpläne von der Gemeinde in eigener Verantwortung aufzustellen. Flächennutzungsplanung ist damit eine kommunale Aufgabe.

6. Zur Notwendigkeit des Flächennutzungsplans

Kommunale Verantwortung für den Flächennutzungsplan und die Erkenntnis der Notwendigkeit des Flächennutzungsplans stehen in engem Zusammenhang. Nur mit dem Flächennutzungsplan als einzigem Planwerk ist die Gemeinde dazu in der Lage, ihre städtebaulichen Entwicklungsvorstellungen im Sinne einer das gesamte Gemeindegebiet umfassenden Bodennutzungskonzeption nach außen zu dokumentieren. Interesse an der städtebaulichen Entwicklung haben nicht nur die Bürgerinnen und Bürger der Gemeinde selbst, sondern auch von außen kommende Investoren, die die Errichtung oder den Betrieb von Einrichtungen des Wohnungsbaus, der gewerblichen Wirtschaft, der Industrie, des Einzelhandels, der

---

[57] Grundgesetz für die Bundesrepublik Deutschland vom 23. Mai 1949, BGBl. I S. 1, zul. geänd. durch Gesetz vom 26. Juli 2002, BGBl. I. S. 2863.

[58] Just, in: Hoppe/Bönker/Grotefels, Öffentliches Baurecht, 3. Aufl. 2004, S. 23 mit Zweifeln in Bezug auf die Flächennutzungsplanung unter Hinweis auf BVerfG, Urteil vom 23. November 1988 – 2 BvR 1619/83, 1628/83 –, BVerfGE 79, S. 146. Siehe auch: BVerwG, Urteil vom 23. November 2005 – 8 C 14/04 –, NVwZ 2006, S. 595.

[59] Schranken der Planungshoheit sind vor allem das Anpassungsgebot (§ 1 Abs. 4 BauGB), der Vorrang privilegierter Fachplanungen (§ 38 BauGB), vorgreifliche Flächennutzungsentscheidungen auf Grund anderer Bundes- und Landesgesetze (z. B. des Bundes- und Landesnaturschutzrechts), der Erforderlichkeitsgrundsatz (§ 1 Abs. 3 BauGB), die Anforderungen des Abwägungsgebots (§ 1 Abs. 7 BauGB), das gemeindenachbarliche Abstimmungsgebot (§ 2 Abs. 2 BauGB) oder die Beteiligung der Behörden und sonstigen Träger öffentlicher Belange (§ 4 Abs. 1 und 2 BauGB)

[60] Es sei denn, die Planungshoheit wurde auf einen Planungsverband oder eine andere öffentlich-rechtliche Körperschaft gemäß §§ 203 ff. übertragen.

Gesundheit, des Sports, der Kultur und der Freizeit sowie der Erholung beabsichtigen oder auch die Nachbargemeinden, die sich im Zuge der Aufstellung, Änderung oder Ergänzung ihrer Flächennutzungspläne an den städtebaulichen Entwicklungsvorstellungen der planenden Gemeinde orientieren müssen (vgl. § 2 Abs. 2 BauGB). Außerdem sind die städtebaulichen Entwicklungsvorstellungen einer Gemeinde in Ausformung des Gegenstromprinzips auch für die übergeordneten Stufen der Regional- und Landesplanung von Bedeutung, durch die wiederum die Ziele der Raumordnung bestimmt werden, an die die Gemeinde ihre Bauleitpläne anzupassen hat[61]. Und schließlich sind die Aussagen des Flächennutzungsplans rahmensetzend bindend für die nachgeordneten Bebauungspläne, die aus den Darstellungen des Flächennutzungsplans zu entwickeln sind (§ 8 Abs. 2 S. 1 BauGB). Das für die Aufstellung von Bebauungsplänen grundsätzlich einzuhaltende Entwicklungsgebot macht deutlich, dass ein vorliegender Flächennutzungsplan unverzichtbare Voraussetzung, und zwar sowohl in sachlicher als auch in zeitlicher Hinsicht ist. Allerdings durchbricht das Städtebaurecht dieses dem hierarchischen Aufbau des deutschen Planungssystems entsprechende Entwicklungsgebot selbst für bestimmte Fallgestaltungen[62] und leistet, insbesondere mit der Möglichkeit, einen mit dem Entwicklungsgebot[63] nicht vereinbaren Bebauungsplan parallel zur Änderung des Flächennutzungsplans aufzustellen, einer Planungspraxis Vorschub, nach der ein einmal aufgestellter Flächennutzungsplan nicht mehr neu aufgestellt, sondern nur noch, zumeist wenn der Anstoß für ein planerisches Tätigwerden der Gemeinde von außen kommt, im Parallelverfahren gewissermaßen „angepasst"[64] wird. Die unter dieser Begrifflichkeit subsumierte gleichzeitige Aufstellung, Änderung oder Ergänzung von Flächennutzungsplan und Bebauungsplan verlangt eine zeitliche und inhaltliche Abstimmung beider Planungen[65] und modifiziert das Entwicklungsgebot[66]. So ist auch hier das Entwicklungsgebot grundsätzlich eingehalten, allerdings nicht in Bezug auf eine vorhandene flächennutzungsplanerische Darstellung, sondern hinsichtlich einer solchen im Entwurf der Aufstellung, Änderung oder Ergänzung des Flächennutzungsplans. Dabei kann der Bebauungsplan auch vor dem Flächennutzungsplan bekannt gemacht werden[67], wenn anzunehmen ist, dass der Bebauungsplan aus den künftigen Darstellungen des Flächennutzungsplans entwickelt sein wird. Der

[61] Vgl. oben 2.
[62] Insoweit angesprochen sind der vorzeitige Bebauungsplan und der selbständige Bebauungsplan.
[63] Das Parallelverfahren nach § 8 Abs. 3 BauGB stellt eine besondere Form des „Entwickelns" dar und ist keine Durchbrechung des Entwicklungsprinzips.
[64] Vgl. hierzu: BVerwG, Beschluss vom 3. Oktober 1984 – 4 N 4.84 –, ZfBR 1985, S. 50.
[65] Noch vor seiner Einführung im Rahmen der BBauG-Novelle im Jahr 1979 ist ein derartiges Verfahren durch die Rechtsprechung (vgl. BVerwG, Urteil vom 28. Februar 1975 – IV C 74.72 –, DVBl. 1975, S. 661) bereits gebilligt worden.
[66] Gemäss § 214 Abs. 2 Nr. 4 BauGB ist ein Verstoß gegen das Parallelverfahren unbeachtlich, sofern die geordnete städtebauliche Entwicklung nicht beeinträchtigt worden ist.
[67] § 8 Abs. 3 S. 2 BauGB. Der Bebauungsplan muss allerdings dann genehmigt werden.

danach erforderliche Verfahrensstand des Flächennutzungsplans bezieht sich nur auf die „Planreife“[68].

Nur unter Berücksichtigung der Zweistufigkeit der Bauleitplanung kann dem gesetzgeberischen Anliegen einer geordneten städtebaulichen Entwicklung Rechnung getragen werden. Durch isolierte Bebauungspläne (heute zumeist vorhabenbezogene) allein kann die städtebauliche Ordnung nicht gewährleistet werden, da Aussagen in Bezug auf eine gesamtgemeindliche Bodennutzungskonzeption nicht vorliegen. Nur auf dieser gesamtgemeindlichen Ebene ist eine Koordinierung und ein Ausgleich aller Bodennutzungsansprüche sowie eine nutzungsverträgliche Zuordnung der Grundstücksflächen möglich. Nicht nur aus diesen primär planungs- und rechtssystematischen Erfordernissen ergibt sich die zwingende Notwendigkeit für die Gemeinde, einen Flächennutzungsplan aufzustellen. Das Erfordernis stellt sich auch in inhaltlicher Hinsicht in Bezug auf die zu bewältigenden städtebaulichen Anforderungen und bezieht sich insoweit auf die Funktion der Flächennutzungsplanung, die nachgeordneten, für die Bodennutzung der Grundstücksflächen verbindlichen Bebauungspläne zu steuern.

7. Die heutige Bedeutung des Flächennutzungsplans

Die Flächennutzungsplanung ist in ihrer Grundkonzeption seit der Schaffung des Bundesbaugesetzes im Jahre 1960 (BBauG 1960[69]) bis auf kleine Korrekturen Ende der siebziger Jahre[70] nahezu unverändert geblieben und wurde der ihr zugedachten Aufgabe zusehends nicht mehr gerecht[71], mit der Folge eines erheblichen Bedeutungsverlustes als planerisches Steuerungsinstrument der Bodennutzung in der Gemeinde[72]. Vor diesem Hintergrund setzt sich die heutige Bedeutung der Flächennutzungsplanung aus zwei Komponenten zusammen:

---

[68] Finkelnburg/Ortloff, Öffentliches Baurecht Band I: Bauplanungsrecht, 5. Aufl. 1998, S. 84.

[69] Bundesbaugesetz vom 8. April 1960, BGBl. I S. 306. Zur geschichtlichen Entwicklung, vgl. Rinsdorf (Fußn. 32), S. 22 ff.

[70] Lediglich im Rahmen der Novelle zum Bundesbaugesetz im Jahre 1979 (vgl. Beschleunigungsnovelle vom 6. Juli 1979, BGBl. I S. 949) sowie seiner Fortentwicklung zum Baugesetzbuch im Jahre 1986 (vgl. Gesetz vom 8. Dezember 1986, BGBl. I S. 2191) sind kleinere, die inhaltliche Gesamtstruktur des Flächennutzungsplanes nur in geringem Maße beeinflussende, Änderungen vorgenommen worden.

[71] Bunzel/Meyer (Fußn. 1), S. 209 ff.

[72] Vgl. oben 1. Hinzuzufügen ist, dass nicht zuletzt die Möglichkeit des Parallelverfahrens nach § 8 Abs. 3 BauGB den Gemeinden erlaubt, nahezu jede städtebauliche Entwicklungsmaßnahme durch Bebauungspläne zu realisieren, ohne dabei das gesamtgemeindliche Bodennutzungskonzept berücksichtigen zu müssen.

- den durch den Gesetzgeber in den letzten Jahren flankierend ergriffenen und notwendigen Maßnahmen zur rechtlichen Stärkung der vorbereitenden Bauleitplanung gegenüber der verbindlichen Bauleitplanung und
- den auf der gesamtgemeindlichen Ebene zu bewältigenden, materiell- und verfahrensrechtlich zunehmend komplexer werdenden Anforderungen an die Flächennutzungsplanung[73] selbst.

Die im Hinblick darauf angestrengten Bemühungen, den Flächennutzungsplan insbesondere gegenüber dem Bebauungsplan zu stärken, setzen sich aus einer Vielzahl von Einzelaspekten zusammen und kennzeichnen ein ganzes Bündel von Maßnahmen sowohl gesetzgeberischer als auch die örtliche Planung unter planungssystematischen Gesichtspunkten betreffender Art. Am wichtigsten sind:

- Die Integration des Nachhaltigkeitsgrundsatzes in die bauleitplanerischen Oberziele.
- Die konsequente Bedeutungszunahme gemeinschaftsrechtlicher und nationaler Regelwerke mit umweltschutzbezogenen Anforderungen. Auf gemeinschaftsrechtlicher Ebene sind es vor allem,
    - die UVP-Richtlinie[74],
    - die Plan-UP-RL[75],
    - die FFH- und Vogelschutzrichtlinien[76] sowie
    - die Umgebungslärm-RL[77].

---

[73] Ausführlich dazu: Lüers, UPR 1997, S. 349 ff. ders. ,UPR 1997, S. 584 ff. sowie Bunzel; NuR 1997, S. 584 ff.

[74] Richtlinie 85/337/EWG des Rates über die Umweltverträglichkeitsprüfung bei bestimmten öffentlichen und privaten Projekten, ABl. EG Nr. L 175, S. 40 vom 27. Juni 1985.

[75] Richtlinie 2001/42/EG des europäischen Parlaments und des Rates vom 27. Juni 2001 über die Prüfung der Umweltauswirkungen bestimmter Pläne und Programme (Plan-UP-RL), ABl. EG Nr. L 197, S. 30.

[76] Richtlinie 92/43/EWG des Rates zur Erhaltung der natürlichen Lebensräume sowie der wildlebenden Tiere und Pflanzen vom 21. Mai 1992, ABl. EG Nr. L 206 vom 22. Juli 1992, S. 7, zul. geänd. durch die Richtlinie 97/62/EG vom 27. Oktober 1997 zur Anpassung der Richtlinie 92/43/EG zur Erhaltung der natürlichen Lebensräume sowie der wildlebenden Tiere und Pflanzen an den technischen Fortschritt, ABl. EG Nr. L 305 vom 8. November 1997, S. 42 sowie Richtlinie 79/409/EWG des Rates vom 2. April 1979 über die Erhaltung der wildlebenden Vogelarten, ABl. EG Nr. L 103, S. 1 i. d. F. der Richtlinie 97/49/EG der Kommission vom 29. Juli 1997, ABl. EG Nr. L 223 vom 13. August 1997, S. 9.

- Auf der nationalen Ebene handelt es sich in erster Linie um die Ausgestaltung
  - der planerischen Eingriffsregelung und die Möglichkeit, von Flächenpools Gebrauch zu machen,
  - der Bodenschutzklausel und ihren Ausprägungen in Form der Verpflichtung zur Altlastenbewältigung und zur Reduzierung der Flächeninanspruchnahme,
  - der Landschaftsplanung als Entwicklungsinstrument des Naturschutzes und der Landschaftspflege für die gesamtgemeindliche Planungsebene.
- Die Schaffung von planerischen Steuerungsmöglichkeiten einschließlich der Ausgestaltung von Teilflächennutzungsplänen für privilegierte Vorhaben im Sinne von § 35 Abs. 1 Nr. 2 bis 6 BauGB.

Flankierend zu den Anforderungen, die sich aus dem vorgenannten Maßnahmenkatalog ergeben, treten die schon seit jeher der Flächennutzungsplanung zuzuordnenden Aufgaben der Koordination von Fachplanungen sowie der Steuerung der verbindlichen Bauleitplanung, insbesondere seit der Schaffung des vorhabenbezogenen Bebauungsplans, die jedoch in neuerer Zeit ebenfalls zunehmend an Bedeutung gewonnen haben. Diese Gesichtspunkte, aus denen sich die heutige Bedeutung der Flächennutzungsplanung für die Gemeinden im Wesentlichen ableiten lässt, werden im Folgenden näher dargelegt.

7.1 Nachhaltige städtebauliche Entwicklung

Mit der Novellierung des Baugesetzbuches durch das BauROG[78] im Jahr 1998 wurden die bauleitplanerischen Oberziele bereits dahingehend geändert, dass die Bauleitpläne an Stelle einer „geordneten" nunmehr eine „nachhaltige" städtebauliche Entwicklung gewährleisten sollten. Das EAG Bau hat den Begriff der nachhaltigen städtebaulichen Entwicklung noch weiter konkretisiert und fordert diesbezüglich, die sozialen, wirtschaftlichen und umweltschützenden Anforderungen auch in Verantwortung gegenüber künftigen Generationen miteinander in Einklang zu bringen[79]. Für die auf der Ebene der Flächennutzungsplanung zu treffenden

[77] Richtlinie 2002/49/EG des europäischen Parlaments und des Rates vom 25. Juni 2002 über die Bewertung und Bekämpfung von Umgebungslärm (Umgebungslärmrichtlinie), ABl. EG Nr. L 189 S. 12.
[78] Bau- und Raumordnungsgesetz 1998 vom 18. August 1997, BGBl. I S. 2081.
[79] Vgl. § 1 Abs. 5 S. 1 BauGB.

grundlegenden Raumnutzungsentscheidungen wird dadurch verdeutlichend hervorgehoben, dass durch Bündelung und Vernetzung, sowohl soziale, ökonomische als auch ökologische Belange integrativ und in Anbetracht einer intergenerativen Verantwortung berücksichtigt werden müssen. Mit der vorgenommenen Verankerung des Grundsatzes der Nachhaltigkeit in den Oberzielen der Bauleitplanung findet gegenüber der schon seit jeher umweltorientierten Bauleitplanung[80] eine wichtige Verdeutlichung dahingehend statt, dass die Umweltbelange nicht nur gleichgewichtig neben den anderen bauleitplanerischen Oberzielen stehen, sondern der Umweltschutz selbst vielmehr auch als ein Oberziel der Bauleitplanung anzusehen ist[81]. Obwohl das bauleitplanerische Oberziel der nachhaltigen städtebaulichen Entwicklung für beide Ebenen der Bauleitplanung Gültigkeit besitzt, kann eine wirksame Umsetzung seiner Anforderungen doch nur auf der Stufe der Flächennutzungsplanung erfolgen. Im Hinblick darauf muss auch der Bebauungsplan dieser Zielsetzung entsprechen, doch steht dieser nach dem hierarchisch gegliederten Planungssystem in einem vertikalen Ableitungsverhältnis[82] zum Flächennutzungsplan und ist aus dessen Darstellungen grundsätzlich zu entwickeln.

In der grundlegenden Bodennutzungs- oder Raumnutzungsverteilung ist die originäre Aufgabe der vorbereitenden Bauleitplanung zu sehen. Mit der Einbeziehung von freiraumschutzbezogenen Zielsetzungen hat sich das räumliche Betrachtungsfeld für die Raumnutzungsverteilung geändert. Die im Rahmen der Flächennutzungsplanung geforderte Berücksichtigung der Anforderungen der planerischen Eingriffsregelung[83] sowie der Fauna-Flora-Habitat- und der Vogelschutz-Richtlinie stellt sich unter Nachhaltigkeitsgesichtspunkten als ein den intergenerativen Aspekt deutlich zum Ausdruck bringender Gesichtspunkt und die gesamte städtebauliche Entwicklung betreffendes Grundanliegen dar[84]. Dadurch wird die vorbereitende Planungsebene von ihrer bisher eher bestandsorientierten Wiedergabe der tatsächlichen Grundstücksnutzungen im Freiraumbereich zu einer in erster Linie aktiven am Nachhaltigkeitsgrundsatz ausgerichteten planerisch-strategischen Bodennutzungskonzeption auf gesamtgemeindlicher Ebene weiterentwickelt, in deren Rahmen gleichzeitig eine Abstimmung mit den Bodennutzungskonzeptionen der benachbarten Gemeinden und insoweit eine interkommunale Kooperation stattfinden muss.

---

[80] Siehe dazu ausführlich: Mitschang (Fußn. 23), S. 341 ff.

[81] In diesem Sinne auch: Rinsdorf (Fußn. 32), S. 44 ff.; Kuschnerus, Die „Nachhaltigkeit" im Abwägungsprozess und in der gerichtlichen Überprüfung, in: Spannowsky/Mitschang (Hrsg.), Nachhaltige städtebauliche Entwicklung, 2000, S. 160 f.

[82] Vgl. oben 2.

[83] Siehe unten 7.2.2.1.

[84] Ausführlich unten 7.1.

7.2 Berücksichtigung von Umweltbelangen

Die Verpflichtung zur Berücksichtigung von umweltbezogenen Belangen ergibt sich für die Flächennutzungsplanung schon aus ihrer umfassenden Koordinations- und Integrationsfunktion als Gesamtplanung auf örtlicher Ebene[85]. Ihren Ausdruck finden die Belange des Umweltschutzes in den bauleitplanerischen Oberzielen und den sie konkretisierenden Planungsleitlinien gemäß § 1 Abs. 5 und 6 sowie § 1 a BauGB. Umweltbelange gehen mit dem gleichen Gewicht wie die sonstigen öffentlichen und privaten Belange in die Abwägung ein. Soweit die Umweltbelange städtebaulich begründet sind und sich im Rahmen des Abwägungsprozesses gegenüber den sonstigen abwägungserheblichen Belangen durchsetzen, können sie als umweltschutzbezogene Darstellungen im Flächennutzungsplan dargestellt werden. Das dazu erforderliche Instrumentarium steht den Gemeinden mit dem Darstellungskatalog in den § 5 BauGB zur Verfügung[86].

Umweltanforderungen richten sich primär an die vorbereitende Ebene der Bauleitplanung und die dort zu treffenden grundlegenden Entscheidungen über die künftige Bodennutzung. An dieser Stelle kann dem vorsorgenden Umweltschutz wirksam Rechnung getragen werden. Dabei nehmen die aus Umsetzung europäischer Verordnungen und Richtlinien resultierenden Umweltschutzanforderungen eine besondere Stellung ein. Sie kennzeichnen nämlich die zunehmende Bedeutung Europas auch auf den Feldern kommunaler Planungen und stehen für die zunehmende Prägung des deutschen Städtebaurechts durch gemeinschaftsrechtliche Regelungen und verdienen deshalb in ihrer Bedeutung für die Flächennutzungsplanung eine genauere Betrachtung. Das Gleiche gilt für einzelne nationale umweltschutzbezogene Anforderungen, vor allem für die planerische Eingriffsregelung und den Bodenschutz.

7.2.1 Europäische Umweltanforderungen

7.2.1.1 Zunehmende Europäisierung des Städtebaurechts

Schon seit rund zwanzig Jahren haben die Auswirkungen der Gesetzgebung der Europäischen Gemeinschaft auch das deutsche Städtebaurecht und insbesondere auch die Flächennutzungsplanung erreicht:

- Mit dem In-Kraft-Treten des UVPG[87] im Jahr 1990, durch das die Umweltverträglichkeitsprüfung als unselbstständiges Verfahren in die von der Anlage zu § 3 UVPG-alt genannten Zulassungsverfahren des jeweiligen

---

[85] Vgl. oben 3.1.
[86] Dazu oben 3.2.
[87] Gesetz über die Umweltverträglichkeitsprüfung vom 12. Februar 1990, BGBl. I S. 205.

Fachplanungsrechts integriert wurde[88]. Eine Umweltverträglichkeitsprüfung war danach auch für Flächennutzungspläne durchzuführen, die als Grundlage für bestimmte Bebauungspläne in Frage kamen[89]. Nach § 17 UVPG-alt war für die Aufstellung, Änderung und Ergänzung von Flächennutzungsplänen die Umweltverträglichkeitsprüfung im Bauleitplanverfahren und nach den Vorschriften des Baugesetzbuchs durchzuführen (so genannte „integrierte Umweltverträglichkeitsprüfung"). Aus heutigem Blickwinkel erstreckte sich damit der Anwendungsbereich des Gesetzes über die Umweltverträglichkeitsprüfung über die eigentlich projektbezogene UVP-RL hinaus auch auf abstrakte Aussagen in räumlichen Planungen und kam damit einer europarechtlich (noch) nicht geforderten Umweltprüfung für Pläne – wie wir sie heute kennen – nahe.

- Mit dem In-Kraft-Treten des BauROG 1998 sind im Rahmen der Bauleitplanung auch die mittlerweile in das Bundesnaturschutzrecht[90] umgesetzten Anforderungen der Fauna-Flora-Habitat- und der Vogelschutz-Richtlinie der EG zu beachten. Gemäß § 1 Abs. 6 Nr. 7 b BauGB „sind die Erhaltungsziele oder der Schutzzweck der Gebiete von gemeinschaftlicher Bedeutung und der europäischen Vogelschutzgebiete im Sinne des Bundesnaturschutzgesetzes in der bauleitplanerischen Abwägung zu berücksichtigen". Können diese durch einen Bauleitplan oder eine Ergänzungssatzung beeinträchtigt werden, ist in deren Rahmen eine Verträglichkeitsprüfung durchzuführen[91]. Stellt sich dabei als Ergebnis ein, dass eine erhebliche Beeinträchtigung[92] der Erhaltungsziele oder des Schutzzwecks der Gebiete zu erwarten ist, führt dies zur Unzulässigkeit der städtebaulichen Planung. Die Gemeinde kann sich in der bauleitplanerischen Abwägung nicht darüber hinwegsetzen. Vielmehr muss sie dann eine Prüfung nach den Vorschriften des Bundesnaturschutzgesetzes über die Zulässigkeit oder Durchführung von derartigen Eingriffen vornehmen sowie gegebenenfalls eine Stellungnahme der Kommission einholen (§ 1 a Abs. 4 BauGB)[93]. Werden durch die städtebauliche Planung gar so genannte prioritäre (d. h. vom Verschwinden bedrohte) Biotope oder Arten betroffen, können Ausnahmen nur nach einer über das Bundesministerium für Umwelt, Naturschutz und Reaktorsicher-

[88] Vgl. § 2 Abs. 3 Nr. 4 UVPG-alt.
[89] Genauer: Mitschang (Fußn. 22), Rn. 244 ff.
[90] Gesetz über Naturschutz und Landschaftspflege (Bundesnaturschutzgesetz) i. d. F. des Gesetzes zur Neuregelung des Rechts des Naturschutzes und der Landschaftspflege und zur Anpassung anderer Rechtsvorschriften (BNatSchGNeuregG) vom 25.3.2002, BGBl. I S. 1193, zul. geänd. durch Gesetz vom 21. Dezember 2004, BGBl. I 2005 S. 186.
[91] Siehe dazu § 34 Abs. 1 in Verbindung mit § 35 S. 2 BNatSchG.
[92] Zum Begriff der „Erheblichkeit", vgl.: Schink, GewArch 1998, S. 45.
[93] § 1 a Abs. 4 BauGB verlangt von der Gemeinde zu prüfen, ob trotz des Vorliegens erheblicher Beeinträchtigungen einer der Ausnahmetatbestände, einschließlich einer Alternativenprüfung, herangezogen und so die Planung weiterbetrieben werden kann und setzt damit das negative Ergebnis der Verträglichkeitsprüfung voraus.

heit eingeholten Stellungnahme der EG-Kommission zugelassen werden, es sei denn die zwingenden Gründe des überwiegenden öffentlichen Interesses[94] stehen im Zusammenhang mit der Gesundheit des Menschen, der öffentlichen Sicherheit, einschließlich der Landesverteidigung und des Schutzes der Zivilbevölkerung oder können in den maßgeblich günstigen Auswirkungen der Planung auf die Umwelt zur Geltung gebracht werden[95]. Ergibt sich schließlich, dass die Planung trotz der zu erwartenden Beeinträchtigungen zugelassen werden darf, sind Ausgleichsmaßnahmen erforderlich, die die Kohärenz von „Natura 2000" weiterhin gewährleisten. Die EG-Kommission ist auch hier über das Bundesministerium für Umwelt, Naturschutz und Reaktorsicherheit über die getroffenen Maßnahmen zu unterrichten[96].

- Mit dem EAG Bau wurden schließlich im Jahr 2004 die Anforderungen der Plan-UP-RL in das nationale Recht umgesetzt. Die Umweltprüfung für Pläne und Programme findet auf den der Projektzulassung vorgelagerten räumlichen Planungsebenen und damit auch in der Flächennutzungsplanung statt und unterscheidet sich insofern vom Ansatz der UVP-RL, als eine Umweltverträglichkeitsprüfung (UVP) bei der Zulassung von bestimmten Vorhaben durchzuführen ist. Da wesentliche Elemente der Entscheidung über die Zulässigkeit von Vorhaben auf vorgelagerten Ebenen, wie zum Beispiel durch den Flächennutzungsplan getroffen werden, ergänzt der Ansatz der Plan-UP-RL somit die projektbezogene UVP[97]. Das Verhältnis der Strategischen Umweltprüfung zur Bauleitplanung wird abschließend in § 17 Abs. 2 UVPG geregelt. Besteht demnach eine Verpflichtung zur Durchführung einer Strategischen Umweltprüfung bei Aufstellung, Änderung oder Ergänzung eines Bauleitplans, wird die Strategische Umweltprüfung als Umweltprüfung nach den Vorschriften des Baugesetzbuchs durchgeführt. Damit wird die Umweltprüfung vollständig in das BauGB integriert und ersetzt bei ihrer Durchführung im Bauleitplanverfahren auch die UVP.

- Mit der Umsetzung der Umgebungslärm-Richtlinie der EG durch das „Gesetz zur Umsetzung der EG-Richtlinie über die Bewertung und Bekämpfung von Umgebungslärm"[98] wurde auch für den Lärmschutz ein erster Schritt zur Normierung von flächenbezogenen Vorgaben gemacht[99].

[94] Private Gründe, die nicht im öffentlichen Interesse liegen, scheiden von vorneherein aus.
[95] Vgl. dazu die Beispielsauflistung bei: Schink (Fußn. 92), S. 50 f.
[96] Ebenda.
[97] So auch: Pietzcker, Die Europäisierung der Bauleitplanung – am Beispiel der Umsetzung der Plan-UP-Richtlinie, in: Jarass (Hrsg.), Europäisierung der Raumplanung, Berlin 2005, S. 60; ebenso Hendler, NVwZ 2005, S. 977.
[98] BGBl. I S. 1794.
[99] Ausführlich: Mitschang, ZfBR 2006, S. 430 ff.

Hierzu wurde ein neuer 6. Teil des Bundes-Immissionsschutzgesetzes[100] mit der Überschrift „Lärmminderungsplanung“ eingeführt.

Gleichwohl haben zunehmend auch europäische Richtlinien Einfluss auf die kommunale Planung, die inhaltlich dem stoffbezogenen und medialen Umweltschutz zuzurechnen sind und lediglich für Teilaspekte des Umweltschutzes Anforderungen formulieren. Ihr Einfluss auf die kommunale Planung ist nur mittelbar. Sie beziehen sich vornehmlich auf den Bereich der Luftreinhaltung[101] und des Lärmschutzes oder der Abfallbewirtschaftung.

7.2.1.2 Auswirkungen auf Bodennutzungsentscheidungen

Die zunehmende Europäisierung des Städtebaurechts hat Auswirkungen auf die im Rahmen der Flächennutzungsplanung zu treffenden Bodennutzungsentscheidungen, sei es im Hinblick auf den mit ihnen verbundenen neuen Bodennutzungsanspruch, sei es in Bezug auf die auf dieser Planungsebene zu treffenden Standortentscheidungen.

Ziel der FFH-Richtlinie ist es, ein europaweites Biotopverbundsystem zu schaffen, das den Namen „Natura 2000“ tragen soll und aus besonderen Schutzgebieten besteht, um so dem fortschreitenden Artenrückgang wirksam entgegenzutreten[102]. Die aus dem Jahr 1979 stammende Vogelschutzrichtlinie dient der Erhaltung sämtlicher wildlebender Vogelarten, die in der Europäischen Union heimisch sind (Art. 1 Vogelschutz-RL). Nach Art. 3 Abs. 1 der FFH-RL sind die von den Mitgliedsstaaten auf Grund der Vogelschutz-RL ausgewiesenen besonderen Schutzgebiete ebenfalls in das Biotopverbundnetz einzubeziehen[103]. Um den größtmög-

[100] Gesetz zum Schutz vor schädlichen Umwelteinwirkungen durch Luftverunreinigungen, Geräusche, Erschütterungen und ähnliche Vorgänge (Bundes-Immissionsschutzgesetz - BImSchG) i. d. F. der Bek. vom 14. Mai 1990, BGBl. I S. 880, zul. geänd. durch Gesetz vom 25. Juni 2005, BGBl. I S. 1865.

[101] Vgl. die Richtlinie 93/12/EWG des Rates über den Schwefelgehalt bestimmter Brennstoffe vom 23. März 1993, ABl. 1993, Nr. L 74, S. 81; Richtlinie 96/62/EG des Rates vom 27. September 1996 über die Beurteilung und die Kontrolle der Luftqualität (Luftqualitätsrahmenrichtlinie) ABl. EG Nr. L 296 S. 55 oder Richtlinie 96/82/EG des Rates vom 9. Dezember 1996 zur Beherrschung der Gefahren bei schweren Unfällen mit gefährlichen Stoffen (Seveso II-Richtlinie), ABl. EG Nr. L 010 S. 13.

[102] Zur Entstehungsgeschichte, vgl. Wagner, Die planbezogene Umweltverträglichkeitsprüfung nach dem Entwurf der EG-Richtlinie "Fauna-Flora-Habitat“, SWR Band 135, 1990 sowie Schink, UPR 1991, S. 208.

[103] Um einen gemeinschaftsweiten Mindestschutzstandard zu gewährleisten, werden sie sogar mit dem Zeitpunkt des In-Kraft-Tretens der FFH-RL am 5. Juni 1994 den in Art. 6 Abs. 2 bis 4 der FFH-RL enthaltenen Schutzbestimmungen ebenfalls unterworfen und den FFH-Gebieten insoweit gleichgestellt.

lichen Schutz dieser Gebiete zu gewährleisten, ist ein weitreichendes Schutzregime begründet worden, das neben einem grundsätzlichen Verschlechterungsverbot, im Falle einer möglichen Beeinträchtigung der Erhaltungsziele oder des Schutzzwecks der Gebiete durch Pläne oder Projekte innerhalb oder außerhalb des Schutzgebiets, die Durchführung einer Verträglichkeitsprüfung verlangt[104]. Dieses Schutzregime, das auch außergebietliche Pläne und insoweit ebenfalls eine Einbeziehung der das gesamte Gemeindegebiet erfassenden Flächennutzungsplanung verlangt, gestattet der Europäischen Gemeinschaft einen Durchgriff auf die grundsätzlich der Gemeinde obliegende gemeindliche Bodennutzungsverteilung und die dadurch gesteuerte städtebauliche Entwicklung.

Außerdem ist zu berücksichtigen, dass bei der Durchführung der Verträglichkeitsprüfung eine Summationswirkung von Plänen und/oder Projekten zu Grunde zu legen ist und damit nicht mehr jede Planung und/oder jedes Projekt isoliert, sondern im Zusammenwirken mit anderen Plänen und/oder Projekten betrachtet werden muss. Ohne auf einzelne Anwendungsprobleme, die mit den europarechtlichen Anforderungen der FFH- oder der Vogelschutz-Richtlinie verbunden sind, genauer eingehen zu wollen, wird deutlich, dass den auf der Ebene der Flächennutzungsplanung zu treffenden grundlegenden Bodennutzungsentscheidungen für die Durchführung einer Verträglichkeitsprüfung und damit insgesamt für die Ausgestaltung des europäischen Biotopverbundnetzes maßgebliche Bedeutung zukommt. Umgekehrt ergeben sich aber auch aus den durchgeführten Verträglichkeitsprüfungen und der Ausgestaltung eines europaweiten Biotopverbundnetzes Auswirkungen auf die künftigen Flächennutzungen im Gemeindegebiet. In vielen Gemeinden wird dies zu einer Einschränkung der kommunalen Planungsbefugnis führen, da die europäischen Schutzgebiete zu den bereits vorhandenen Nutzungsbeschränkungen in Form von sonstigen Schutzgebieten des Naturschutz- und Landschaftspflegerechts, des Wasser-, Denkmalschutz- und auch Immissionsschutzrechts hinzutreten und den kommunalen Handlungsspielraum weiter einschränken[105].

Ebenfalls auf die zu treffenden Bodennutzungsentscheidungen, allerdings nicht in Form von neuen Bodennutzungsansprüchen, jedoch auf die bei der Flächennutzungsplanung ebenfalls zu beantwortende Standortfrage, wirken sich die Umweltprüfung nach der Plan-UP-RL, aber auch die Umsetzung der Anforderungen der Umgebungslärm-RL aus.

Die in der Plan-UP-RL gestellten Verfahrensanforderungen dienen dazu, die Umweltbelange gegenüber den sozialen und wirtschaftlichen Belangen auf eine ausreichende Informationsgrundlage zu stellen sowie Ermittlungsdefiziten vorzubeugen[106] und entsprechen damit dem umweltrechtlichen Vorsorgeprinzip. Zur Berücksichtigung der Belange des Umweltschutzes nach § 1 Abs. 6 Nr. 7 BauGB

---

[104] Vgl. Art. 6 Abs. 2 bis 4 FFH-RL bzw. § 34 BNatSchG.
[105] Vgl. hierzu: RhPfVerGH, Urteil vom 11. Juli 2005 – VGH N 25/04 –, NVwZ 2006, S. 206.
[106] Stüer, Bau- und Fachplanungsrecht, 3. Aufl. 2005, Rn. 776.

und § 1 a BauGB wird in diesem Sinne bei der Aufstellung, Änderung, Ergänzung und Aufhebung von Flächennutzungsplänen gemäß § 2 Abs. 4 S. 1 BauGB eine obligatorische[107] Umweltprüfung mit Öffentlichkeitsbeteiligung durchgeführt, in der die voraussichtlichen erheblichen Umweltauswirkungen ermittelt werden und in einem Umweltbericht beschrieben und bewertet werden. Das Ergebnis der Umweltprüfung ist gemäß § 2 Abs. 4 S. 4 BauGB in der Abwägung zu berücksichtigen. Wie bei der Umweltverträglichkeitsprüfung in der Bauleitplanung wirkt durch die Aufbereitung des umweltbezogenen Abwägungsmaterials und die damit verknüpfte Notwendigkeit zur Sachverhaltsaufklärung die Umweltprüfung auf die Gewichtung und durch die Berücksichtigungspflicht auf den Ausgleich der abwägungsrelevanten Belange ein, ohne dabei allerdings die einschlägigen materiellen Entscheidungskriterien zu verändern[108]. Die damit verbundenen Auswirkungen auf die städtebauliche Entwicklung sind evident, gleichwohl nur mittelbar im Hinblick auf zu treffende Standortentscheidungen. Deutlich zum Ausdruck kommt dies durch Nr. 2 d der Anlage zu § 2 Abs. 4 S. 1 und § 2 a BauGB. Danach ist im Umweltbericht eine Beschreibung und Bewertung der in Betracht kommenden anderweitigen Planungsmöglichkeiten (Planungsalternativen[109]) vorzunehmen. Außerdem ist in der dem Bauleitplan beizufügenden zusammenfassenden Erklärung[110] die Art und Weise darzulegen, aus welchen Gründen der Plan nach Abwägung mit den geprüften, in Betracht kommenden anderweitigen Planungsmöglichkeiten gewählt wurde. Wird eine Umweltprüfung auf der Stufe der Flächennutzungsplanung durchgeführt, kann schließlich noch von der Möglichkeit der Abschichtung Gebrauch gemacht werden und dadurch der Untersuchungsumfang von Umweltprüfungen bei nachfolgenden Bebauungsplanverfahren reduziert werden.

Ziel der Umgebungslärm-RL ist die Festlegung eines gemeinsamen Konzepts, um Belästigungen und schädliche Auswirkungen durch Umgebungslärm zu verhindern, vorzubeugen oder zu mindern. Dazu werden aufeinander folgende Maßnahmen durchgeführt, die in der:

---

[107] Ein Verzicht auf eine Umweltprüfung ist nur im Rahmen der Anwendung des vereinfachten Verfahrens nach § 13 BauGB möglich.

[108] Appold, in: Hoppe (Hrsg.) Gesetz über die Umweltverträglichkeitsprüfung – Kommentar, Vorbemerkungen, 2. Aufl. 2002, § 1 Rn. 19 ff.

[109] Zwar war schon bislang die Forderung nach der Prüfung von Alternativen Gegenstand der Anforderungen des bauleitplanerischen Abwägungsgebots und ist daher nichts Neues für die Flächennutzungsplanung. In diesem Sinne verlangt schon § 3 Abs. 1 BauGB, dass im Rahmen der frühzeitigen Öffentlichkeitsbeteiligung über „sich wesentlich unterscheidende Lösungen, die für die Neugestaltung oder Entwicklung des Gebiets in Betracht kommen" zu unterrichten ist. Durch die nunmehr geforderte Auseinandersetzung mit den Alternativen und deren Dokumentationserfordernis wird es vielleicht zu anderen Abwägungsentscheidungen kommen als bisher, weil in Anbetracht der notwendigen Alternativenbewertung, Standortentscheidungen jetzt explizit im Umweltbericht nachvollziehbar darzulegen und zu begründen sind.

[110] Siehe § 6 Abs. 5 S. 2 und § 10 Abs. 4 BauGB.

- Ermittlung der Belastung durch Umgebungslärm anhand von Lärmkarten nach für die Mitgliedstaaten gemeinsamen Bewertungsmethoden,
- Sicherstellung der Information der Öffentlichkeit über Umgebungslärm und seine Auswirkungen sowie
- Erstellung von auf der Grundlage der Ergebnisse von Lärmkarten beruhenden Aktionsplänen bestehen.

Die Mitgliedstaaten sollen den Umgebungslärm so weit erforderlich, und insbesondere in Fällen, in denen das Ausmaß der Belastung gesundheitsschädliche Auswirkungen haben kann, verhindern und mindern und die Umweltqualität in den Fällen erhalten, in denen sie zufrieden stellend ist[111]. Die inhaltliche Verflechtung von Flächennutzungs- und Lärmminderungsplanung erfolgt über den Verweis in § 47 d Abs. 6 BImSchG auf § 47 Abs. 6 BImSchG. Danach sind die Maßnahmen, die in Lärmaktionsplänen festgelegt sind, durch Anordnung oder sonstige Entscheidungen der zuständigen Träger öffentlicher Verwaltung durchzusetzen. Belange des Immissionsschutzes sind wiederum gemäß § 1 Abs. 6 Nr. 7 g BauGB im Rahmen der Aufstellung von Flächennutzungsplänen zu berücksichtigen[112]. Sind damit in den Lärmaktionsplänen planungsrechtliche Festlegungen vorgesehen, haben die Gemeinden dies bei ihrer Flächennutzungsplanung zu berücksichtigen. Für die Standortfestlegung und Zuordnung der Bauflächen ist mitunter auch die bestehende Lärmsituation maßgeblich. Durch die Darstellung der Art der Nutzung nach der BauNVO werden bestimmte Grenz-, Richt- und Orientierungswerte für akustische Belastungen festgelegt und gegenseitig unverträgliche Nutzungen können so räumlich voneinander getrennt werden. So wird über die Berücksichtigungspflicht von Aussagen der Lärmminderungsplanung im Rahmen der Flächennutzungsplanung für die zu treffenden Bodennutzungsentscheidungen erneut auf die Standortfrage Einfluss genommen.

7.2.2 Nationale Umweltanforderungen

7.2.2.1 Eingriffs- /Ausgleichsbewältigung und Flächenpools

Die planerische Eingriffsregelung (vgl. § 1 a Abs. 3 BauGB) verlangt, dass durch die Bauleitplanung vorbereitete Eingriffe in Natur und Landschaft – in den Grenzen des bauleitplanerischen Abwägungsgebotes – zunächst vermieden sowie sodann gegebenenfalls ausgeglichen werden und dadurch der durch die Beeinträchtigungen von Natur und Landschaft hervorgerufene Schaden wieder behoben

---

[111] Vgl. Art. 1 der Umgebungslärm-RL.

[112] Insbesondere die Aussagen der zu erstellenden Lärmkarten nach § 47 c BImSchG sind bei der Zusammenstellung des Abwägungsmaterials zu berücksichtigen.

wird. Diese schon durch das Investitionserleichterungs- und Wohnbaulandgesetz (WoBaulG[113]) im Jahr 1993 eingeleitete Aufgabenerweiterung für die Flächennutzungsplanung ist fachlich sinnvoll, da eine sachgerechte Eingriffsbewältigung im Hinblick auf die räumliche Zuordnung von Flächennutzungen[114], eine mindestens gesamtgemeindliche Flächenbetrachtung zur Voraussetzung haben muss. Bei der Darstellung der Art der Bodennutzung sind entsprechend dem vorstehend Dargelegten nunmehr auch die Anforderungen zu berücksichtigen, die sich aus der Eingriffsbewältigung ergeben.

Mit der Fortentwicklung der eingriffsrechtlichen Bestimmungen durch das BauROG 1998 und der dann darin angelegten räumlichen und zeitlichen Flexibilisierung der Ausgleichsbewältigung wird auf die durch die Flächennutzungsplanung angestrebte raum- und flächenbezogene Ordnung des Gemeindegebiets eingewirkt. Für die räumliche Kompensation[115] stehen folgende Möglichkeiten der Durchführung von Ausgleichsmaßnahmen zur Verfügung[116]:

- Ausgleichsmaßnahmen auf den vom Eingriff betroffenen Grundstücksflächen,
- Ausgleichsflächen auf den Flächen im sonstigen Geltungsbereich des Bebauungsplans, auch in einem räumlich getrennten Teilgeltungsbereich,
- Ausgleichsmaßnahmen auf Flächen im Geltungsbereich eines räumlich getrennten Ausgleichs- oder Kompensationsbebauungsplans,
- Ausgleichsmaßnahmen auf Flächen in der Region,
- Ausgleichsmaßnahmen auf von der Gemeinde bereitgestellten Flächen.

Dabei ist darauf zu achten, dass an dem – zwar aufgelockerten – funktionalen Ableitungszusammenhang zwischen den auf den Ausgleichsflächen an anderer Stelle durchgeführten Maßnahmen und dem Eingriff festzuhalten ist und außerdem die für den Ausgleich vorgesehenen Flächen zu ihren eigenen, auch die durch den Eingriff gestörten Funktionen übernehmen und insoweit in einen höheren ökologischen Zustand versetzt werden müssen[117]. Dazu bietet es sich an, nicht für jeden Einzelfall diesbezügliche Untersuchungen anzustellen, sondern für einen überschaubaren Zeitraum alle beabsichtigten Eingriffe in Natur und Landschaft

[113] Gesetz zur Erleichterung von Investitionen und der Ausweisung und Bereitstellung von Wohnbauland vom 22. April 1993, BGBl. I S. 466.
[114] Vgl. oben 3.1.
[115] Dazu auch: BVerwG, Beschluss vom 18. November 1997 – 4 BN 26/97 –, NVwZ-RR 1998, S. 552.
[116] Ausführlich Mitschang, ZfBR 1999, S. 127 f.
[117] BVerwG, Gerichtsbescheid vom 10. September 1998 – 4 A 35.97 –, BauR 1999, S. 484.

einschließlich ihres Ausgleichsbedarfs konzeptionell in einer Eingriffs-/Ausgleichskonzeption[118] zu erfassen. Hinzu kommt, dass in Folge der zeitlichen Abkoppelung von Eingriff und Ausgleich auch die Durchführung von Ausgleichsmaßnahmen bereits im Vorfeld der Aufstellung eines Bebauungsplanes stattfinden kann, mit der Folge, dass auch dafür entsprechende Ausgleichsflächen in Anspruch genommen werden müssen. Die entsprechende Rechtsgrundlage enthält § 135 a Abs. 2 S. 2 BauGB. Danach können die Maßnahmen zum Ausgleich bereits vor den Baumaßnahmen und der Zuordnung[119] durchgeführt werden. Der Gesetzgeber trägt damit den Möglichkeiten zur Einführung so genannter „Öko-Konten" in Form einer Flächen- und/oder Maßnahmenbevorratung sowie der Ausgestaltung von Eingriffs-/ Ausgleichs-Katastern[120] Rechnung[121]. Dem hier zu Grunde liegenden Leitgedanken entsprechend können zwar bereits zeitlich vor der Aufstellung eines Eingriffsbebauungsplans Ausgleichsmaßnahmen durchgeführt und sozusagen „angespart" werden, um dann im Falle des Eingriffs „abgebucht" und im Rahmen der bauleitplanerischen Abwägung in Bezug zum erforderlichen Kompensationsbedarf „verrechnet" zu werden. Eine Umsetzung dieses „Öko-Konto-Gedankens" ist für die Gemeinden nicht verpflichtend.

Für die gesamtgemeindliche Raumnutzungsverteilung bleibt dies nicht ohne Bedeutung, da insoweit auf die Ordnungs- (Koordinations-) funktion des Flächennutzungsplanes Einfluss genommen wird. Von der räumlichen Flexibilisierung darf die Gemeinde nach § 200 a S. 2 BauGB allerdings nur Gebrauch machen, wenn der Ausgleich an anderer Stelle mit der geordneten städtebaulichen Entwicklung vereinbar ist. Die mit der räumlichen Flexibilisierung geschaffene Öffnung des für die Verortung von Ausgleichsflächen in Frage kommenden räumlichen Bezugsrahmens über die gesamtgemeindliche Ebene hinaus sogar in die regionale Ebene hinein, wirft in Folge des neu konzipierten Ausgleichsbegriffs bei nahezu jeder Inan-

---

[118] Dazu genauer Mitschang (Fußn. 23), S. 442 ff.

[119] Danach können Flächen zum Ausgleich im Sinne von § 1 a Abs. 3 BauGB im Geltungsbereich des Flächennutzungsplans den Flächen, auf denen Eingriffe in Natur und Landschaft zu erwarten sind, zum Zwecke der Erhebung von Kostenerstattungsbeträgen gemäß §§ 135 a bis c BauGB ganz oder teilweise zugeordnet werden. Eine gesetzliche Verpflichtung für die Zuordnung besteht allerdings nicht. Sie empfiehlt sich stets dort, wo die Gemeinde bereits im Eigentum der betreffenden Ausgleichsflächen ist und außerdem feststeht, dass die betreffende Fläche die Kompensationsmaßnahmen für einen bestimmten Eingriff in Natur und Landschaft aufnehmen soll. Mit einer solchen Vorgehensweise ist eine Entlastungswirkung für die nachfolgende Bebauungsplanung verbunden, weil grundsätzliche Zuordnungsfragen von Ausgleichsflächen zu Eingriffen bereits auf der vorgelagerten Flächennutzungsplanungsebene Berücksichtigung finden können. Auf der Planungsstufe der Flächennutzungsplanung kann es lediglich um eine pauschale Zuordnung von Flächen gehen, da der Umfang künftig möglicher Eingriffe im Regelfall zu diesem Zeitpunkt noch nicht abgesehen werden kann.

[120] Zu weiteren Anforderungen, vgl.: Planungsgruppe Ökologie und Umwelt/Erbguth, in: Bundesamt für Naturschutz (Hrsg.), Möglichkeiten der Umsetzung der Eingriffsregelung in der Bauleitplanung, Angewandte Landschaftsökologie Heft 26, 1999, S. 129.

[121] Vielfach wird für die Kombination von Flächenbevorratung und vorgezogener Durchführung von Ausgleichsmaßnahmen auch der Begriff des Ausgleichspools gebraucht. Vgl. etwa: Köppel/Feickert/ Spandau/Straßer, Praxis der Eingriffsregelung, 1999, S. 357.

spruchnahme von Natur und Landschaft das Erfordernis auf, Ausgleichsflächen bereitzustellen und führt damit regelmäßig zu neuen freiraumschutzbezogenen Raumnutzungsansprüchen. In den Aufgabenbereich der Gemeinden fällt es dabei, die mit den europäischen Richtlinien und der planerischen Eingriffsreglung verfolgten Zielsetzungen mit den kommunalen Entwicklungsabsichten in Einklang zu bringen und durch die Gewährleistung der Kohärenz des Biotopverbundsystems sowie durch die Bereitstellung von Ausgleichsflächen dem Ziel der nachhaltigen städtebaulichen Entwicklung Ausdruck zu verleihen.

7.2.2.2 Bodenschutz/Altlasten

Die Flächennutzungsplanung spielt auf Grund der auf der Ebene der vorbereitenden Bauleitplanung zu treffenden grundlegenden Bodennutzungsentscheidungen für den Umgang mit dem Umweltmedium „Boden" eine maßgebliche Rolle. Dabei stehen vor allem zwei Aspekte im Vordergrund. Insoweit geht es um den Schutz des Bodens, und zwar einerseits durch Reduzierung der Flächeninanspruchnahme[122] und andererseits durch die Bewältigung von Altlasten.

a) Verringerung des Flächenverbrauchs

Mit dem Ziel der Reduzierung des Flächenverbrauchs enthält § 1 a Abs. 2 BauGB die so genannte Bodenschutzklausel, nach der mit Grund und Boden sparsam und schonend umgegangen werden soll. Dabei sind zur Verringerung der zusätzlichen Inanspruchnahme von Flächen für bauliche Nutzungen die Möglichkeiten der Entwicklung der Gemeinde insbesondere durch Wiedernutzbarmachung von Flächen, Nachverdichtung und andere Maßnahmen zur Innenentwicklung zu nutzen sowie Bodenversiegelungen auf das notwendige Maß zu begrenzen.

Gerade auf der Ebene der Flächennutzungsplanung hat die Gemeinde über die Darstellung künftiger Baugebiete[123] unter Berücksichtigung ihrer prognostischen Bedarfsermittlung grundlegend zu entscheiden. Bei dieser Bedarfsermittlung, so stellt § 1 a Abs. 1 Halbsatz 2 BauGB nunmehr[124] klar, sind die Möglichkeiten der Innenentwicklung, insbesondere die Wiedernutzung von Brachflächen sowie die Nachverdichtung, zu berücksichtigen. Dabei soll die Bodenversiegelung auf das notwendige Maß begrenzt werden, das bedeutet, dass die Gemeinde bei der von ihr

[122] Siehe dazu allgemein Schink, ZfBR 1995, S. 186 f.; Gawron, Reduzierte Flächeninanspruchnahme durch interkommunale Kooperation?, in: UFZ-Bericht Nr. 25/2004, 2005.

[123] Bei der Darstellung der Baugebiete kann eine weitere Grobsteuerung für die Bodeninanspruchnahme über Festlegungen zu Art und Maß der baulichen Nutzung getroffen werden. Im Einzelnen hierzu: Schink, ZfBR 2000, S. 154 ff.

[124] § 1 a Abs. 2 Halbsatz 2 war in der Vorgängerregelung in der Form des Artikelgesetzes nicht enthalten, wurde gleichwohl aber inhaltlich davon erfasst.

zu treffenden Entscheidung auch darüber zu befinden hat, ob die beabsichtigte städtebauliche Entwicklung auch den tatsächlichen Bedürfnissen entspricht und inwieweit der entstandene Bedarf schon durch Maßnahmen der Innenentwicklung abgedeckt werden kann, bevor auf noch naturhafte Flächen des Außenbereichs zurück gegriffen wird.

b) Bewältigung von Altlasten

Gerade unter dem Gesichtspunkt der Innenentwicklung ist die Bewältigung von Altlastenanforderungen häufig ein Hinderungsgrund, wenn es um die Inanspruchnahme von brachgefallenen Gewerbe-, Industrie- oder Infrastrukturflächen geht. Insbesondere Gesundheitsbelastungen von Menschen durch vorhandene Altlasten müssen ausgeschlossen werden[125]. Dabei ist allerdings zu berücksichtigen, dass das Städtebaurecht zwar Maßgaben in Bezug auf eine Verringerung der Bodeninanspruchnahme enthält, jedoch keine Sanierungsregelungen bereit stellt, sondern vielmehr die von der Gemeinde zu treffenden Bodennutzungsentscheidungen vor dem Hintergrund der vorgefundenen Bodenverhältnisse widerzuspiegeln sind. Zwar besteht eine kommunale Verpflichtung bei Vorliegen eines Altlastenverdachts diesem durch genauere Nachforschungen[126] nachzugehen, um eine tragfähige Aussage über eine gegebenenfalls bestehende Gefährdung zu machen und darüber zu befinden, welche künftige Bodennutzung damit vereinbar ist. Allerdings ist diese Ermittlungspflicht für die Stufe der vorbereitenden Bauleitplanung eingeschränkt, da diese lediglich Aussagen über die gesamtgemeindliche Bodennutzungskonzeption bereit hält und regelmäßig durch verbindliche Bebauungspläne erst umgesetzt wird. Insoweit wird für diese Planungsebene eine abstrakte Gefährdungsabschätzung[127] regelmäßig ausreichen[128]. Für die danach vorzunehmende Beurteilung, ist auf die Bestimmungen des Bundes-Bodenschutzgesetz (BBodSchG[129]) sowie der nachgeordneten Bundes-Bodenschutz- und Altlastenverordnung (BBodSchV[130]) zurückzugreifen[131], da dem Bauplanungsrecht keine insoweit einschlägigen Vorschriften entnommen werden können. Bei einem Unterschreiten der für die Gefährdungsabschätzung relevanten Prüfwerte[132] kann gemäß § 4 Abs. 2 S. BBodSchV davon ausgegangen werden, dass die vorhandene oder

---

[125] Vgl. § 1 Abs. 6 Nr. 1 BauGB, wonach gesunde Wohn- und Arbeitsverhältnisse im Rahmen der Flächennutzungsplanung zu wahren sind.
[126] Meistens mittels eines Bodengutachtens.
[127] Ebenso: Koppitz/Schwarting (Fußn. 25), Rn. 29.
[128] So auch Schink (Fußn. 123), S. 157.
[129] Gesetz zum Schutz vor schädlichen Bodenveränderungen und zur Sanierung von Altlasten vom 17. März 1998, BGBl. I S. 502, zul. geänd. durch Gesetz vom 9. Dezember 2004, BGBl. I S. 3214.
[130] Bundes-Bodenschutz- und Altlastenverordnung vom 12. Juli 1999, BGBl. I S. 1554, zul. geänd. durch Verordnung vom 23. Dezember 2004, BGBl. I S. 3758.
[131] Vgl. § 3 Abs. 1 Nr. 9 BBodSchG.
[132] Siehe dazu Anhang 2 der BBodSchV.

vorgesehene Nutzung mit der Bodenkontamination vereinbar, also nutzungsverträglich ist. Andernfalls ist eine Einzelfallbeurteilung vorzunehmen[133].

Im Zusammenhang mit den nutzungsbezogenen Prüfwerten, ergibt sich für die Gemeinden die Möglichkeit, bei den von ihr zu treffenden Bodennutzungsentscheidungen solche Bodennutzungen für kontaminierte Flächen vorzusehen, bei denen die Prüfwerte auf jeden Fall unterschritten werden[134]. Zwar wird bei einer derartigen Vorgehensweise zunächst einer gegebenenfalls aufwändigen Sanierung vorgebeugt, doch entbindet dies die Gemeinde nicht von der Anforderung, Überlegungen über die Integration dieser Nutzung in die ansonsten beabsichtigte Bodennutzungskonzeption für die Gesamtgemeinde anzustellen.

7.3 Integration der Landschaftsplanung

Die entscheidende Begegnungsstufe für das Zusammenwirkungen von gesamtgemeindlicher Flächennutzungsplanung und der ebenfalls das gesamte Gemeindegebiet erfassenden Landschaftsplanung ist die Ebene der vorbereitenden Bauleitplanung. Im Hinblick darauf verpflichtet § 1 Abs. 6 Nr. 7 g BauGB die Gemeinden im Rahmen ihrer bauleitplanerischen Abwägung die Darstellungen von Landschaftsplänen sowie von sonstigen Plänen, insbesondere des Wasser-, Abfall- und Immissionsschutzrechts zu berücksichtigen[135]. Bei der Aufstellung von Bauleitplänen stellen die Aussagen der Landschaftsplanung also das erforderliche Abwägungsmaterial für die planende Gemeinde dar.

Aufgabe der Landschaftsplanung ist es, der bauleitplanenden Gemeinde Aussagen über die natur- und landschaftsbezogene Bedeutung der Flächen des Gemeindegebiets zu liefern, mithin Aussagen darüber zu treffen,

- welche Flächen aus der Sicht des Naturschutzes und der Landschaftspflege und unter Berücksichtigung der Ziele des Naturschutzes und der Landschaftspflege für eine bauliche oder sonstige Nutzung in Anspruch genommen werden können (Angebotsflächen),

[133] Für den Fall, dass die Ermittlung und Beurteilung von Altlasten einen längeren Zeitraum einnimmt, steht den Gemeinden, soweit die Grundzüge der Planung nicht berührt werden, die Möglichkeit zur Verfügung, auf eine Darstellung einer Nutzung im Flächennutzungsplan zu verzichten, bis Klarheit über die Altlast besteht. Vgl. § 5 Abs. 1 S. 2 BauGB.

[134] Die für die Kennzeichnungspflicht bestehenden Anforderungen im Sinne von § 5 Abs. 3 BauGB bleiben hiervon unberührt.

[135] Für die Landschaftsplanung wird in der angeführten beispielhaften Aufzählung an erster Stelle ein Berücksichtigungsgebot für deren Darstellungen normiert. Damit trägt der Gesetzgeber erneut der Bedeutung der Landschaftsplanung für die Bauleitplanung Rechnung.

- bei welchen Flächeninanspruchnahmen mit Konflikten zu rechnen ist (Konfliktflächen)
- und welche Flächen einer anderen als der bestehenden Nutzung nicht zugeführt werden dürfen (Ausschlussflächen).

Damit trägt die Landschaftsplanung auch zur Bewältigung von Umweltfolgen bei, wie sich deutlich aus dem Aufgabenspektrum[136] in § 14 Abs. 1 und 2 BNatSchG ergibt. Danach soll die Landschaftsplanung unter anderem Angaben enthalten über

- den vorhandenen und den zu erwartenden Zustand von Natur und Landschaft,
- die konkretisierten Ziele und Grundsätze des Naturschutzes und der Landschaftspflege,
- die Beurteilung des vorhandenen und zu erwartenden Zustands von Natur und Landschaft nach Maßgabe dieser Ziele und Grundsätze, einschließlich der sich daraus ergebenden Konflikte sowie
- Erfordernisse und Maßnahmen zur Vermeidung, Minderung oder Beseitigung von Beeinträchtigungen von Natur und Landschaft.

Bedeutung hat dies vor allem für die Bewältigung von Eingriffen in Natur und Landschaft[137] (vgl. §§ 18 ff. BNatSchG, insbesondere § 19 Abs. 2 S. 4 BNatSchG) sowie die Durchführung von Verträglichkeitsprüfungen[138] nach der FFH-RL (vgl. § 14 Abs. 2 BNatSchG sowie §§ 32 ff. BNatSchG)[139] sowie für die Durchführung der integrierten Umweltprüfung[140]. Der in diesem Zusammenhang wichtigste Beitrag besteht in der Bereitstellung von Informationen im Rahmen des Scoping und dabei zu berücksichtigenden Möglichkeiten der Abschichtung. Die zur Verfügung gestellten Informationen können im Umweltbericht verarbeitet werden.

[136] Zur Neuregelung der Landschaftsplanung im Bundesnaturschutzgesetz, vgl. Lange, UVP-Report 2002, S. 16 ff.; Lütkes, UVP-Report 2002, S. 6 ff.; Jessel, Sonderheft zum UVP-Kongress 2002, S. 85 f.; sowie Bruns, Naturschutz und Landschaftsplanung 2003, S. 114 ff.

[137] Vgl. oben 7.2.2.1.

[138] Ebenda.

[139] Heidtmann, Sonderheft zum UVP-Kongress 2002, S. 82.

[140] Vgl. Jessel, Sonderheft zum UVP-Kongress 2002, S. 85 ff.; Jessel/Müller-Pfannstiel/Rößling, Naturschutz und Landschaftsplanung 2003, S. 332 ff.; Scholles/von Haaren/Myrzik/Ott/Wilke/Winkelbrandt/Wulfert, UVP-report 2003, S. 76 ff. und Heidtmann, Sonderheft zum UVP-Kongress 2002, S. 79 ff. sowie oben 6.2.2.1.

Gemäß § 19 a Abs. 1 UVPG sowie nach der Anlage 3 zu § 3 Abs. 1 a ist bei der Aufstellung oder Änderung von Landschaftsplanungen nach den §§ 15 und 16 BNatSchG obligatorisch eine strategische Umweltprüfung durchzuführen. Da die Landschaftsplanung aber schon vielfältige Parallelen zur Umweltprüfung aufweist, wurde die strategische Umweltprüfung bei Landschaftsplanungen nicht als eigenständiger, zur Planaufstellung hinzutretender Prüfungsschritt ausgestaltet. Vielmehr ist die Aufstellung oder Änderung von Landschaftsplanungen um einzelne Elemente der strategischen Umweltprüfung ergänzt worden, die bislang nicht in der Landschaftsplanung enthalten waren[141]. Mit dieser gesetzlichen Erweiterung landschaftsplanerischer Inhalte werden zumindest bestehende Diskrepanzen im inhaltlichen Überschneidungsbereich von Umweltprüfung und Landschaftsplanung abgebaut und die Verwertbarkeit landschaftsplanerischer Aussagen für die Flächennutzungsplanung deutlich verbessert[142].

7.4 Planerische Steuerung von Außenbereichsvorhaben

Vorhaben nach § 35 Abs. 1 Nr. 2 bis 6 BauGB sind im planungsrechtlichen Außenbereich privilegiert und unterliegen dadurch – anders als sonstige Vorhaben – erleichterten Genehmigungsvoraussetzungen im Außenbereich[143]. Eine numerische, allerdings nicht abgeschlossene Auflistung öffentlicher Belange, die einem privilegierten Vorhaben entgegen gehalten werden können, enthält § 35 Abs. 3 S. 1 BauGB[144]. Bei der insoweit zu treffenden Abwägungsentscheidung im Hinblick auf den Zweck des Vorhabens und den beeinträchtigten öffentlichen Belang, ist allerdings zu berücksichtigen, dass privilegierten Vorhaben von vorneherein ein gesteigertes Durchsetzungsvermögen gegenüber den öffentlichen Belangen zuerkannt werden muss. Dieses besondere Gewicht der privilegierten Vorhaben resultiert daraus, dass der Gesetzgeber diese Vorhaben dem Außenbereich in § 35 BauGB zugewiesen hat.

Für die Außenbereichssituation in den Gemeinden hat dies erhebliche Bedeutung. Zur planerischen Steuerung von bestimmten privilegierten Außenbereichsvorhaben im Sinne von § 35 Abs. 1 Nr. 2 bis 6 BauGB[145] hat der Gesetzgeber den Trägern

---

[141] Siehe dazu: BT-Drs. 15/3441, S. 38 f.

[142] Dazu genauer: Mitschang, BauR 2005, S. 343 ff.

[143] Ausführlich zum Verhältnis von Flächennutzungsplanung und Außenbereichsvorhaben: Rinsdorf (Fußn. 32), S. 208 ff.

[144] Auch durch diese beispielhafte Auflistung nicht erfasste sonstige öffentliche Belange, wie sie etwa durch die Planungsleitlinien in § 1 Abs. 6 BauGB zum Ausdruck gebracht werden, können einem Außenbereichsvorhaben entgegen gehalten werden.

[145] Erfasst werden insoweit alle privilegierten Vorhaben mit Ausnahme von solchen, die einem land- oder forstwirtschaftlichen Betrieb oder der Erforschung, Entwicklung oder Nutzung der Kernenergie zu friedlichen Zwecken oder der Entsorgung radioaktiver Abfälle dienen.

der Raumordnung[146], aber auch den Gemeinden in § 35 Abs. 3 S. 3 BauGB die Möglichkeit eingeräumt, durch den so genannten „Planvorbehalt[147]" steuernd Einfluss auf deren Standorte im Plangebiet zu nehmen[148]. Auf gemeindlicher Ebene soll dies durch den Flächennutzungsplan erfolgen[149]. Deshalb kann die Einleitung eines entsprechenden Änderungsverfahrens für den Flächennutzungsplan sogar mit einer einjährigen Zurückstellung des privilegierten Vorhabens verbunden werden (Vgl. § 15 Abs. 3 BauGB). Macht die Gemeinde von ihrer planerischen Steuerungsmöglichkeit durch den Flächennutzungsplan Gebrauch, sind bestimmte Anforderungen zu berücksichtigen.

Obwohl nach § 35 Abs. 2 bis 6 BauGB verschiedene Außenbereichsvorhaben einer planerischen Steuerung zugänglich sind, so stehen gegenwärtig in erster Linie Biomasse und vor allem Windenergieanlagen im Mittelpunkt der Diskussionen um ihre rechtliche Zulässigkeit. Sind insoweit im Flächennutzungsplan beispielsweise Ausweisungen von Flächen für die Errichtung von Windenergieanlagen[150] erfolgt, so sind diese Anlagen an den übrigen Stellen in der Regel auf Grund entgegen stehender öffentlicher Belange unzulässig[151]. Die planungspraktische Umsetzung in

---

[146] Zum Verhältnis von raumordnerischen Festlegungen und Standortausweisungen auf „weißen Flächen" im Flächennutzungsplan, vgl. BVerwG, Beschluss vom 28. November 2005 – 4 B 66/05 –, ZfBR 2006, S. 159.

[147] Durch die Regelung wurde die Entscheidung des Bundesverwaltungsgerichts zur Ausweisung so genannter „Abgrabungskonzentrationszonen" aufgegriffen. Danach erhalten Darstellungen im Flächennutzungsplan für Abgrabungen zugleich eine Ausschlussfunktion für den übrigen Außenbereich, soweit sich aus dem Erläuterungsbericht zum Flächennutzungsplan eindeutig ergibt, dass die Abgrabungen nur an den dargestellten Standorten stattfinden sollen. Abgrabungen auf Flächen außerhalb der im Flächennutzungsplan dargestellten Standorte stehen dann öffentliche Belange entgegen, da es ein legitimes Ziel der Flächennutzungsplanung sein kann, eine Konzentration des Abbaus von Kies und Sand auf dafür geeignete Standorte vorzunehmen. Mit Hilfe dieser positiven Standortausweisungen an einer oder mehreren Stellen im Gemeindegebiet erhalten die Gemeinden die Möglichkeit, das übrige Gemeindegebiet von derart privilegierten Anlagen freizuhalten. Vgl. BVerwG, Urteil vom 22. Mai 1987 – 4 C 57.84 –, NVwZ 1988, S. 54 sowie Beschluss vom 3. Juni 1998 – 4 B 6.98 –, BauR 1998, S. 991. Kritisch: Hoppe, DVBl. 1991, S. 1281 ff.

[148] Speziell zur planerischen Steuerungsmöglichkeit: Stüer, Die Zulässigkeit von Windenergieanlagen als Planungsproblem der Regional- und Flächennutzungsplanung, in: (Fußn. 3), S. 124 ff.; Enders/Bendermacher, ZfBR 2001, S. 450 ff.; Schidlowski, NVwZ 2001, S. 388 ff.; Mitschang, ZfBR 2003, S. 431 ff. sowie Stüer/Stüer, NuR 2004, S. 341 ff. m. w. N.

[149] Erreicht werden kann das mit dem Planvorbehalt verfolgte Ziel auch durch die Aufstellung von Teilflächennutzungsplänen nach § 5 Abs. 2 b BauGB.

[150] Ausführlich zu den seit 1. Januar 1997 geänderten Zulassungsvoraussetzungen für Windenergieanlagen: Wagner, UPR 1996, S. 370 ff.; Lüers, ZfBR 1997, S. 297 ff.; Stüer/Vildomec, BauR 1998, S. 427 ff.; Runkel, DVBl. 1997, S. 275 ff. Neuerdings: Rühl, UPR 2001, S. 413 ff.; Ecker, VBlBW 2001, S. 173 ff.; Kirste, DVBl. 2005, S. 993 ff.; Oerder, BauR 2005, S. 643 ff. Für die Aufhebung der Privilegierung: Mock, NVwZ 1999, S. 937 ff.

[151] Hiervon nach wie vor zu unterscheiden ist jedoch, dass einem privilegierten Vorhaben im Außenbereich öffentliche Belange auch entgegenstehen können, weil das Vorhaben den Darstellungen des Flächennutzungsplanes widerspricht. Schließlich kann der für die Errichtung einer Windenergieanlage vorgesehene Standort räumlich und sachlich eindeutig einer anderen Boden-

den einzelnen Planwerken erfolgt durch die Ausweisung von „Konzentrations- oder Vorrangzonen". An ihre Ausweisung und Darstellung im Flächennutzungsplan ist zunächst die Anforderung gestellt, dass ein schlüssiges städtebauliches Gesamtkonzept[152] für den gesamten Außenbereich erarbeitet wird[153], als dessen Ergebnis sich die auszuweisenden Flächen als tatsächlich geeignet darstellen und aus diesem Grund der übrige Planungsraum von solchen Nutzungen freigehalten werden kann[154]. Nur wenn diese Anforderung berücksichtigt wird, greift die Ausschlussfunktion für die anderen Flächen des Plangebietes. Darstellungen im Flächennutzungsplanentwurf, auch im planreifen Entwurf[155] kommt demgegenüber diese Ausschlusswirkung nicht zu[156]. Nur bei wirksamen Flächennutzungsplänen greift die Ausschlusswirkung der Konzentrationszonenausweisung[157].

Für die Frage, in welchem Umfang eine Gemeinde die Ansiedlung von Windenergieanlagen in ihrem Gemeindegebiet steuern kann, ist entscheidend, welche städtebaulichen Gründe sie konkret anführen kann, die es rechtfertigen, in einzelnen Bereichen ihres Gemeindegebiets, die bestimmte privilegierte Nutzungen auszuschließen[158].

---

nutzung vorbehalten und der betreffende Standort durch positive Darstellung im Flächennutzungsplan (oder Raumordnungsplan) bereits qualifiziert verplant sein. Dem hat der Gesetzgeber bei der Ausgestaltung des § 35 Abs. 3 S. 3 BauGB im Übrigen dadurch Rechnung getragen, dass die Darstellung einer Konzentrationszone für Windenergieanlagen der Zulassung privilegierter Windenergieanlagen an anderer Stelle nur „in der Regel" entgegensteht. So genannte „widerlegliche Vermutung". Ausführlich: Runkel (Fußn. 150), S. 280 f.

[152] Vgl. BT-Drs. 13/4978, S. 7 sowie BVerwG, Urteil vom 21. Oktober 2004 – 4 C 2/04 –, BVerwGE 122, S. 117.

[153] Wolf, ZUR 2002, S. 338 und die Entscheidungen des OVG Münster, Urteil vom 30. November 2001 – 7 A 4857/00 –, BauR 2002, S. 886 sowie des OVG Lüneburg, Urteil vom 20. Juli 1999 – 1 L 5203/96 –, NuR 2000, S. 49.

[154] Von seiner Rechtsnatur her betrachtet, ähnelt der Flächennutzungsplan mit seinen Darstellungen auf der Grundlage von § 35 Abs. 3 S. 3 BauGB immer mehr dem Bebauungsplan, so dass in der Folge auch die Normenkontrolle gegen seine diesbezüglichen Festlegungen zulässig sein müsste. Ebenfalls befürwortend: Hoppe, DVBl. 2003, S. 1355; Loibl, UPR 2003, S. 419; Kment, NVwZ 2003, S. 1055; ders., NVwZ 2004, S. 314 sowie Hendler, NuR 2004, S. 485. Verneinend: Stüer, NuR 2004, S. 347. Siehe dazu auch: BVerwG, Urteil vom 21. Oktober 2004 – 4 C 2/04 –, BVerwGE 122, S. 109.

[155] OVG Lüneburg, Beschluss vom 30. November 2004 – 1 ME 190/04 –, NuR 2005, S. 601. Unklar: BVerwG, Urteil vom 13. März 2003 – 4 C 3/02 –, NuR 2003, S. 615.

[156] OVG Lüneburg, Urteil vom 18. März 1999 – 1 L 6696/96 –, ZfBR 1999, S. 285 sowie Beschluss vom 22. Januar 1999 – 1 L 5538/97 –, NuR 1999, S. 289.

[157] Dabei muss die Ausschlusswirkung entweder im Rahmen der Begründung oder – noch besser – durch textliche Darstellung auf der Planzeichnung selbst erfolgen.

[158] Zur Notwendigkeit der Anführung städtebaulicher Gründe, vgl.: OVG Münster (Fußn. 153), BauR 2002, S. 886; OVG Lüneburg (Fußn. 153), NuR 2000, S. 49 sowie Krautzberger, NVwZ 1996, S. 848 und Wolf (Fußn. 153), S. 339.

Eine reine Negativplanung ist – wie sonst auch – unzulässig[159]. Eine Planung, durch die lediglich die Ansiedlung von Vorhaben im Sinne von § 35 Abs. 1 Nr. 2 bis 6 BauGB verhindert werden soll, deren Ziel aber nicht in einer positiven Standortausweisung liegt, stellt eine solche Negativplanung dar[160]. Deshalb kommt einem Flächennutzungsplan, der ohne nähere Begründung keinen Standort für Windkraft darstellt, eine Ausschlusswirkung nach § 35 Abs. 3 S. 3 BauGB gerade nicht zu[161].

Mittlerweile kann auch zur erforderlichen Anzahl im Flächennutzungsplan darzustellender Konzentrationszonen für die Ansiedlung von Windenergieanlagen auf die höchstrichterliche Rechtsprechung[162] zurückgegriffen werden. Danach müssen die Gemeinden nicht sämtliche Bereiche, die sich objektiv für ein Vorhaben nach § 35 Abs. 1 Nr. 2 bis 6 BauGB eignen, auch für diesen Zweck tatsächlich planerisch sichern. Sie können eine Gebietsauswahl treffen. Dabei ist es zulässig, nur eine einzige Fläche als Konzentrationszone im Flächennutzungsplan darzustellen, weil den Gemeinden durch den Planvorbehalt die Möglichkeit der restriktiven Steuerung der Ansiedlung von solchen Vorhaben durch den Gesetzgeber zur Verfügung gestellt wurde[163].

7.5 Koordination von Bauleit- und Fachplanung

Bei den zu treffenden Entscheidungen über die künftige Bodennutzung spielt die Koordination mit den Fachplanungen eine wichtige Rolle, da auch diese für ihre Verwirklichung Flächen in Anspruch nehmen müssen. Für die Planungspraxis ergeben sich insbesondere mit so genannten „privilegierten" Fachplanungen[164], nicht selten Schwierigkeiten[165]. Die kommunale Planungshoheit der Gemeinde umfasst zwar grundsätzlich das gesamte Gemeindegebiet, unterliegt aber bezüglich dieser

---

[159] BVerwG, Beschluss vom 18. Dezember 1990 – 4 NB 8.90 –, DVBl. 1991, S. 445. Zur „Feigenblatt-Version" vgl. OVG Lüneburg, Beschluss vom 17. Januar 2002 – 1 L 2504/00 –, ZfBR 2002, S. 362 sowie grundlegend zu den Voraussetzungen BVerwG, Urteil vom 17. Dezember 2002 – 4 C 15.01 –, BVerwGE 117, S. 287 und Urteil vom 13. März 2003 – 4 C 4/02 –, BVerwGE 188, S. 33.

[160] Vgl. BT-Drs. 13/4978, S. 7, sowie die Rechtsprechung des OVG Münster (Fußn. 153), BauR 2002, S. 886 sowie des OVG Lüneburg (Fußn. 153), NuR 2000, S. 49 und Beschluss vom 17. Januar 2002 – 1 L 2504/00 –, ZfBR 2002, S. 362.

[161] OVG Lüneburg, Beschluss vom 20. Dezember 2001 – 1 MA 3579/01 –, NVwZ-RR 2002, S. 332 und Enders/Bendermacher (Fußn. 148), S. 452.

[162] BVerwG, Urteil vom 17. Dezember 2002 – 4 C 15.01 –, BVerwGE 117, S. 287. Für die Raumordnung: OVG Koblenz, Urteil vom 28. Februar 2002 – 1 A 11 625/01 –, BauR 2002, S. 1053.

[163] Siehe dazu ausführlich: OVG Münster (Fußn. 153), BauR 2002, S. 886. Zu wirtschaftlichen Folgen für Betreiber von Windenergieanlagen, siehe auch: OVG Münster, Beschluss vom 4. Januar 2000 – 7 B 2180/99 –, NVwZ 2000, S. 1064.

[164] Zur Koordination von verbindlichen Nutzungsregelungen (z. B. Schutzgebietsausweisungen) und sonstigen räumlichen Fachplanungen, vgl. Mitschang (Fußn. 23), S. 213 f.

[165] Ein solches Konfliktfeld besteht häufig bei der Überplanung von Bahnanlagen.

Fachplanungen einem in § 38 BauGB geregelten Vorrang bestimmter Fachplanungsvorhaben. Bei der Entscheidung über die Zulässigkeit solcher Vorhaben besteht keine Bindung an das Bauplanungsrecht mit seinen §§ 29 ff. BauGB, mithin auch nicht an die Darstellungen des Flächennutzungsplans. Mit der Neufassung von § 38 BauGB durch das BauROG 1998 hat sich der Anwendungsbereich der Vorschrift auf sämtliche Planfeststellungsverfahren und Verfahren mit den Rechtswirkungen einer Planfeststellung[166] erstreckt, soweit es sich dabei um Vorhaben von überörtlicher Bedeutung[167] handelt, die Gemeinde beteiligt[168] wird und städtebauliche Belange berücksichtigt werden[169].

Die mit vorrangigen Fachplanungen einhergehende Einschränkung der kommunalen Planungshoheit besteht darin, dass die Gemeinde eine solche verbindliche „privilegierte" Fachplanung grundsätzlich als vorgegeben hinzunehmen hat und auch durch die Darstellungen eines Flächennutzungsplans anderweitig nicht überplanen darf[170]. Vielmehr soll sie sogar die durch Planfeststellungsbeschluss bzw. Plangenehmigung getroffenen Festsetzungen in den Flächennutzungsplan nachrichtlich aufnehmen bzw. vermerken[171].

Gleichwohl können sich die Darstellungen eines Flächennutzungsplans und eine privilegierte Fachplanung durchaus „überlagern", wie es im Zusammenhang mit Landschaftsschutzgebieten und Bauleitplänen schon seit langem praktiziert wird, ohne dass die Darstellungen des Flächennutzungsplans dabei außer Kraft treten. Doch dürfen die Darstellungen des Flächennutzungsplans der anderweitig festgelegten Nutzung nicht „widersprechen". Allerdings hat die neuere Recht-

[166] Darunter fallen vor allem die mittlerweile in vielen Fachplanungsgesetzen eingeführten Plangenehmigungsverfahren.
[167] Überörtliche Bedeutung hat ein Vorhaben dann, „wenn eine Planung entwickelt werden muss, welche die städtebauliche Steuerungsfunktion der Gemeinde angesichts überörtlicher und damit raumbedeutsamer Bezüge voraussichtlich überfordert. Das ist vor allem der Fall, wenn ein Vorhaben einen Koordinierungsbedarf im Hinblick auf die Belange anderer Planungsträger mit überörtlicher Zielsetzung auslöst, den zu bewältigen, die planerische Kraft der Gemeinde mutmaßlich übersteigt". Z. B. bei Bundesstraßen, Eisenbahnen oder Flughäfen. Vgl. BVerwG, Urteil vom 4. Mai 1988 – 4 C 22.87 –, BVerwGE 79, S. 318.
[168] Zwar werden die Gemeinden auch im Rahmen von privilegierten Fachplanungen am Planfeststellungsverfahren beteiligt, doch haben die Darstellungen des Flächennutzungsplans hier nur die Wirkung von städtebaulichen Belangen, die neben den planfeststellungsbezogenen Belangen bei der fachplanerischen Abwägungsentscheidung zu berücksichtigen sind.
[169] Zu berücksichtigen ist in diesem Zusammenhang allerdings, dass öffentliche Planungsträger, soweit sie bei der Aufstellung des Flächennutzungsplans als Träger öffentlicher Belange beteiligt worden sind, ihre Planungen daran anzupassen haben, wenn sie ihm bei seiner Aufstellung nicht widersprochen haben. Ein Zurückstellen städtebaulicher Belange ist aber dann ausgeschlossen, wenn der Träger der Fachplanung von seinem Widerspruchsrecht keinen Gebrauch gemacht hat und das Vorhaben den Darstellungen des Flächennutzungsplans widerspricht.
[170] BVerwG, Urteil vom 16. Dezember 1988 – 4 C 48.86 –, BVerwGE 81, S. 111.
[171] Vgl. § 5 Abs. 4 BauGB und oben 3.2.

sprechung am Beispiel einer planfestgestellten Bahnnutzung[172] es als zulässig angesehen, wenn die Kommunen mittels nachträglicher Bebauungsplanung nicht betriebsnotwendige Nutzungen innerhalb eines Bahnhofs steuern. Demzufolge müssten auch die Planfeststellung überlagernde und ihr widersprechende Darstellungen eines Flächennutzungsplanes zulässig sein, durch die insbesondere auch jene Flächen erfasst werden könnten, die von der planfestgestellten Nutzung gar nicht mehr benötigt werden. Umgekehrt müssten die Festlegungen einer nachfolgenden privilegierten Fachplanung mit den Darstellungen des Flächennutzungsplans überlagert und diese dann wieder wirksam werden, wenn die planfestgestellte Nutzung nicht fristgerecht umgesetzt wird[173]. Findet allerdings eine Realisierung der planfestgestellten Anlagen statt, dann setzen sich diese gegenüber den Darstellungen des Flächennutzungsplans durch.

7.6 Steuerung von vorhabenbezogenen Bebauungsplänen

Schließlich resultiert die Bedeutung des Flächennutzungsplans auch aus der seit dem Beginn der neunziger Jahre zunehmenden Kooperation mit Privaten[174]. Mit dem vorhabenbezogenen Bebauungsplan (vgl. § 12 BauGB) steht den privaten Investoren nunmehr ein Planungsinstrument zur Verfügung, durch das sie selbst Einfluss auf die Planung nehmen und ihre Interessen verwirklichen können. Durch ihn kann ein nach den Vorstellungen und Wertmaßstäben eines Investors zu realisierendes Vorhaben planerisch mit rechtsverbindlicher Wirkung hinsichtlich seiner rechtlichen Zulässigkeit vorbereitet werden. Dafür übernimmt er anteilig die dabei anfallenden Planungs- und Erschließungskosten, die im Zuge der Realisierung seines Vorhabens entstehen. Die Gemeinden werden finanziell sowie personell entlastet. Zwar ist der Vorhaben- und Erschließungsplan mit der Gemeinde abzustimmen und braucht auch von der Gemeinde nicht ohne die Möglichkeit – mit dem Investor abgestimmte – Änderungen anzubringen übernommen zu werden, doch entsteht hier die in der Planungspraxis nicht von der Hand zu weisende Gefahr einer doch eher unkritischen Übernahme. Investoreninteressen dominieren dann gegebenenfalls Dritt- und Öffentlichkeitsinteressen, städtebauliche Spannungen werden ausgelöst. Um dies zu vermeiden, insbesondere um stadtstrukturellen sowie stadtgestalterischen Defiziten entgegenzuwirken, ist das Vorhandensein eines den Steuerungs-, Ordnungs- (oder Koordinierungs-) und Entwicklungsfunktionen Rechnung tragender und insoweit auch an Gemeinwohlinteressen ausgerichteter Flächennutzungsplan erforderlich. Der ihm zu Grunde liegenden gesamtgemeindlichen Bodennutzungskonzeption müssen die für eine „stadtverträgliche" Steuerung der vorhabenbezogenen Bebauungspläne erforder-

---

[172] Ausführlich dazu: Kuschnerus, Der sachgerechte Bebauungsplan, 3. Aufl. 2004, Rn. 147 ff. m. w. N.

[173] Eine Planfeststellung, die nicht innerhalb von fünf Jahren umgesetzt wird, tritt automatisch außer Kraft.

[174] Ausführlich dazu: Mitschang (Fußn. 23), S. 454 ff.

lichen Aussagen entnommen werden können, zumal auch dieser vom Entwicklungsgebot erfasst wird. Veraltete Flächennutzungspläne können dies jedenfalls nicht mehr gewährleisten und bedürfen der Neuaufstellung.

Durch die Bauleitplanung soll dem ihr zu Grunde liegenden Planmäßigkeitsgrundsatz[175], nach dem die städtebauliche Entwicklung im Rahmen eines geordneten Entscheidungsprozesses durch die eigenständige und eigenverantwortliche Aufstellung von Flächennutzungs- und Bebauungsplänen durch die Gemeinden erfolgen soll, Ausdruck verliehen werden. Diesem funktionalen Gesichtspunkt begegnet der vorhabenbezogene Bebauungsplan mit nicht geringen Zuordnungsschwierigkeiten, da hier die Gemeinde nach pflichtgemäßem Ermessen über ein nicht von ihr, sondern von einem privaten Vorhabenträger nach eigenen (Gewinn-) Vorstellungen erarbeitetes Konzept beschließt.

8. Auswirkungen der beabsichtigten BauGB-Novelle

Gegenwärtig wird auf der Grundlage der Koalitionsvereinbarungen vom November letzten Jahres eine Änderung des Baugesetzbuches vorbereitet, mit dem Ziel, dass das Bau- und Planungsrecht zur Stärkung der Innenentwicklung und zur Beschleunigung wichtiger Planungsvorhaben, insbesondere in den Bereichen Arbeitsplätze, Wohnbedarf und Infrastrukturausstattung vereinfacht und beschleunigt werden soll. Ein Kernpunkt des im Regierungsentwurf[176] vorliegenden „Gesetzes zur Erleichterung von Planungsvorhaben für die Innenentwicklung der Städte" (BauGBÄndG) betrifft die Einführung eines beschleunigten Verfahrens für Bebauungspläne der Innenentwicklung. Die vorgesehenen Änderungen betreffen das BauGB, die VwGO sowie das UVPG. Auch für die Flächennutzungsplanung ergeben sich Auswirkungen, insbesondere im Hinblick auf eine Auflockerung des Entwicklungsgebots für Bebauungspläne der Innenentwicklung, insbesondere soweit bei ihnen Ziele der Wiedernutzbarmachung von Flächen, der Nachverdichtung oder von sonstigen Maßnahmen der Innenentwicklung im Vordergrund stehen. Derartige Bebauungspläne im Sinne von § 13 a BauGB-E sollen keiner förmlichen Umweltprüfung unterliegen. Zur Wahrung der europarechtlichen Anforderungen in Art. 3 Abs. 3 bis 5 der Plan-UP-RL müssen allerdings bestimmte Voraussetzungen erfüllt werden. So dürfen diese Bebauungspläne in ihrem Geltungsbereich nur eine Grundfläche von weniger als 20 000 qm festsetzen; bei einer Grundfläche von 20 000 bis weniger als 70 000 qm muss die Gemeinde auf Grund einer Vorprüfung des Einzelfalls (so genanntes „Screening") zu dem Ergebnis gekommen sein, dass der vorgesehene Bebauungsplan voraussichtlich keine erheblichen Umweltauswirkungen hat. Wie bei der Anwendung des vereinfachten Verfahrens darf der Bebauungsplan nicht die Zulässigkeit von Vorhaben be-

---

[175] Vgl. oben 3.1.
[176] Vgl. BR-Drs. 558/06 vom 9. August 2006.

gründen, die einer Pflicht zur Durchführung einer Umweltverträglichkeitsprüfung nach dem UVPG oder nach Landesrecht unterliegen und es dürfen weiterhin keine Anhaltspunkte für eine Beeinträchtigung gemeinschaftlicher Schutzgebiete bestehen.

Ist ein Bebauungsplan der Innenentwicklung aufgestellt, geändert oder ergänzt, stehen diesem gleichsam die Darstellungen des Flächennutzungsplanes entgegen. Nach der Begründung zum Regierungsentwurf werden sie mit dem In-Kraft-Treten des Bebauungsplans obsolet. Der Flächennutzungsplan ist dann im Wege der Berichtigung anzupassen (§ 13 a Abs. 2 Nr. 2 Halbsatz 3 BauGB-E). Die Anpassung durch Berichtigung ist dabei ein redaktioneller Vorgang, auf den die Vorschriften über die Aufstellung von Bauleitplänen keine Anwendung finden[177]. Nach § 10 Abs. 2 S. 1 BauGB bedürfen lediglich Bebauungspläne nach § 8 Abs. 2 S. 2, Abs. 3 S. 2 und Abs. 4 BauGB der Genehmigung durch die höhere Verwaltungsbehörde. Bebauungspläne der Innenentwicklung finden hier keine Berücksichtigung, so dass diese nicht von der höheren Verwaltungsbehörde zu genehmigen sind.

Mit der bloßen Anpassung durch Berichtigung entfällt planungsbeschleunigend das eigentlich für die Aufstellung des Bebauungsplans der Innenentwicklung erforderliche Änderungs- oder Ergänzungsverfahren des Flächennutzungsplans und damit auch die gegebenenfalls erforderliche Umweltprüfung im Rahmen des Änderungs- und Ergänzungsverfahrens. Legitimiert wird diese weitgehende Auflockerung des Entwicklungsgebots durch die bestehende Anforderung, dass die städtebauliche Entwicklung und Ordnung nicht beeinträchtigt werden darf. Dieser unbestimmte Rechtsbegriff, der an mehreren Stellen des BauGB verwendet wird, verlangt von der Gemeinde zu prüfen, inwieweit die vorgesehene Planung mit den städtebaulichen Entwicklungsvorstellungen der Gemeinde, vereinbar ist. Festlegungen in informellen Planungen nach § 1 Abs. 6 Nr. 11 BauGB, insbesondere in der Form der städtebaulichen Entwicklungskonzepte und Strukturplanungen, die nach ihrem Detaillierungs- und Aussagegrad zwischen Flächennutzungs- und Bebauungsplan angesiedelt sind, können hierzu herangezogen werden. Bei Unvereinbarkeit darf von der Möglichkeit des Planungsinstruments kein Gebrauch gemacht werden. Maßstäbe oder Zielvorgaben, an denen die Gemeinde ihre städtebaulichen Entwicklungsvorstellungen orientieren muss, ergeben sich aus den Planungszielen und Planungsleitlinien in § 1 Abs. 5 und 6 BauGB, dem Abwägungsgebot in § 1 Abs. 7 BauGB, dem Trennungsgrundsatz nach § 50 BImSchG, den Zielen der Raumordnung nach § 1 Abs. 4 oder den Regelungen der BauNVO. Der Gesetzgeber greift mit einer derartigen Auflockerung des Entwicklungsgebots auf eine schon praxiserprobte Regelung aus dem BauGB-MaßnahmenG[178] zurück. Nach § 1 Abs. 2 BauGB-MaßnahmenG konnten Bebauungspläne, die der Deckung eines dringenden Wohnbedarfs dienten, aufgestellt, geändert oder ergänzt werden, bevor

[177] Ebenda, Begründung zum Regierungsentwurf, S. 31.

[178] Art. 2 des Gesetzes zur Erleichterung des Wohnungsbaus im Planungs- und Baurecht sowie zur Änderung mietrechtlicher Vorschriften vom 17. Mai 1990, BGBl. I S. 926, i. d. F der Bekanntmachung vom 28. April 1993, BGBl. I S. 623.

der Flächennutzungsplan geändert oder ergänzt war. Der Flächennutzungsplan war dann zu berichtigen.

III Anpassungsgebot und Gegenstromprinzip - Anforderungen und Planungspraxis

Jörg Finkeldei

Gegenstromprinzip und Anpassungsgebot stehen in einem gegenseitigen Abhängigkeitsverhältnis zueinander. Im Folgenden soll dargelegt werden, welchen Anforderungen das Gegenstromprinzip genügen muss, um die Anpassungspflicht an die Ziele der Raumordnung auszulösen, wie sie § 1 Abs. 4 BauGB und § 4 Abs. 1 ROG normieren. Dabei soll auch auf die unterschiedliche Reichweite der Anpassungs-/ Beachtensgebote nach BauGB und ROG und auf die Anforderungen an die Festlegung von Zielen eingegangen werden. Abschließend wird anhand eines Beispiels die Umsetzung des Anpassungsgebots in der Planungspraxis veranschaulicht werden.

1. Gegenstromprinzip

1.1 Anforderungen an das Gegenstromprinzip

In § 1 Abs. 3 ROG ist das Gegenstromprinzip normiert. Danach soll sich die Entwicklung, Ordnung und Sicherung der Teilräume in die Gegebenheiten und Erfordernisse des Gesamtraumes einfügen. Im Gegenzug soll die Ordnung und Sicherung des Gesamtraumes die Gegebenheiten und Erfordernisse seiner Teilräume berücksichtigen. Das Gegenstromprinzip soll zunächst dem Erkennen der ebenenspezifisch bedingten unterschiedlichen Interessenslagen dienen und sodann einen Ausgleich der Interessen herbeiführen. Mitunter kann dieser Interessensausgleich nicht immer erreicht werden (etwa bei großräumigen Standortentscheidungen). Dann ist aber zumindest eine Erhöhung der Akzeptanz für die betreffende Planung anzustreben.

Das Gegenstromprinzip ist demnach gekennzeichnet durch die wechselseitige Beeinflussung von örtlicher und überörtlicher bzw. regionaler und überregionaler Planung. Der Einfluss der höherrangigen, überregionalen Planungsträger auf die regionalen, nachgeordneten Planungsträger wird als „Top down"-Ansatz (planerische Vorgaben von oben nach unten), der Gegenstrom dazu wird als „Bottom up"-Ansatz (Einbringen der Belange von unten nach oben) bezeichnet.

Das Gegenstromprinzip soll und kann ein wichtiges Regulativ für den Interessensausgleich von Raumordnung und Bauleitplanung sein, vorausgesetzt die Raumordnung beachtet in ausreichendem Maße die Planungshoheit der Gemeinden und vermeidet allzu dirigistische Eingriffe in die kommunale Bauleitplanung. Der zwingend erforderlich Gestaltungsraum für die Planungsentscheidungen der Gemeinden muss gewahrt bleiben. Die Gemeinden wiederum sind gehalten, die Rahmensetzung durch die Raumordnung zu akzeptieren und die Ausfüllung des Rahmens nur soweit vorzunehmen, dass der Rahmen nicht überschritten oder gar ausgehöhlt wird.

Die von allen Seiten zu fordernde Beschränkung auf den ebenenspezifisch zugewiesenen Aufgabenbereich bedingt auch eine höhere Akzeptanz der jeweiligen Planung, insbesondere jedoch der übergeordneten Planungen. In dieser Folge sollte die – auf allen Planungsebenen anzustrebende – planerische Zurückhaltung auch zu dem Ziel schlanker und effizienter Pläne führen.

1.2 Bedeutung der gemeindlichen Beteiligung

Dem Gegenstromprinzip immanent ist eine Beteiligung der Kommunen, die von der jeweiligen höherstufigen Planung betroffen sein werden. Das Beteiligungsverfahren ist unverzichtbare Voraussetzung für das Auslösen einer Anpassungspflicht. Es stellt als Ausfluss der Selbstverwaltungsgarantie des Art. 28 Abs. 2 S. 1 GG eine Kompensation für den mit § 1 Abs. 4 BauGB verbundenen Eingriff in das System der gemeindlichen Bauleitplanung dar.[1]

Hat eine Gemeinde ein Ziel der Raumordnung zu beachten, so ist sie im Planaufstellungsverfahren zu beteiligen. Ist sie in einem frühen Verfahrensstadium angehört worden, so ist sie gegebenenfalls erneut zu beteiligen, wenn nachträglich Änderungen beschlossen werden, die sich auf den Umfang ihrer Zielbindung auswirken.[2]

Die kommunale Beteiligung hat außerdem die Funktion sicherzustellen, dass der übergeordnete Planungsträger bei der Aufstellung von Zielen der Raumordnung umfassend über die örtlichen Belange unterrichtet wird, die er in die Abwägung einzustellen hat.[3] Die Beteiligung dient somit auch der Ermittlung des für eine sachgerechte Abwägung notwendigen Abwägungsmaterials. Dem Beteiligungserfordernis ist nicht allein mit einer Anhörung in einem beliebigen Stadium des Aufstellungsverfahrens genügt. Art. 28 Abs. 2 GG gebietet vielmehr, dass das Recht, die gemeindlichen Interessen angemessen wahrzunehmen, als substanzielle Möglichkeit genutzt werden kann.[4] Die Gemeinde muss zu einem Zeitpunkt und in einer Form eingeschaltet werden, die gewährleisten, dass ihre Bedenken und Anregungen in den Entscheidungsprozeß einfließen können.[5] Die Beteiligung der

[1] Vgl. BVerwG, Beschluss vom 20. August 1992 – 4 NB 20.91 –, BRS 54; 33.
[2] BVerwG, Beschluss vom 7. März 2002 – 4 BN 60.01 –, BauR 2002, 1061.
[3] BVerwG, Urteil vom 18. Februar 1994 – 4 C 4.92 –, BVerwGE 95, 123.
[4] Vgl. ebd.
[5] Vgl. BVerfG, Beschlüsse vom 7. Oktober 1980 – 2 BvR 584/76.

Gemeinde muss im Übrigen so rechtzeitig erfolgen, dass ihre Bedenken und Anregungen tatsächlich auch in den Entscheidungsprozess einfließen können.

2. Anpassungsgebot

2.1 Reichweite des Anpassungsgebots (§ 1 Abs. 4 BauGB und § 4 Abs. 1 ROG)

§ 1 Abs. 4 BauGB bestimmt, dass Bauleitpläne den Zielen der Raumordnung anzupassen sind. § 4 Abs. 1 ROG besagt, dass die Ziele der Raumordnung von öffentlichen Stellen bei ihren raumbedeutsamen Planungen und Maßnahmen zu beachten sind.

Das Anpassungsgebot des § 1 Abs. 4 BauGB erfasst alle Bauleitpläne unabhängig von ihrer Raumbedeutsamkeit und berücksichtigt damit, dass die Gemeinden aufgrund der Selbstverwaltungsgarantie (Art. 28 Abs. 2 S. 1 GG) die Angelegenheiten der örtlichen Gemeinschaft in eigener Verantwortung regeln dürfen. Insoweit greift die gemeindliche Anpassungspflicht nach § 1 Abs. 4 BauGB über die raumordnungsrechtliche Beachtenspflicht des § 4 Abs. 1 S. 1 ROG hinaus, die sich entsprechend der Zielsetzung des Raumordnungsrechts nur auf raumbedeutsame Planungen und Maßnahmen erstreckt.

Die Bindungskraft, die das Anpassungsgebot des § 1 Abs. 4 BauGB den Zielen der Raumordnung verleiht, besteht zunächst darin, dass die Gemeinde diese Ziele strikt zu beachten hat, wenn sie sich entschließt, einen Bauleitplan aufzustellen, zu ändern, zu ergänzen oder aufzuheben. Das Anpassungsgebot des § 1 Abs. 4 BauGB wirkt in jede von der Gemeinde aus städtebaulichen oder landesplanerischen Gründen selbst initiierte Bauleitplanung hinein, lenkt sie in die raumordnerisch vorgegebene Richtung und setzt ihr durch Abwägung nicht überwindbare raumordnerische Schranken. Aus dem Anpassungsgebot des § 1 Abs. 4 BauGB folgt, dass die Ziele der Raumordnung nicht zur Disposition der Gemeinde stehen, sondern den rechtlichen Rahmen ihrer Bauleitplanung bilden. Die Ziele der Raumordnung selbst sind der bauleitplanerischen Abwägung entzogen.[6]

---

[6] Vgl. BVerwG, Urteil vom 17. September 2004 – 4 C 14.01 –, BauR 2004, 443.

2.2 Bindungskraft des Anpassungsgebots des § 1 Abs. 4 BauGB – zeitliche Dimension

Die Anpassungspflicht gilt permanent. Sie bezieht sich auf den aufzustellenden Plan, seine Änderung, Ergänzung oder Aufhebung. Bauleitpläne sind also auch an zeitlich nachfolgende Ziele der Raumordnung nachträglich anzupassen. Es gilt die „Gewährleistung umfassender materieller Konkordanz“ zwischen der übergeordneten Landesplanung und der gemeindlichen Bauleitplanung.[7] Gemäß § 1 Abs. 4 BauGB sind die Bauleitpläne den Zielen der Raumordnung anzupassen. Diese Pflicht zur Anpassung endet nicht im Zeitpunkt der Beschlussfassung über den Flächennutzungsplan oder die Satzung. Bauleitpläne sind den gültigen Zielen der Raumordnung anzupassen, unabhängig davon, wann diese in Kraft getreten sind. Die Pflicht zur Anpassung ist auf eine dauerhafte Übereinstimmung der beiden Planungsebenen angelegt. Die Gemeinde ist unter dem Vorbehalt der materiellrechtlichen und zeitlichen Erforderlichkeit im Einzelfall zur Anpassung an die Ziele der Raumordnung nicht nur verpflichtet, wenn sie Bauleitpläne aus eigenem Entschluss und allein aus städtebaulichen Gründen aufstellt oder ändert; sie muss auch dann planerisch aktiv werden, wenn allein geänderte oder neue Ziele der Raumordnung eine Anpassung der Bauleitpläne erfordern.[8] Widersprechen die Festsetzungen eines Bebauungsplans einem geltenden Ziel der Raumordnung, so ist es erforderlich, diesen Bebauungsplan zu ändern oder aufzuheben.[9]

Auch Ziele der Raumordnung können funktionslos und damit unwirksam werden. Insoweit sind die für die Bauleitplanung entwickelten allgemeinen Grundsätze entsprechend heranzuziehen.[10] Ziele der Raumordnung können im Rahmen des § 1 Abs. 4 BauGB Anpassungspflichten nur auslösen, wenn sie wirksam sind. Daran fehlt es, wenn sie bei ihrer Aufstellung nicht dem auch für Ziele der Raumordnung geltenden Gebot der Erforderlichkeit[11] genügen oder wenn sie nachträglich funktionslos geworden sind. Ein Bebauungsplan ist nicht erforderlich, wenn seiner Verwirklichung auf unabsehbare Zeit rechtliche oder tatsächliche Hindernisse, zu denen auch das Fehlen der benötigten Finanzmittel zu zählen ist, im Wege stehen.[12] Anders als Bauleitpläne müssen Ziele der Raumordnung nicht aus städtebaulichen Gründen (§ 1 Abs. 3 BauGB), sondern aus überörtlichen Raumordnungsinteressen erforderlich sein. Auch ihnen fehlt jedoch die Erforderlichkeit, wenn ihrer Ver-

---

[7] Vgl. BVerwG, Beschluss vom 8. März 2006 – 4 B 75.05 –, UPR 2006, 236.
[8] BVerwG, Urteil vom 17. September 2003 – 4 C 14.01 –, BauR 2004, 443.
[9] Vgl. BVerwG, Beschluss vom 8. März 2006 – 4 B 75.05 –, UPR 2006, 236.
[10] Vgl. Runkel, in: Bielenberg/Runkel/Spannowsky, Raumordnungs- und Landesplanungsrecht des Bundes und der Länder, § 3 ROG Rn. 152.
[11] Vgl. auch BVerwGE 118, 181; Gaentzsch, in: Berliner Kommentar zum BauGB, § 1 Rn. 32, 35; Gierke, in: Brügelmann, BauGB, § 1 Rn. 381.
[12] Vgl. BVerwG, Urteil vom 18. März 2004 – 4 CN 4.03 –, NVwZ 2004, 856.

wirklichung auf unabsehbare Zeit rechtliche oder tatsächliche Hindernisse entgegenstehen.[13]

Ein Ziel der Raumordnung tritt danach erst außer Kraft, wenn und soweit die Verhältnisse, auf die es sich bezieht, in der tatsächlichen Entwicklung einen Zustand erreicht haben, der eine Verwirklichung des Ziels auf unabsehbare Zeit ausschließt und wenn diese Tatsache so offenkundig ist, dass ein in ihre Fortgeltung gesetztes Vertrauen keinen Schutz verdient.[14]

2.3 Vorrang des Raumordnungsplans gegenüber nicht zielkonformen Darstellungen des Flächennutzungsplans

Aus dem Vorrang der Raumordnungsplanung folgt, dass ein Bebauungsplan, der zwar im Einklang mit den Zielaussagen eines Regionalplans, jedoch im Widerspruch zu einer vom Regionalplan abweichenden Darstellung im Flächennutzungsplan steht, nicht wegen eines Verstoßes gegen das Entwicklungsgebot rechtswidrig sein kann.

Infolge des für jeden Bauleitplan geltenden Anpassungsgebots in § 1 Abs. 4 BauGB ist das Entwicklungsgebot in § 8 Abs. 2 S. 1 BauGB einschränkend dahin auszulegen, dass die Leitfunktion des Flächennutzungsplans nur solchen Darstellungen zukommt, die den bindenden raumordnerischen Zielaussagen nicht entgegenstehen. Das Entwicklungsgebot setzt diese Zielkonformität voraus. Anderenfalls bestünde ein unauflösbarer Widerspruch zwischen § 1 Abs. 4 BauGB und § 8 Abs. 2 S. 1 BauGB. Dieser Widerspruch entfällt, wenn eine Darstellung des Flächennutzungsplans in dem Zeitpunkt, in dem sie in Widerspruch zu einem später in Kraft getretenen Ziel der Raumordnung gerät, ihre Leitfunktion für den Bebauungsplan verliert.[15]

3. Anforderungen an die Festlegung von Zielen

3.1 Anforderungen aufgrund von § 3 Nr. 2 ROG

Die Raumordnung kann ihre Festlegungen in drei unterschiedlichen Formen treffen, die alle unter dem Sammelbegriff Erfordernisse der Raumordnung zusammengefasst werden. Die Aussageform mit der höchsten Bindungswirkung sind die Ziele der Raumordnung. Daneben werden noch Grundsätze und sonstige Erfordernisse der Raumordnung unterschieden.

---

[13] Vgl. BVerwG, Beschluss vom 7. Februar 2005 – 4 BN 1.05.

[14] Vgl. BVerwG, Urteile vom 29. April 1977 – 4 C 39.75 –, BVerwGE 54, 5 und vom 30. Juni 2004 – 4 C 3.03 UA –, S. 5.

[15] Vgl. BVerwG, Urteil vom 30. Januar 2003 – 4 CN 14. 01 –, ZfBR 2003, 471.

Die Bestimmung des Begriffs „Ziele der Raumordnung“ erfolgt in § 3 Nr. 2 ROG. Dort werden die wichtigsten Anforderungen[16] in Form einer Begriffsbestimmung formuliert, die die raumordnerische Kategorie eines Ziels der Raumordnung erfüllen muss, um die Bindungswirkung nach § 4 Abs. 1 ROG bzw. § 1 Abs. 4 BauGB oder sogar eine Planungspflicht der Gemeinde auf der Grundlage von § 1 Abs. 4 BauGB überhaupt auszulösen.[17] Danach sind Ziele der Raumordnung:

- verbindliche Vorgaben in Form von
- räumlich und sachlich bestimmten oder bestimmbaren
- vom Träger der Landes- oder Regionalplanung abschließend abgewogenen
- textlichen oder zeichnerischen Festlegungen in Raumordnungsplänen
- zur Entwicklung, Ordnung und Sicherung des Raums.

Inwieweit als Ziele gekennzeichnete Festlegungen diesen Anforderungen genügen, war häufig Gegenstand der Rechtsprechung. Besonders streitanfällig ist die Frage der hinreichenden Bestimmtheit bzw. Bestimmbarkeit und der abschließenden Abgewogenheit bzw. landesplanerischen Letztentscheidung. Im Folgenden sollen diese Anforderungen näher erläutert und damit gleichzeitig bestehende Spielräume bei der Zielformulierung aufgezeigt werden.

3.2 Rahmen setzender Charakter von Zielen

Wesentliches Merkmal eines Raumordnungsziels ist die Festlegung eines nicht weiter ausfüllungsbedürftigen und im Rahmen der kommunalen Abwägung nicht mehr überwindbaren, verbindlichen Planungssatzes. Das schließt jedoch nicht aus, dass Ziele der Raumordnung als Vorgaben für die Planung auf nächster Stufe auf eine weitere Konkretisierung angelegt sind. Ein Ziel der Raumordnung entscheidet einen komplexen räumlichen Sachverhalt in der Regel nicht abschließend, sondern gibt lediglich verbindliche Vorgaben („Leitplanken“), die für die nächste Stufe nicht mehr überwindbare Grenzen setzen, im Übrigen aber konkretisierungsbedürftig sind. Insoweit ist wegen des lediglich rahmensetzenden Charakters eine gewisse Grobmaschigkeit der Festlegungen nur Ausdruck der Zurückhaltung, die das

---

[16] Weitere Anforderungen benennt z. B. § 7 ROG. Daneben gibt es Anforderungen, die aus landesrechtlichen Verfahrens-, Zuständigkeits- und Formvorschriften resultieren sowie allgemeine verwaltungsrechtliche Anforderungen (vgl. Runkel, in: Bielenberg / Runkel / Spannowsky, Raumordnungs- und Landesplanungsrecht des Bundes und der Länder, K § 3 Rn. 22).

[17] BVerwG, Urteil vom 17. September 2003 – 4 C 14.01 –, BauR 2004, 443 [449].

Grundgesetz zur Wahrung der gemeindlichen Planungshoheit gebietet. Die Grobmaschigkeit findet jedoch dort ihre Grenzen, wo sie es dem Zieladressaten nicht mehr ermöglichen, den Rahmen zu erkennen, innerhalb dessen sie sich bewegen können.[18] Dabei ist der Blickwinkel des Zieladressaten und nicht der des Zielgebers zu Grunde zu legen.[19]

3.3 Anforderungen an ein Ziel zur Standort-Festlegung

Auch für Ziele, die Standort-Festlegungen beinhalten, gilt, dass sie trotz vorhandenem Konkretisierungsbedarf[20] auf nachfolgenden Planungsebenen hinreichend bestimmt sein und Bindungswirkung entfalten können. Die Zulässigkeit eines Konkretisierungsspielraums resultiert aus der Zweckbestimmung von Raumordnung und Landesplanung, die nicht auf einen Normvollzug im sonst üblichen Sinne angelegt sind, sondern in Richtung auf die örtliche Planung Rahmenbedingungen schaffen, die Raum für eine weitere Konkretisierung zulassen. Diese Zweckbestimmung verbietet es, aus dem Gebot der Normklarheit ein Höchstmaß an Aussageschärfe und Detailtreue abzuleiten. Eine gewisse Grobmaschigkeit von Zielen, ist also kein verfassungsrechtlicher Mangel, sondern Ausdruck der Zurückhaltung, die das Grundgesetz im Interesse der Wahrung der gemeindlichen Planungshoheit gebietet.[21]

Dass die Gemeinden, die Adressaten einer Zielfestlegung sein sollen, nicht namentlich genannt werden, tut der Bestimmtheit einer Zielaussage keinen Abbruch. Ausschlag gebend ist, dass der Zieladressat aus dem Zusammenspiel von räumlicher und sachlicher Aussage der Zielfestlegung ermittelbar ist.[22] Einfluss auf die gemeindliche Bauleitplanung übt die Zielfestlegung deshalb aus, weil mit der landesplanerischen Letztentscheidung zu Gunsten eines Standorts raumordnungsrechtlich unumkehrbare Verhältnisse geschaffen werden, denen die betroffenen Gemeinden Rechnung zu tragen haben.[23]

---

[18] Vgl. BVerwG, Urteil vom 20. August 1992 – 4 NB 20.91 –, BRS 54, 33, [37f.]; OVG Brandenburg, Beschluss vom 26. März 2001 – 3 B 113/00.Z –, DVBl. 2001, 1298, [1299].

[19] Vgl. Runkel, in: Bielenberg / Runkel / Spannowsky, Raumordnungs- und Landesplanungsrecht des Bundes und der Länder, K § 3 Rn. 40.

[20] Z. B. hinsichtlich genauer Zahl, Lage und Länge von Start- und Landebahnen.

[21] BVerwG, Beschluss vom 7. März 2002 – 4 BN 60.01–, BauR 2002, 1061 [1064f.].

[22] Vgl. Runkel, in: Bielenberg / Runkel / Spannowsky, Raumordnungs- und Landesplanungsrecht des Bundes und der Länder, K § 3 Rn. 33.

[23] Vgl. BVerwG, Beschluss vom 7. März 2002 – 4 BN 60.01–, BauR 2002, 1061 [1064f.].

3.4 Kennzeichnung als Ziel nicht ausreichend

Die Kennzeichnung einer Planaussage als Ziel lässt zwar darauf schließen, dass der Planungsträger sie mit einem Verbindlichkeitsanspruch hat ausstatten wollen. Diese Erklärung allein ist jedoch nicht maßgeblich für die Zielqualität. Sie hat allenfalls Hinweisfunktion und gibt Auskunft über den Willen des Plangebers, der bei der Auslegung zu berücksichtigen ist. Entscheidend ist indes, ob die als Ziel gekennzeichnete Planaussage auch materiell-rechtlich Zielqualität besitzt. Weist die Planaussage nicht die Merkmale einer verbindlichen Vorgabe in Form einer räumlich und sachlich bestimmten oder bestimmbaren, vom Träger der Landes- oder Regionalplanung abschließend abgewogenen textlichen oder zeichnerischen Festlegung auf, so ist sie nicht geeignet, normative Bindungen zu erzeugen.[24]

So hat das OVG Brandenburg mit Urteil vom 27. August 2003 entschieden, das die als Ziel gekennzeichnete Planaussage, wonach „neue Siedlungsflächen ... nach Lage, Größe, Struktur und Ausstattung der Gemeindegröße anzupassen und am vorhandenen Siedlungsbereich anzuschließen [sind]", materiell-rechtlich keine Zielqualität besitzt.[25] Sie ist nicht hinreichend sachlich bestimmt bzw. bestimmbar, weil unklar bleibt, in welchem Verhältnis Lage, Struktur und Ausstattung einer Siedlungsfläche zur Gemeindegröße stehen und welche konkreten Verhaltensgebote sich hieraus für die planende Gemeinde ergeben sollen.

3.5 Ebenenadäquate Abwägung der die Zielanpassung auslösenden Belange

Raumordnerische Festlegungen mit Zielcharakter müssen abschließend abgewogen sein, um eine Anpassungspflicht zu bewirken. Die Anforderungen an die Abwägung von Zielfestlegungen stehen in Abhängigkeit zu den Planungsebenen. Nicht alle Konflikte und Problemstellungen können und sollten auf einer räumlichen Ebene gelöst werden. Je größer die Regelungsdichte einer Zielfestlegung ist, desto größer sind die Anforderungen an die Ermittlung der berührten Belange und an deren Abwägung, da der Gestaltungsrahmen für die nachfolgenden Ebenen stärker eingeschränkt wird. Die Konkretisierung und Ausgestaltung eines solch „engen" Zielrahmens durch die unterstufigen Ebenen kann wiederum einen deutlich höheren Darlegungs- und Begründungsaufwand verlangen, insbesondere dann, wenn die Grenzen der Zielkonformität erreicht werden.

---

[24] Vgl. BVerwG, Urteil vom 18. September 2003 – 4 CN 20.02 –, ZfBR 2004, 177 [179]; BVerwG, Beschluss vom 7. März 2002 – 4 BN 60.01 –, BauR 2002, 1061 [1063f.]; OVG Brandenburg, Beschluss vom 26. März 2001 – 3 B 113/00.Z –, DVBl. 2001, 1298.

[25] – 3 D 5/99.NE –, LKV 2004, 319, 322.

4. Beispiel – Missachtung des Anpassungsgebots durch Flächennutzungsplan und Bebauungsplan

Der Regionalplan weist ein Windeignungsgebiet auf einer Fläche A aus (siehe Abbildung 1), die teilweise brach gefallen ist und teilweise als Acker- und Weideland genutzt wird. Die Fläche ist allseitig durch Waldflächen begrenzt. Bei der Festlegung des Windeignungsgebietes wurde von der zuständigen Forstbehörde darauf hingewiesen, dass ein ausreichender Abstand zu den Waldflächen eingehalten werden sollte. Die zuständige Naturschutzbehörde wies ferner darauf hin, dass sich sowohl in den Übergangsbereichen von Wald zu Acker- bzw. Weideflächen als auch auf namentlich genannten Teilen der Brachflächen schützenswerte Tierarten befinden. Auf Grund der vorgebrachten Hinweise der Fachbehörden wurde das Windeignungsgebiet so gefasst, dass eine Beeinträchtigung der Tierarten verhindert werden sollte und ausreichende Abstände zu den Waldflächen eingehalten wurden.

Abbildung 1: Beispiel

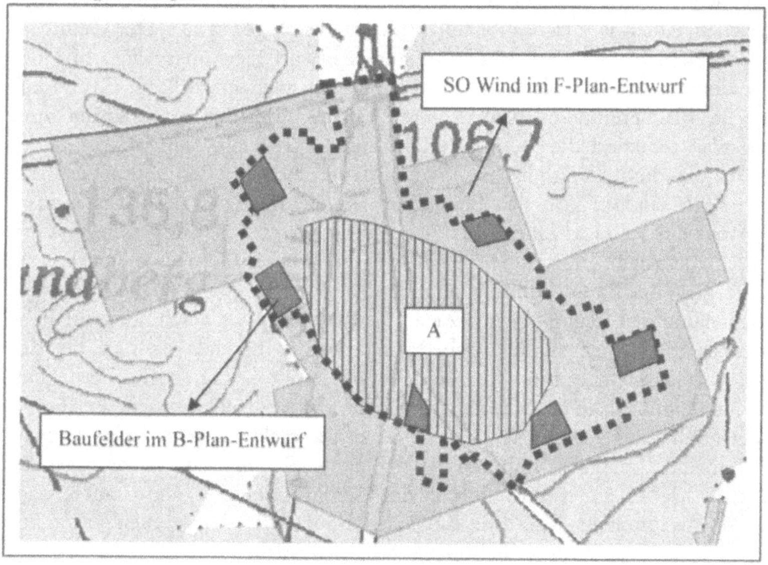

Während der Entwurfsphase des Regionalplans wird von der Gemeinde die Aufstellung ihres Flächennutzungsplans vorangetrieben. Die Gemeinde beabsichtigt die Steuerung der Windenergie durch Darstellung von Konzentrationsflächen. Für die besagte Fläche A erfolgt die Darstellung als Konzentrationsfläche in einem Umfang, der deutlich die damals noch in Planung befindlichen Grenzen des Windeignungsgebietes des Regionalplans übersteigt. Bei der erstmaligen Darstellung der Konzentrationsflächen im Flächennutzungsplan waren der Gemeinde allerdings noch nicht alle Restriktionen bekannt, die dann bei der Aufstellung des Regionalplans ermittelt wurden. Im Rahmen der zweite Offenlage weist der Träger der Regionalplanung jedoch auf die Diskrepanz der Plandarstellungen hin und fordert die Gemeinde auf, ihre Planung anzupassen, da absehbar ist, dass das Windeignungsgebiet als Ziel festgelegt wird. Zur Zeit der Stellungnahme der Regionalplanung war das Eignungsgebiet als eingeleitetes Ziel zu werten und daher ein sonstiges Erfordernis der Raumordnung im Sinne von § 3 Nr. 4 ROG. Die Gemeinde setzt sich im Rahmen der Abwägung über die Stellungnahme der Regionalplan hinweg. Die Gemeinde reicht den Flächennutzungsplan zur Genehmigung bei der höheren Verwaltungsbehörde ein. Die Genehmigungsbehörde empfiehlt der Gemeinde den Genehmigungsantrag zurück zu ziehen, da die, der Konzentrationsflächendarstellung ganz offensichtlich entgegenstehenden Belange des Naturschutzes und der Forstwirtschaft, fehlerhaft abgewogen wurde und daher die Genehmigung für den Plan zu versagen sei. Die Gemeinde zieht daraufhin den Genehmigungsantrag zurück und lässt das Flächennutzungsplanverfahren ruhen.

Parallel zum Flächennutzungsplanverfahren hat die Gemeinde einen Bebauungsplan erarbeitet, um die Standorte der Windenergieanlagen genau festlegen zu können. Zwischenzeitlich ist der Regionalplan rechtwirksam geworden. Der Geltungsbereich des Bebauungsplans war im ersten Entwurf deckungsgleich mit der Konzentrationsflächendarstellung im Flächennutzungsplanentwurf, auf Grund der Hinweise im Flächennutzungsplanverfahren und im Beteiligungsverfahren zum Bebauungsplan reduziert die Gemeinde den Geltungsbereich. Dennoch ist dieser immer noch deutlich größer als die nunmehr verbindliche Eignungsgebietsfestlegung im Regionalplan. Von den Baufeldern für die Windenergieanlagestandorte liegt sogar nur ein Standort innerhalb des Eignungsgebiets, die übrigen liegen zum Teil deutlich außerhalb. Im Rahmen der Abwägung legt die Gemeinde dar, dass sie zwar an die Ziele der Raumordnung gebunden ist und somit auch an die Eignungsgebietsdarstellung des Regionalplans. Ziele der Raumordnung seien aber nur Rahmen setzend und damit ausfüllungsbedürftig. Ferner handele es sich bei der Eignungsgebietsdarstellung nur um eine generalisierende zeichnerische Festlegung auf einer Kartengrundlage im Maßstab 1:100.000. Eine parzellenscharfe Verortung der Gebietsgrenze des Eignungsgebiets sei daher gar nicht möglich. Insofern sieht sich die Gemeinde befugt im Rahmen der Bebauungsplanung die Festlegungen des Regionalplans weiter zu konkretisieren. Zur Konkretisierung gehöre auch, dass Windfeld so auszunutzen, dass eine möglichst hohe Ausnutzung auch unter Berücksichtigung der Eigentumsverhältnisse ermöglicht wird.

Da kein wirksamer Flächennutzungsplan vorliegt, ist der Bebauungsplan genehmigungspflichtig. Die Gemeinde reicht den Bebauungsplan zur Genehmigung ein. Die Genehmigungsbehörde muss die Genehmigung versagen. Die Genehmigungsfähigkeit ist aus folgenden Gründen nicht gegeben:

Der Bebauungsplan widerspricht ganz offensichtlich der Zielfestlegung des Regionalplans, da der Geltungsbereich sowie die überwiegende Zahl der Baufelder für die Anlagenstandorte nicht mit der zeichnerischen Festlegung des Regionalplans übereinstimmen. Die Ausführungen der Gemeinde im Rahmen der Abwägung, dass der Gemeinde eine Konkretisierung und auch inhaltliche Ausfüllung der Zielfestlegungen zustehen, sind zwar zutreffend. Eine Konkretisierung und Ausfüllung ist aber nur in dem von der Zielfestlegung vorgegebenen Rahmen zulässig. Dieser Rahmen ist hier weit überschritten. Auch wenn es sich bei der zeichnerisch Festlegung des Regionalplans um eine generalisierte und vergröberte Darstellung handelt, deren Flächenkontur nicht eindeutig in der Örtlichkeit auffindbar ist, so lässt diese auf der Ebene der Bebauungsplanung jedoch nicht eine Abweichung von bis zu 600 m zu. Bei der Anpassung an ein Ziel muss auch immer dessen Aussagenschärfe im Hinblick auf die Endabgewogenheit berücksichtigt werden. Diese differiert zwischen einem Ziel, das eine bloße Funktionszuweisung vornimmt gegenüber einem Ziel, welches eine konkrete Gebiets- oder Standortfestlegung vornimmt. Außerdem ist zu bedenken, dass bei einem Ziel, dass der unmittelbaren Steuerung von privilegierten raumbedeutsamen Vorhaben dient – wie hier von Windenergieanlagen – höhere Anforderungen an die Zielkonkretheit zu stellen sind, damit die Lenkungsfunktion überhaupt rechtlich wirksam werden kann. Um diesen Anforderungen gerecht zu werden, bedarf es nachvollziehbarer Kriterien für die Zielfestlegung. Bei Windeignungsgebieten erfolgt dies in der Regel über gutachterliche Untersuchungen, die Restriktionsbereiche und Abstandsflächen definieren, so dass ein umfangreicher Kriterienkatalog entsteht. Dies ist auch beim vorliegenden Regionalplan erfolgt. Anhand der bekannten Brut-, Rast- und Überwinterungsgebiete ist eine recht genaue Abgrenzung des Eignungsgebiets bei Berücksichtigung der Schutzabstände möglich. Ein Abweichen von der Eignungsgebietsgrenze ist daher nur dort zulässig, wo die Gemeinde nachweisen kann, dass die Regionalplanung bestimmte Abstände zu Unrecht angelegt hat oder das bestimmte Brutgebiete, etc. falsch verortet wurden und deshalb andere Bezugspunkte zur Abstandswahrung angelegt werden müssten. Diesen Nachweis konnte die Gemeinde nur für einen Standort führen, dieser lag aber ohnehin nur geringfügig außerhalb des Eignungsgebiets. Für die überwiegende Zahl der Standorte der Windenergieanlagen im Bebauungsplan ist aber festzustellen, dass sie nicht dem Anpassungsgebot des § 1 Abs. 4 BauGB genügen und der Bebauungsplan daher wegen Verstoßes gegen Ziele der Regionalplanung nicht genehmigungsfähig war.

Abbildung 2: Gegenstromprinzip und Anpassungsgebot

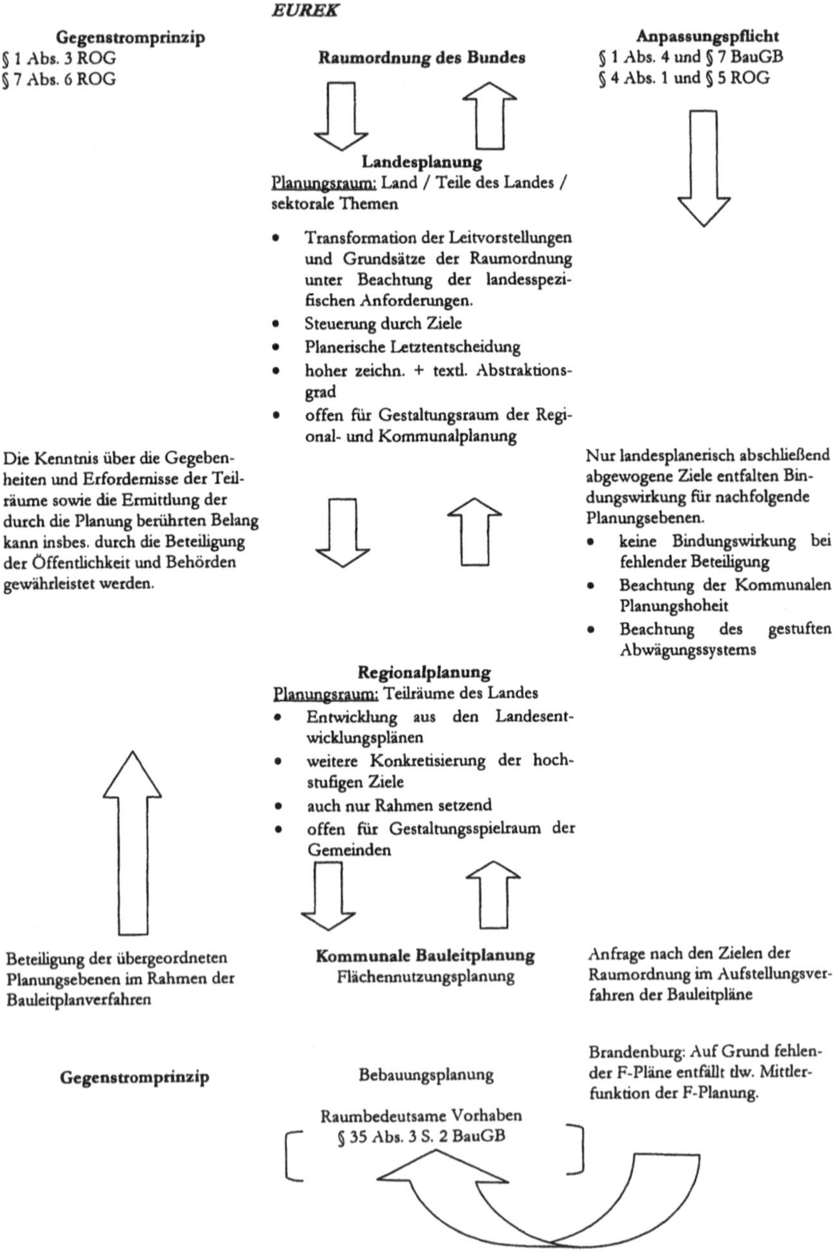

IV Einzelhandelssteuerung in der Regional- und Flächennutzungsplanung

Prof. Dr. Reinhard Sparwasser

Einzelhandel bleibt ein besonders dynamischer Wirtschaftszweig unter erheblichem Veränderungsdruck. Umsatzriesen wie Metro AG, Rewe-, Schwarz-, Edeka- und Aldi-Gruppe sowie Tengelmann stehen den öffentlichen Planungsträgern gegenüber. Der vorliegende Beitrag soll aufzeigen, wie Städte und Gemeinden, aber auch die Regionalverbände und die sonst mit der Wahrung der Belange der Raumordnung betrauten Stellen insbesondere auf Flächennutzungs- und Regionalplanebene den neuen Herausforderungen durch den Einzelhandel begegnen können.

Dies geschieht in vier Teilen: Im Sinne einer Einführung sollen in einem ersten Teil die tatsächlichen Herausforderungen beleuchtet und die Grundlagen der planerischen Steuerung des Einzelhandels dargestellt werden. In einem zweiten Teil geht es sodann darum, wie Gemeinden und Gemeindeverbände auf der Ebene des Flächennutzungsplans für die Ansiedlung und Entwicklung des Einzelhandels Weichen stellen können. Der dritte Teil widmet sich der besonders aktuellen Entwicklung auf der Regionalplanebene. Vor diesem Hintergrund geht es in einem vierten Teil um Folgerungen und Änderungen aufgrund der zuvor aufgezeigten Entwicklungen und Entwicklungsmöglichkeiten für die landesplanerische Steuerung durch Vorgaben der Raumordnung. Ein Ausblick rundet die Betrachtungen ab.

1. Einführung

1.1 Steuerungsbedarf – die tatsächlichen Herausforderungen

a) Lebensmittelnahversorgung

Die Anzahl der Betriebe des Lebensmitteleinzelhandels[1] insgesamt ist seit 1991 um 1/4 zurückgegangen, die Verkaufsfläche dagegen um 1/3 gestiegen. Die Zahl nicht großflächiger Betriebe sinkt, ihr Umsatzanteil hat sich seit 1992 halbiert[2]. Dem ent-

[1] Zur Begriffsklärung: Einzelhandel ist der Verkauf an den Letztverbraucher. Er unterteilt sich in food und non-food. Beim Lebensmitteleinzelhandel unterscheidet man zwischen Lebensmittelsupermärkten mit mindestens 5.000 Artikeln – Beispiel: Edeka und Minimal mit einem in der Regel großen Angebot an Frischwaren wie Obst, Gemüse und Fleisch – und Discountern – Beispiele: Aldi, Lidl und Plus. Innerhalb der Discounter findet gegenwärtig eine bemerkenswerte Verschiebung statt in Richtung auf mehr Markenartikel und Frischwaren, wobei Lidl gegenüber Aldi die Nase vorn hat, vgl. Frankfurter Allgemeine Sonntagszeitung, 18.9.2005, S. 45.

[2] Nämlich zwischen 1992 und 2005 von 88,4 % auf 63,7 %, bzw. von 36 % auf 18 %, vgl. KPMG, Trends im Handel, 2005, S. 38 ff., www.kpmg.de/library/brochures_surveys/2847.htm.

spricht die Zunahme der Einwohner je Betrieb im Lebensmitteleinzelhandel: Hat ein Betrieb bspw. in Baden-Württemberg 1991 noch ca. 900 Einwohner versorgt, beträgt die Zahl für 2003 bereits 1.500. Gleichzeitig ist in den letzten Jahren der Anteil der Discounter an der Zahl der Betriebe deutlich gestiegen auf inzwischen fast 35 %, ihr Umsatz hat sich seit 1992 fast verdoppelt[3]. Lag der Anteil der Discounter in Baden-Württemberg 2004 bei 20 %, so soll er bis 2020 auf über 50 % steigen. Dem entspricht dann eine Einwohnerzahl je Lebensmitteleinzelhandelsbetrieb von nicht mehr 1.500, sondern 2.100. Dabei ist der Flächenhunger der Discounter, also der Wunsch nach Vergrößerung über die noch heute meist üblichen 700 m² hinaus, möglichst auf 1.200 oder gar 1.500 m² VK evident[4], begünstigt von der neueren Rechtsprechung, wonach eine VK von 900 m² auch außerhalb von Sondergebieten (SO) vielfach zulässig ist[5].

Dementsprechend größer werden Einzugsbereich und – aus der Sicht der Verbraucher – der Weg zum Einzelhandelsgeschäft[6]. Eine flächendeckende Nahversorgung durch den stationären Einzelhandel wird es langfristig, insbesondere im ländlichen Raum nicht mehr geben. Je größer die zugelassenen Verkaufsflächen und je größer der Anteil der Discounter sind, desto größer werden Einzugsbereich und Einkaufsweg[7]. Und ein Vollsortimenter mit Frischeabteilung dürfte gegen einen Discounter in seiner unmittelbaren Nähe nur an Standorten mit hinreichend großem Einzugsbereich und keiner weiteren Konkurrenz eine Überlebenschance haben.

Die Lebensmittelkonzerne versuchen, ihre Kosten unter anderem dadurch zu minimieren, dass sie dezentrale, autogerechte Standorte am Rande von Wohngebieten („Flucht auf die grüne Wiese") oder in Gewerbegebieten entwickeln, wo deutlich geringere Bodenpreise als in den Stadtteilzentren gehandelt werden[8]. Die dort angebotenen Preise liegen deutlich über dem Marktniveau des sog. produzierenden Gewerbes und Handwerksgewerbes, dessen Ansiedlungschancen sich durch Zu-

---

[3] Von 24,3 Mrd. € in ca. 8.800 Betrieben 1992 auf 40 Mrd. € in ca. 14.000 Betrieben, KPMG, Trends im Handel, 2005, S. 55.

[4] Anschaulich El Bureiasi, Landesplanerische Beurteilung des großflächigen Einzelhandels, 2005, S. 8 ff. m. w. N.

[5] OVG Münster, BauR 2005, 936 (für Gewerbegebiete); dazu Berghäuser/Berg/Brendel, BauR 2002, 31 ff.; Haaß, BauR 2002, 1795 ff.

[6] KPMG (Fn. 2); s. a. KPMG/EHI, Status quo und Perspektiven im deutschen Lebensmitteleinzelhandel, 2004, www.kpmg.de/library/brochures_surveys/8934.htm; s. a. Schmitz/Federwisch, Einzelhandel und Planungsrecht, 2004, Rn. 12 ff. m. w. N.

[7] Dagegen betonen die Vorzüge von verbrauchernahen Discountern (etwa in allg. Wohngebieten) Wilkening, BauR 2005, 348 (353 f.); Berghäuser/Berg/Brendel, BauR 2002, 31 (37 f.).

[8] El Bureiasi (Fn. 4), S. 11 f. m. w. N.

lassung von Einzelhandel in Gewerbegebieten als Folge der eintretenden Bodenpreisspekulation weiter verschlechtern[9].

b) Marktveränderungen

Die Konzentrationsbewegung im Lebensmitteleinzelhandel hält an[10], vgl. Anfang 2005 die Übernahme von Spar durch Edeka. Globalisierung und Internationalisierung erfassen auch den Lebensmitteleinzelhandel, vgl. Aldi in Frankreich und Schweiz, Lidl in Griechenland und Migros in Deutschland. Die Durchsetzungsmacht der Global Players des Lebensmitteleinzelhandels gegenüber einer einzelnen Gemeinde wird damit sicher noch größer.

Innerhalb der privaten Konsumausgaben nimmt der Anteil der Einzelhandelsausgaben in Deutschland kontinuierlich ab[11]. Damit einher gehen immer größere Ausgaben für Unterhaltung und andere Freizeitgestaltung. Diese Ausdifferenzierung des Einkaufsverhaltens bleibt nicht ohne Folgen für die Angebotsformen des Einzelhandels, auch des Lebensmitteleinzelhandels: Einerseits werden preisgünstigere Angebote vermehrt nachgefragt, andererseits die Verbindung mit Unterhaltungsmöglichkeiten gesucht, Stichwort: Erlebniseinkauf. Daraus hat sich die Form des Urban Entertainment Centers entwickelt. Wohin die Reise weiter geht, ist noch nicht absehbar[12]. Gewandeltes Käuferverhalten und geänderte Angebotsformen bewirken aber Veränderungsdruck und erfordern vielfältige und offene Standortangebote.

c) Urbanität und Sozialentwicklung

Die Auswirkungen des Strukturwandels im Lebensmitteleinzelhandel beschränken sich nicht auf die Beschaffung der erforderlichen Lebensmittel des täglichen Bedarfs. Damit einher geht ein Strukturwandel unserer Städte und Gemeinden, der bei dem Thema ebenfalls in den Blick genommen werden muss und negativ mit den Stichworten Verödung der Innenstädte und Gemeindezentren und soziale Desintegration zu umschreiben ist[13]. Der Rückgang der Lebensmittelnahversorgung mindert die identitätsstiftende und sozial integrierende Wirkung lebendiger

---

[9] Zu ihrem Schutz OVG Schleswig, NVwZ-RR 2000, 10; OVG Münster, BauR 2005, 819 ff. sowie das Verbot isolierten Einzelhandels im Regionalplan Mittelhessen 2001 und dazu - bestätigend – VGH Kassel, NVwZ-RR 2006, 764 ff.

[10] Zur Entwicklung auch Schmitz/Federwisch (Fn. 6), Rn. 15 m. w. N.

[11] Schmitz/Federwisch (Fn. 6), Rn. 18 m. w. N.

[12] Zur Suche des Handels nach neuen Konzepten und Vertriebsformen Mösel, Kombinierte Großprojekte des Handels und der Freizeit als Impulsgeber für die Stadtentwicklung, 2002, S. 96 ff.

[13] Anschaulich El Bureiasi (Fn. 4), S. 13 ff., 17 ff. m. w. N.; s. a. Krautzberger, Der Städtetag 1997, 473 ff. zu den Gefahren einer „Amerikanisierung“ der Innenstädte.

Siedlungsbereiche und die Anziehungskraft benachbarter Unterhaltungs- und Kulturangebote.

Zusammenfassend: Die Aufrechterhaltung verbrauchernaher Versorgungsmöglichkeiten, geänderte Marktbedingungen und städtebauliche und sogar – hier nicht weiter zu thematisierende – ökologische Belange legen für die betroffenen Planungsträger nahe, planerische Maßnahmen zu ergreifen. Deshalb bleibt die planerische Steuerung des Einzelhandels ein zentrales Anliegen modernen Städtebaurechts – insbesondere über anspruchsvolle Einzelhandelskonzepte.

1.2 Grundlagen der planerischen Steuerung des Einzelhandels

a) Zulassungsvoraussetzungen für großflächige Einzelhandelsvorhaben

Nach § 11 Abs. 3 S. 1 Nr. 2 BauNVO sind seit 1977 großflächige Einzelhandelsbetriebe grundsätzlich nur noch in Kern- und in ausgewiesenen Sondergebieten zulässig. Für großflächige Einzelhandelsbetriebe gilt nämlich nach § 11 Abs. 3 BauNVO eine widerlegbare Regelvermutung für den Eintritt unerwünschter städtebaulicher Auswirkungen, der sie unzulässig macht, ab 1.200 m² Geschossfläche. Zur Auslegung des Begriffs der Großflächigkeit führte das BVerwG[14] 1987 das Kriterium der Verkaufsfläche (VK) ein, die kleiner als die Geschossfläche ist, nur die den Kunden zugänglichen Bereiche umfasst[15] und dem Marktbetreiber einige Gestaltungsmöglichkeiten lässt[16]. Das BVerwG legte dazu fest, die Verkaufsflächenobergrenze für Einzelhandelsbetriebe der wohnungsnahen Versorgung liege „nicht wesentlich unter 700 m² VK, aber auch nicht wesentlich darüber“[17]. Diese

---

[14] Die maßgebliche Auslegung des Begriffs der Großflächigkeit erfolgte in zwei Grundsatzentscheidungen des BVerwG vom 22.5.1987: BVerwG, Urteil v. 22.5.1987 – 4 C 30/86 (nicht veröffentlicht) sowie BVerwG, NVwZ 1987, 1076; dazu Jahn, DVBl 1988, 273 ff.; Hüttenbrink, DVBl 1987, 1045 ff.

[15] Also auch Kassenzonen, Standflächen, Gänge, Treppen und Eingangsbereich, nicht aber Lager-, Büro- und Sozialräume; dazu aus jüngster Zeit VGH Mannheim, VBlBW 2005, 67; s. a. BVerwG, BauR 1990, 571; OVG Lüneburg, NVwZ-RR 2003, 486; Fickert/Fieseler, BauNVO, § 11 Rn. 19.3; Jäde/Dirnberger/Weiss, BauGB/BauNVO, § 11 BauNVO Rn. 13; s. a. Verwaltungsvorschrift des Wirtschaftsministeriums Baden-Württemberg v. 21.2.2001, GABl. S. 290, www.wm.baden-wuerttemberg.de, sog. Einzelhandelserlass, Ziff. 2.2.4: auch Gänge, Treppen in Verkaufsräumen, Standflächen, Kassenzonen, Schaufenster und Freiverkaufsflächen; zu. sog. „Verkaufsinseln“ wie Back- oder Fleischtheke, Einkaufswagenabstellzone und Windfang VG Freiburg, Beschl. v. 8.10.2004, 4 K 1722/04 m. w. N.; selbst eine separat untergebrachte Metzgerei oder Bäckerei unter dem Gesichtspunkt der sog. Funktionseinheit einbeziehend, weil sonst die Großflächigkeitstypologie umgangen würde, OVG Lüneburg, NVwZ-RR 2003, 486 (488).

[16] Bspw. legal durch Vergrößerung der Verkaufsfläche mittels einer automatischen „Getränkekastennachbeschickungsanlage“, illegal durch ungenehmigte Öffnung eines nur zu Lagerzwecken genehmigten Getränkelagers für den Publikumsverkehr.

[17] BVerwG, NVwZ 1987, 1076 (1078).

Grenze ist jetzt auf 800 m² hinauf gerückt[18]. Auf örtliche oder regionale Besonderheiten komme es dabei nicht an, auch nicht auf die Art der Betriebe wie etwa Vollversorger oder Discounter. Oberhalb dieser Grenze machten die vermuteten negativen städtebaulichen Auswirkungen das Vorhaben grundsätzlich unzulässig.

Kleinere Einzelhandelsflächen sind dagegen – außer in den praktisch sehr selten gewordenen reinen Wohngebieten – grundsätzlich überall zulässig[19]. Das „Ausbluten" unserer Innenstädte zugunsten großer Märkte auf der grünen Wiese ist damit – und in Verbindung mit inzwischen in allen Gebieten als zulässig anerkannten Sortimentsdifferenzierungen – zumindest steuerbar gemacht. Wie gut die einzelne Gemeinde diese Instrumentarien nutzt, ist grundsätzlich ihr überlassen.

Mit den dürren gesetzlichen Vorgaben kam die Rechtsprechung über Jahrzehnte hinweg gut zurecht. Der im Einzelfall beklagten fehlenden Flexibilität bei der Handhabung entsprach eine größere Rechtssicherheit[20]. Das hat sich jetzt zur Freude der Gutachter geändert: Das Bundesverwaltungsgericht weichte in seinem Beschluss von 22.7.2004[21] die Regelvermutung auf, folgte damit der Arbeitsgruppe Einzelhandel[22] und macht nun eine Vielzahl von Gutachten zu den jeweiligen städtebaulichen Auswirkungen erforderlich. Dies kommt zu den schon bestehenden Unsicherheiten aufgrund der seit 1998 erweiterten Möglichkeiten einer Befreiung von den Festsetzungen eines Bebauungsplanes noch hinzu[23].

---

[18] BVerwGE 124, 364 ff.: „Die zwischenzeitliche Entwicklung rechtfertigt es, den Schwellenwert für die Prüfung, ob die in § 11 Abs. 3 S. 2 BauNVO umschriebenen Auswirkungen vorliegen, bei einer Verkaufsfläche von 800 m² anzusetzen. (...) Auf der Grundlage dieser auch vom Verwaltungsgerichtshof festgestellten Tatsachen kann nunmehr davon ausgegangen werden, dass nach den heutigen Gegebenheiten jedenfalls Einzelhandelsbetriebe mit nicht mehr als 800 m² Verkaufsfläche als Betriebe einzustufen sind, die der Nahversorgung der Bevölkerung dienen."

[19] Auch unterhalb der Flächengrenze von 700 bzw. 800 m² VK bestehen aber Differenzierungsmöglichkeiten: Das BVerwG hat inzwischen anerkannt, dass auch Betriebe mit nur 400 m² VK einen Anlagentypus „Nachbarschaftsladen" darstellen können, wenn in der Gemeinde eine derartige Ladenstruktur (noch) vorhanden ist, NVwZ 2005, 324. s. a. Bischopink, BauR 2004, 1089 ff.

[20] Die 700 m²-Grenze bestätigend aus neuerer Zeit VGH Mannheim, BauR 2005, 968; VGH München, BauR 2002, 54; OVG Münster, BauR 2001, 906; 2003, 788; OVG Lüneburg, NVwZ-RR 2000, 562; 2003, 486; OVG Schleswig, NordÖR 2004, 352 ff.; (wenn auch missverständlich, dazu näher sogl.) BVerwG, NVwZ-RR 2004, 815 ff. – s. aber auch OVG Münster, BauR 2005, 936 (unzulässiger Ausschluss eines großflächigen Einzelhandelsbetriebs aus einem Gewerbegebiet); zustimmend zu dieser Rspr. und kritisch zur Beibehaltung der 700 m²-Grenze Wilkening, BauR 2005, 348 ff.; Berghäuser/Berg/Brendel, BauR 2002, 31 ff.

[21] BVerwG, NVwZ-RR 2004, 815 ff., die Grenze bestätigend, wenn auch missverständlich: „Überschreitungen des Richtwerts von 700 m² zwingen selbst dann, wenn sie eine Größenordnung bis zu 100 m² erreichen, nicht zu dem Schluss, dass das Merkmal Großflächigkeit erfüllt ist".

[22] Näher dazu Sparwasser, NVwZ 2006, 264 (266 f.).

[23] Brohm, Öffentliches Baurecht, S. 375 (§ 19 Rn. 7); Löhr in: Battis/Krautzberger/Löhr, BauGB, Ktr., 9. Aufl. 2005, § 31 Rn. 26.

Im Ergebnis hat diese Rechtsprechung die Vorhersehbarkeit einer Zulassungsentscheidung für die Betroffenen erheblich erschwert. Auch oberhalb der Vermutungsgrenze bleibt die Möglichkeit des Nachweises für das Ausbleiben negativer Auswirkungen im Einzelfall[24]. Hier sind regelmäßig Fachgutachten zu den städtebaulichen Auswirkungen gefragt, deren Objektivität nicht immer über jeden Zweifel erhaben ist[25]. – Eine Gemeinde kann sich den Zufälligkeiten von Marktgutachten noch nicht einmal durch eine großzügige Einvernehmens- oder Genehmigungspraxis entziehen, denn auch dann drohen Rechtsstreitigkeiten mit betroffenen Nachbargemeinden. Will sie sich den Unsicherheiten aufgrund einer deutlich zulassungsfreundlicheren Rechtsprechung entziehen, bleibt nur der Weg in die Bauleitplanung[26].

Auch außerhalb eines Sondergebiets für Einzelhandel sind großflächige Betriebe weiterhin zulässig in Gebieten alter Bebauungspläne[27], also solchen aus der Zeit vor 1977, und in unbeplanten Baugebieten, wenn bereits entsprechende Vorbilder bestehen[28]. Das wird von mancher Gemeinde bewusst in Kauf genommen, um entsprechende Betriebe anzuziehen, auch wenn dies die Nahversorgung benachbarter Gemeinden gefährdet.

b) Verschärfung der Zulassungsvoraussetzungen wegen Funktionseinheit – und ihre Rücknahme

Der Zielsetzung des § 11 Abs. 3 BauNVO entsprechend und um Umgehungsversuche zu unterbinden, hat die Rechtsprechung den Gesichtspunkt der „Funktionseinheit" entwickelt, wonach bestimmte Kriterien „eine rechtliche Würdigung aller Betriebe nur als einen – und dann auch großflächigen – Einzelhandelsbetrieb im Sinne des § 11 Abs. 3 BauNVO rechtfertigen könnten"[29]. Aus Sicht der Rspr. sind für das Vorliegen einer Funktionseinheit vor allem folgende Kriterien von Bedeutung: gemeinsames Nutzungskonzept, planmäßige, auf Dauer angelegte und

[24] Nickel/Kopf, ZfBR 2003, 122 ff.; krit. Engel, VBlBW 2005, 8 (11 f.).

[25] Schmitz/Federwisch (Fn. 6), Rn. 30 ff. m. w. N.

[26] So auch Vietmeier, BauR 2005, 480 (481); Paul, NVwZ 2004, 1033 (1040); zu pessimistisch wohl Engel, VBlBW 2005, 8 (12).

[27] Immerhin gibt es nach Auskunft des zuständigen Regionalverbands beispielsweise alleine im Regierungsbezirk Karlsruhe noch wenigstens 600 solcher alten Bebauungspläne.

[28] Zur Rechtslage bis 2004 BVerwG, NVwZ 1994, 285 ff.; BVerwG, BauR 2001, 212. ff; Paul, NVwZ 2004, 1033 (1035); bloßes „Einfügen" i. S. d. § 34 Abs. 1 BauGB reichte aus. – Zur neuen Rechtslage (BauGB-Novelle 2004) vgl. Uechtritz, NVwZ 2004, 1025 ff.; Heilshorn/Seith, VBlBW 2004, 409. ff.; Vietmeier, BauR 2005, 480 ff. mit dem Fazit, § 34 Abs. 3 BauGB n.F. lasse in einigen Fällen eine genauere Steuerung von großflächigen Einzelhandelsbetrieben im unbeplanten Innenbereich zu. Mit der BauGB-Novelle 2007 wurde in § 9 Abs. 2 a BauGB zum 01.01.2007 die Möglickeit geschaffen, im unbeplanten Innenbereich einen einfachen Bebauungsplan zu erlassen, um zentrale Versorgungsbereiche zu schützen.

[29] So seit BVerwGE 79, 309 ff., ständige Rechtsprechung; zuletzt VGH Mannheim, BauR 2006, 489.

gemeinschaftlich abgestimmte Teilnahme mehrerer Betriebe am Wettbewerb, die die bautechnische Selbstständigkeit der Betriebe letztlich als Umgehung der Konsequenzen des § 11 Abs. 3 BauNVO erscheinen lässt, Gleichheit der Betreiber, Einheit der Antragstellung, Gleichheit/Überschneidung/Abgestimmtheit von Parkplätzen, Eingangsbereich, Andienung, Sozialräume, Kundenbereich, Lager, Einkaufswagen u. a. und die gemeinschaftlich abgestimmte Nutzung von Betriebseinheiten[30].

Nicht genügen soll z. B., dass sich Betriebe auf einem Grundstück befinden, nur über eine gemeinsame Ein- und Ausfahrt zu erreichen sind und über gemeinsame Besucherparkplätze verfügen[31]. Die Funktionseinheit findet auch Erwähnung in der Verwaltungsvorschrift des Wirtschaftsministeriums BW zur Ansiedlung von Einzelhandelsprojekten – Raumordnung, Bauleitplanung und Genehmigung von Vorhaben (Einzelhandelserlass) vom 21.2.2001 (Aktenzeichen 6-2500.4/7)[32]. Dort heißt es in Ziff. 2.2.2: „Mehrere an sich selbstständige nicht großflächige Einzelhandelsbetriebe können dann als großflächiger Einzelhandelsbetrieb angesehen werden, wenn diese Betriebe eine Funktionseinheit bilden. Eine solche Funktionseinheit liegt vor, wenn die Betriebe ein bestimmtes gemeinsames Nutzungskonzept haben, aufgrund dessen die einzelnen Betriebe wechselseitig voneinander profitieren, und das die Betriebe nicht als Konkurrenten, sondern als gemeinschaftlich verbundene Teilnehmer am Wettbewerb erscheinen lässt“[33].

Die neuere Rechtsprechung des VGH Mannheim[34] zwingt freilich dazu, zwischen den verschiedenen Tatbeständen des § 11 Abs. 3 BauNVO zu differenzieren: Ein Einkaufszentrum komme danach nur in Betracht, wenn damit eine Größenordnung erreicht wird, die deutlich über der eines großflächigen Einzelhandelsbetriebs im Sinne des § 11 Abs. 3 S. 1 Nr. 2 BauNVO liegt. Ein Einkaufszentrum sei auch ohne die Auswirkungen des § 11 Abs. 3 S. 3 BauNVO in einem Gewerbegebiet nicht zulässig, während ein großflächiger Einzelhandelsbetrieb nach § 11 Abs. 3 S. 1 Nr. 2 BauNVO darüber hinaus voraussetzt, dass von ihm im Einzelfall die in § 11 Abs. 3 S. 2 BauNVO beschriebenen nachteiligen Auswirkungen ausgehen. Unterhalb einer Verkaufsfläche von 1.500 m^2 werde die für ein Einkaufszentrum erforderliche Größenordnung nicht erreicht[35].

Die zweite Tatbestandsvariante des § 11 Abs. 3 BauNVO – Nr. 2 – betrifft großflächige Einzelhandelsbetriebe. Hierzu stellt der VGH fest, die Vorschrift könne nicht dahingehend ausgelegt werden, dass sie auch solche Fälle erfasst, in denen

[30] Vgl. dazu (jeweils mit Unterschieden im Detail) BVerwGE 79, 309; BVerwG, DÖV 1990, 748; VGH Mannheim, BRS 58, Nr. 201; OVG NRW, BRS 49 Nr. 72; OVG Münster, NVwZ 2000, 1066 ff.; BayVGH, BauR 2003, 1857; zuletzt VGH Mannheim, BauR 2006, 489.
[31] VGH Mannheim, BRS 58, Nr. 201.
[32] Verwaltungsvorschrift des Wirtschaftsministeriums Baden-Württemberg v. 21.2.2001, GABl. S. 290, www.wm.baden-wuerttemberg.de.
[33] Unter Hinweis auf VGH Mannheim, BRS 58 Nr. 201.
[34] Urt. vom 22.9.2005, BauR 2006, 489.
[35] Urteilsabdruck Seite 17.

mehrere kleinere Betriebe mit einer Größe von jeweils 1.200 m² Geschossfläche in räumlichem und zeitlichem Zusammenhang errichtet werden, zu vorhandenen Betrieben neue Betriebe unter 1.200 m² hinzutreten oder vorhandene Betriebe entsprechend erweitert oder umgenutzt werden sollen[36]. Der ausdrückliche Wortlaut des § 11 Abs. 3 S. 1 Nr. 2 BauNVO stelle für die Frage der Zulässigkeit auf den jeweiligen Einzelhandelsbetrieb ab. Eine Agglomeration mehrerer kleinerer Betriebe sei davon nicht erfasst. Es sei Sache des Gesetzgebers, § 11 BauNVO entsprechend zu ändern, um auch diese Fälle zu steuern. Das Prinzip der Funktionseinheit findet folglich auf § 11 Abs. 3 S. 1 Nr. 2 BauNVO keine Anwendung[37].

Auch dazu hat das BVerwG in jüngster Zeit mehr Klarheit gebracht[38]. Im Revisionsverfahren zur Entscheidung stand die Frage, ob und unter welchen Voraussetzungen mehrere Einzelhandelsflächen wegen eines bestehenden Funktionszusammenhangs verschiedener Einzelhandelsnutzungen in einem Gebäude zusammengerechnet werden können, auf dieser Grundlage als großflächig anzusehen sind und damit den Anforderungen des § 11 Abs. 3 BauNVO unterfallen. Die Vorinstanz ist noch von einer isolierten Betrachtung unterschiedlicher Einzelhandelsbetriebe ausgegangen und hat eine Flächenzusammenrechnung an strenge Voraussetzungen geknüpft. Nach dem BVerwG liegt eine funktionale Einheit dann vor, wenn es sich der Sache nach um die Ausgliederung der Betriebsteile handelt, die typischerweise in einem einzigen Einzelhandelsgeschäft untergebracht sind. Dann würden sie auch von der Verkehrsanschauung als Einheit angesehen. Andernfalls würde § 11 Abs. 3 BauNVO umgangen. Dies gelte insbesondere für Nutzungen als untergeordnete Ausgliederungen einer eigentlich als Einheit empfundenen Zusammenfassung mehrerer Geschäfte.

Anders wurde in einer weiteren Entscheidung vom gleichen Tag[39] wiederum der strenge Maßstab für ein Zusammenrechnen bestätigt und für den Fall eines mit einem Aldi-Geschäft verbundenen Getränkemarkts entschieden, eine Zusammenrechnung komme nicht in Betracht.

Jedenfalls in BW ist eine Änderung des mit der Rechtsprechung in Sachen Agglomeration nicht mehr in Einklang stehenden Einzelhandelserlasses offenbar nicht vorgesehen – zu Unrecht, denn er kann nur auslegen, nicht aber hineinlegen, was die Rechtsprechung im Gesetz nun einmal nicht mehr sieht. Andererseits steht eine Änderung der BauNVO bislang wohl nicht zu erwarten. Anzuraten ist dringend die Orientierung an der höchstrichterlichen Rechtsprechung, die zudem inhaltlich ausgewogen und jedenfalls gesetzestreu erscheint[40].

---

[36] Seite 18 unter ausdrücklicher ablehnender Bezugnahme auf den Einzelhandelserlass BW (Fn. 15).
[37] Urteil, Seite 19.
[38] BVerwGE 124, 376 ff.; Vorinstanz OVG Frankfurt, Urt. 3.11.2004, 3 A 471/01.
[39] BVerwG, UPR 2006, 156; Vorinstanz OVG Münster, BauR 2005, 1602.
[40] Dazu Schütz, UPR 2006, 169 ff.; Jeromin, BauR 2006, 619 ff.

Inwieweit jetzt Regionalpläne in die Bresche springen und ihrerseits ein Agglomerationsverbot festlegen können[41], bleibt abzuwarten. Auf den ersten Blick ausgeschlossen erscheint es – anders als bei dem nur rechtsauslegenden Einzelhandelserlass BW[42] – jedenfalls nicht, immer vorausgesetzt, es handelt sich um ein regional bedeutsames Vorhaben, das erst die Zuständigkeit des Regionalverbandes in Sinne eines planerischen Zugriffsrechts begründet[43].

1.3 Inkurs: planerische Steuerung durch Märktekonzepte auf Kommunalebene – Bauleitplanung

Vorausschauende Kommunen betten ihre SO-Ausweisungen für einzelne Einzelhandelsflächen seit langem in ein sog. Märktekonzept[44] mit einer gemeindeweiten Gesamtsteuerung möglicher SO-Einzelhandels-Gebiete ein. Die Vorteile bestehen in der Bündelungsfunktion für großflächigen Einzelhandel verschiedener Art, der sich untereinander ergänzt, in der Bündelung und damit Reduzierung des damit verbundenen motorisierten Individualverkehrs[45] und in der Schaffung von Einkaufsmagneten. Die ausschließlich nachfrageorientierte Ausweisung von Sondergebieten „auf der grünen Wiese" mit regelmäßig geringeren Bodenwerten, niedrigeren Errichtungskosten und größerem Parkplatzangebot, zumal mit einem Magneten an günstiger Stelle, entzieht aber zugleich der Innenstadt Kaufkraft und nimmt ihr das Publikum. Zugleich verliert sie ihre Attraktivität als für ihre Bewohner und Besucher Identität stiftender Bezugsrahmen und mit ihrem ganzen vielfältigen Kulturangebot. Daraus ergibt sich die zweite Zielsetzung von Märktekonzepten, jetzt weiterentwickelt zum Märkte- und Zentrenkonzept: Zur Koordinierungsfunktion kommt der Schutz der Innenstadt[46].

Ein Märkte- und Zentrenkonzept ist ein regelmäßig gutachtengestütztes, vom Gemeinderat zu beschließendes und von Zeit zu Zeit anzupassendes Gesamtkonzept für die Gemeinde. Seine Umsetzung erfolgt durch die koordinierte Ausweisung von SO-Einzelhandels-Flächen und meist auch den gleichzeitigen Ausschluss groß-

[41] Dies versuchen aktuell bspw. der Verband Region Stuttgart und wohl auch der Regionalverband Schwarzwald-Baar-Heuberg.
[42] Oben Fn. 15.
[43] Dazu unten bei Fn. 85.
[44] Zu kommunalen Märkte- oder Einzelhandelskonzepten Paul, NVwZ 2004, 1033 (1034); zum Freiburger Beispiel Engel, VBlBW 2005, 8 (9). Märktekonzepte werden angesichts der BauGB-Novelle 2007, insbesondere im Zusammenhang mit dem einfachen Bebauungsplan nach § 9 Abs. 2 a BauGB, noch an Bedeutung gewinnen.
[45] Zum Zusammenhang Einzelhandelsansiedlung und MIV auch SRU, Sondergutachten Verkehr, 2005, Tz. 660.
[46] Paul, NVwZ 2004, 1033 (1034).

flächigen Einzelhandels aus allen Gebieten ohne Wohnfunktion[47]. Als Verfeinerung des Konzepts werden sog. zentrenrelevante Sortimente[48] definiert, die typischerweise in der Innenstadt[49] nachgefragt werden und einen erheblichen Teil ihrer Attraktivität als Einkaufsstelle ausmachen[50]. Diese zentrenrelevanten Sortimente werden dann ebenfalls durch Bebauungsplan aus allen gewerblichen Bauflächen ausgeschlossen[51]. Der Gesetzgeber ermächtige Städte und Gemeinden, die „Städtebaupolitik" zu betreiben, die ihren städtebaulichen Ordnungsvorstellungen entspricht[52]. Noch weiter gehend und weniger differenziert kann schließlich auch jeglicher Einzelhandel in allen Gebieten ohne Wohnfunktion grundsätzlich ausgeschlossen und nur in einzeln bestimmten Gebieten in integrierter Lage mit genauen Sortimentsbestimmungen zugelassen werden[53].

---

[47] Solche Ausweisungen durch kommunale Einzelhandelskonzepte auf der Grundlage von Marktforschungsgutachten sind grds. zulässig und verstoßen nicht gegen das Gebot der Erforderlichkeit der Bauleitplanung, so VGH Mannheim, NVwZ-RR 2002, 556 ff.

[48] Zentrenrelevant in diesem Sinne sind beispielsweise Bücher, Bekleidung und Lebensmittel, nicht zentrenrelevant sind insbesondere Möbel, Baustoffe und Elektrogroßgeräte (sog. weiße Ware); zum Bestimmungsrecht, was zentrenrelevant ist, OVG Münster, ZfBR 2004, 570 ff.

[49] Zum Gestaltungsspielraum bei der Abgrenzung der Innenstadt OVG Münster, BauR 2005, 819 ff.

[50] BVerwG, BauR 2005, 818 f.: „Rechtsgrundlage für Sortimentsbeschränkungen des Einzelhandels ist § 1 Abs. 9 BauNVO. (...)Vielmehr ist mit „besonderen" städtebaulichen Gründen gemeint, dass es spezielle Gründe gerade für die gegenüber Absatz 5 noch feinere Ausdifferenzierung der zulässigen Nutzungen geben muss. (...) An der Rechtfertigung durch städtebauliche Gründe fehlt es, wenn die Nutzungsbeschränkungen nicht der städtebaulichen Entwicklung und Ordnung (vgl. § 1 Abs. 3 BauGB) zu dienen bestimmt sind. Welche städtebaulichen Ziele sich eine Gemeinde setzt, liegt in ihrem planerischen Ermessen."

[51] Weil nicht-zentrenrelevanter Einzelhandel als Unterart der Sparte Einzelhandel i. S. d. § 1 Abs. 9 BauNVO angesehen werden kann, VGH Mannheim, NVwZ-RR 2002, 556; OVG Lüneburg, NVwZ-RR 2000, 562; s. a. BVerwG, BauR 2005, 818 f.; Paul, NVwZ 2004, 1033 (1039). – Auch die obergerichtliche Rechtsprechung scheint sich aber noch nicht einig zu sein, ob „zentrenrelevanter Einzelhandel" pauschal ausgeschlossen werden kann, vgl. OVG Münster, BauR 2005, 96 gegenüber OVG Koblenz, UPR 2001, 110. s. a. VGH Mannheim, Urteil vom 3.11.2003 – 3 S 439/03 (juris) zu einer Festsetzung, nach der bestimmte Einzelhandelssortimente in einem Gewerbegebiet nur ausnahmsweise zulässig sein sollen, „soweit dies zur Versorgung der Wohnbevölkerung im Stadtteil (...) mit Waren des täglichen Bedarfs erforderlich ist."

[52] BVerwG, BauR 2005, 818 f.: „Hierzu gehört auch die Entscheidung, ob und in welchem Umfang sie Teile des Gemeindegebiets zur Unterbringung von Einzelhandelsbetrieben zur Verfügung stellt. ... Wenn sie für innerstädtische Randlagen Sortimentsbeschränkungen beschließt, um die innerstädtische Kernzone, das Zentrum, zu stärken, ist das ein legitimes städtebauliches Ziel. Sie ist dabei nicht darauf beschränkt, nur Nutzungen zu unterbinden, die in der Kernzone bereits in nennenswertem Umfang ausgeübt werden, und durch die Zulassung in anderen Plangebieten gefährdet werden. Vielmehr ist ihr auch gestattet, „zentrumsbildende" Nutzungsarten, die in der Kernzone nicht oder nur geringfügig vertreten sind, in anderen Gemeindegebieten mit dem Ziel auszuschließen, eventuelle Neuansiedlungen zwecks Steigerung oder Erhaltung der Attraktivität dem Zentrum zuzuführen. Bauleitplanung erschöpft sich nicht darin, bereits eingeleitete Entwicklungen zu steuern, sondern ist auch ein Mittel, um städtebauliche Ziele für die Zukunft zu formulieren."

[53] Zu entsprechenden Vorgaben auf Regionalplanebene (Mittelhessen) s. bei Fn. 85.

Alle Gemeinden mit einem Anspruch auf integrierte Nahversorgung sollten ein Nahversorgungskonzept, bei entsprechender Größe auch ein Märkte- und Zentrenkonzept aufstellen oder ggf. weiterentwickeln[54]. Nahversorgung ist aber nicht nur planerisch zu gewährleisten. Sonstige Förderungen als Ansiedlungs- und Bleibeanreize sind in den Blick zu nehmen. Bestehende Nutzungskonzepte sind weiter auszudifferenzieren. Zulassungswünsche für neue Standorte sind im Sinne einer sensiblen Flächen- und Standortpolitik nach städtebaulichen Gesichtspunkten zu steuern. Neue Standorte sind verbrauchernah vorzusehen und ggf. auf die Innenstadt und die Stadtteilzentren zu konzentrieren[55]. Teilintegrierte Standorte (sog. Scharnierlagen) dürfen nur zugelassen werden, wenn nachgewiesen ist, dass dies weder Stadtteilzentren beeinträchtigt noch ihre geplante Aufwertung gefährdet. Ein Mittel der Eingrenzung auf den Nahbereich ist auch die Beschränkung der Stellplatzzahl. Erforderlichenfalls sind gewerblich nutzbare Flächen außerhalb der Zentren für Einzelhandel ganz zu schließen[56], um die Ortskerne bzw. Innenstädte und das produzierende Gewerbe und Handwerksbetriebe zu schützen.

Um einer allzu großzügigen Befreiungspraxis der Gerichte entgegenzuwirken, können bestehende Märktekonzepte überarbeitet und Einzelhandelsbetriebe in noch größerem Umfang ausgeschlossen werden. Sinnvoll erscheint das aber allenfalls in Gewerbegebieten, in Grenzen in Mischgebieten, nicht aber in Wohngebieten, in denen die – im Streitfall gutachterlich nachzuweisende – „reine Gebietsversorgung" auch jenseits der 700 bzw. jetzt 800 m^2 VK immer zulässig bleiben sollte. Will sich eine Gemeinde vor allzu großzügiger Befreiungspraxis der Gerichte schützen, helfen nur klare Festsetzungen und eindeutige Aussagen in der Begründung zum Bebauungsplan. Ihre Durchsetzungskraft gewinnt mit einer schlüssigen Ableitung aus einem aktuellen Märkte- und Zentrenkonzept. Und sie verliert, wenn die Gemeinde sich selbst daran nicht hält, indem sie das Konzept nicht flächendeckend durch Bebauungspläne umsetzt oder – sei es aus vorauseilendem Gehorsam oder aus Gewinnsucht – im Wege von Befreiungen selbst desavouiert.

Bei dieser Gelegenheit soll auch wieder einmal an den Kulturauftrag unserer Städte und Gemeinden[57] erinnert werden. Freizeitangebote und Einkaufsmöglichkeiten lassen sich trennen oder aber auch verzahnen. Wer in die Oper geht, will nicht vorher zu Aldi. Andere Freizeitangebote im kulturellen Bereich lassen sich mit den Angeboten des Einzelhandels aber durchaus sinnvoll kombinieren. Hier ist eben-

---

[54] Zu den Anforderungen an die Abwägung gibt es inzwischen eine ganze Reihe obergerichtlicher Entscheidungen: vgl. aus neuerer Zeit OVG Lüneburg, BauR 2006, 1945; VGH Kassel, NVwZ-RR 2006, 764; OVG Magdeburg, Urteil vom 17.8.2006, 2 K 50/04, juris; VGH BW, UPR 2006, 202 ff.

[55] Zu den dafür geeigneten Steuerungsinstrumenten Paul, NVwZ 2004, 1033 ff.

[56] Hierzu aber einschränkend OVG Münster, BauR 2005, 963 ff.: erforderlich sind zumindest hinreichend bestimmte Erkenntnisse hinsichtlich der behaupteten „Zentrenschädlichkeit".

[57] Krautzberger, Der Städtetag 1997, 471 (474): „Urbanität als Anspruch und Markenzeichen [...] der europäischen Zivilisation".

falls eine aktive, sogar pro-aktive, also vorausschauende, die gewünschten Aktivitäten begünstigende Steuerung gefragt[58]. So entsteht ein Synergieeffekt durch räumliche Zuordnung einander ergänzender Funktionen und Nutzungen bei gleichzeitiger Flächenersparnis und weniger Verkehr. Zu der Erfüllung des Kulturauftrags der Gemeinde kommen damit noch so praktische Gesichtspunkte wie die Möglichkeit gemeinsamer, aber zeitversetzter Nutzungen von ÖPNV, aber auch Stellplätzen, vor allem aber die wechselseitige Steigerung der Attraktivität, was zugleich Wirtschafts- und Kulturförderung bedeutet, bei bestmöglicher Auslastung teurer öffentlicher Infrastruktur.

1.4 Abstimmungspflichten mit fremden Planungen

Schon nach geltendem Recht ist es geboten, eine Reihe anderer Planungen zu berücksichtigen. Dazu zählen die Bebauungspläne benachbarter Gemeinden[59], der eigene und selbst fremde Flächennutzungspläne, der darüber angesiedelte Regionalplan, auf den unten näher einzugehen ist, aber auch Fachplanungen[60], z. B. Verkehrswegeplanungen, ggf. Lärmminderungs- und Luftreinhaltungsplanung und anderes mehr. Dabei geht es aber um mehr, als was sich aus dem Beachtens- und dem Abwägungsgebot schon längst ergibt, nämlich um das Erfordernis der integrierten Planung, der Vernetzung mit anderen, auch künftigen Planungen, also die Notwendigkeit der vorausschauenden Koordination verschiedener Planungen – rechtlich in Form eines Entwicklungskonzepts i. S. d. § 1 Abs. 6 Nr. 11 BauGB[61]. Dies betrifft zunächst die Infrastrukturplanung allgemein – Beispiel: wenn schon grüne Wiese, dann nur mit ÖPNV. Dies betrifft aber auch die gesamträumliche Verteilung von Einzelhandelsvorhaben – jedenfalls ab einer bestimmten Größe.

1.5 Folgerungen

Großflächige Einzelhandelsvorhaben bedürfen der Ausweisung eines Sondergebiets. Dieses muss nach dem Entwicklungsgebot des § 8 Abs. 2 S. 1 BauGB aus dem maßgeblichen Flächennutzungsplan entwickelt sein. Und nach § 4 Abs. 1 BauGB müssen sowohl Bebauungspläne als auch Flächennutzungspläne den Zielen der Raumordnung entsprechen. Damit können sich sowohl aus einem Flächennutzungsplan als auch aus Vorgaben der Raumordnung Hindernisse für die Ausweisung von Sondergebieten für ansiedlungsfreudige Gemeinden ergeben – und umgekehrt Schutzmechanismen für diejenigen Nachbargemeinden, die mit ihren

---

[58] Paul, NVwZ 2004, 1033 (1040); Bönker, BauR 1999, 328 (334); Runkel, UPR 1998, 241 (247).
[59] § 2 Abs. 2 BauGB; Brohm, Öffentliches Baurecht, S. 236 f. (§ 12 Rn. 19 f.); Uechtritz, BauR 1999, 574 ff.
[60] So gem. § 38 BauGB für Planfeststellungsverfahren; dazu Hoppe/Bönker/Grotefels, Öffentliches Baurecht, § 7 Rn. 177 ff.
[61] Krautzberger/Söfker, BauGB, 7. Aufl. 2004, § 1 Rn. 23.

kleinen Betrieben der wohnnahen Versorgung dem Konkurrenzdruck durch die großflächigen Einzelhandelsbetriebe in den Nachbargemeinden nicht mehr standhalten könnten.

Vor für sie ruinösen Entwicklungen wird die Nachbargemeinde nach der Rechtsprechung zunehmend geschützt. Anerkannt wurden immerhin die Möglichkeit der Normenkontrollklage unter Berufung auf das von der Rechtsprechung entwickelte interkommunale Abstimmungsgebot[62] und im Einzelfall sogar der Anfechtungsklage gegen eine auf einen solchen fehlerhaften Bebauungsplan gestützte Baugenehmigung[63] sowie sogar ein Anspruch auf Planung bzw. Planänderung durch die egoistische Gemeinde[64]. Durch die Neufassung des § 2 BauGB 2004 hat der Gesetzgeber erweiterte Rechtsschutzmöglichkeiten bewusst geschaffen[65].

Im Ergebnis führen aber die beiden dargestellten Änderungen in der Rechtsprechung – die Heraufsetzung der Flächengrenze für die Großflächigkeit auf 800 m² VK sowie die Verschärfung der Anforderungen für die Zusammenrechnung der Flächen – zu einer Verringerung des Anwendungsbereichs der – strengeren – Regelungen für den großflächigen Einzelhandel und damit zur Einschränkung der entsprechenden raumordnerischen Anforderungen.

2. Steuerung durch Flächennutzungsplan

2.1 Vorteile der Steuerung auf Flächennutzungsplanebene

Wie gesehen muss eine Bebauungsplanaufstellung oder -änderung aus dem Flächennutzungsplan entwickelt sein. Dies bedeutet für die planende Kommune zweierlei: Erstens muss sie den Flächennutzungsplan zumindest im Parallelverfahren nach § 8 Abs. 3 S. 1 BauGB nachziehen. Dies ist schon nicht unproblematisch, wenn sie nicht wirklich Herrin ihrer eigenen Flächennutzungsplanung, sondern womöglich in einem Planungsverbund mit Nachbargemeinden

---

[62] Zum interkommunalen Abstimmungsgebot nur als öffentlicher Belang i. S. d. § 35 Abs. 2 BauGB, nicht aber in anderen Plankategorien vgl. BVerwG, NVwZ 2003, 86 ff.; ebenso VGH München, NVwZ 2000, 822; OVG Greifswald, NVwZ 2000, 826; OVG Rheinland-Pfalz, NVwZ-RR 2001, 638 ff.; zur Klagebefugnis der Nachbargemeinden Uechtritz, BauR 1999, 572ff; Jochum, BauR 2002, 1480 ff.; Büchner, ZfBR 2003, 538. – Dies ändert sich aber wohl durch die Neufassung des § 2 BauGB 2004; vgl. dazu Heilshorn/Seith, VBlBW 2004, 409 ff.

[63] Dazu BVerwG, NVwZ 1990, 464 (466 f.); BVerfGE 84, 209 (214); OVG Münster, BauR 1979, 208 (210); VGH München, GewArch 1991, 314 ff.; VG Hannover, NVwZ-RR 2006, 16 ff.; OVG Lüneburg, ZfBR 2006, 168 ff.; Uechtritz, BauR 1999, 572 (576 f.) m. w. N., sowie Schmitz/Federwisch (Fn. 6), Rn. 28, 34 ff. m. w. N.

[64] BVerwG, NVwZ 2004, 220 ff. – Mülheim-Kärlich; dazu Moench, DVBl. 2005, 676 ff.

[65] Dazu Heilshorn/Seith, VBlBW 2004, 409 ff.; Kment, UPR 2005, 95 ff.; zur Bedeutung raumordnungsrechtlicher Belange für die Gemeindenachbarklage Hoppe/Otting, DVBl. 2004, 1125 ff. Im Vorfeld der BauGB-Novelle 2004 kritisch Hoppe, NVwZ 2004, 282 ff.

zusammengeschlossen ist mit der Folge, dass auch die Inhalte der Flächennutzungsplanung mit den Nachbargemeinden abzustimmen sind. Zweitens bedarf der Flächennutzungsplan anders als der Bebauungsplan nach § 6 Abs. 1 BauGB der Genehmigung der Aufsichtsbehörde. Dies kann nicht nur zu Verzögerungen führen, sondern schlicht zum Scheitern der für den Bebauungsplan und damit für das Vorhaben notwendigen Flächennutzungsplanänderung, wenn beispielsweise die Rechtsaufsichtsbehörde die Erfordernisse des Gebots der Anpassung an die Ziele der Raumordnung nach § 4 Abs. 1 BauGB anders beurteilt als die planende Gemeinde und die Genehmigung versagt. Müsste erst noch die Genehmigung eingeklagt werden[66], ist der Investor meist längst verschwunden.

Umgekehrt bedeuten diese Entwicklungserschwernisse aber auch Chancen, und zwar sowohl für die planende Gemeinde als auch ihre Nachbargemeinden und schließlich auch für die Raumordnung insgesamt: So bietet die Ausweisung eines Sondergebiets im Flächennutzungsplan im Vergleich zum Bebauungsplan die größere Gewähr für eine umfassende Abstimmung sowohl mit den Interessen der Gemeinde selbst, als auch mit den Interessen der betroffenen Nachbargemeinden als auch den Interessen der Raumordnung insgesamt. Die Ausweisung eines Sondergebiets auf Flächennutzungsplanebene bietet eine bessere Gewähr sowohl für die gesamträumliche Abstimmung schon innerhalb des Gemeindegebiets, erst recht mit an dem Flächennutzungsplan mitwirkenden Gemeinden, aber auch auf der Zeitachse: Die Gemeinde wird bei der Änderung des Flächennutzungsplans eher die langfristige gemeindliche Entwicklung ins Auge fassen, als wenn sie sich – nur ein einzelnes Vorhaben im Auge – auf eine „Briefmarkenlösung“ beschränkt.

Idealerweise wird die Gemeinde auch nicht erst aus Anlass eines konkreten Einzelhandelsvorhaben eine punktuelle Flächennutzungsplanänderung vornehmen, sondern vorausschauend Sondergebiete für großflächigen Einzelhandel ausweisen, wo er nach den langfristigen Entwicklungskonzepten der Gemeinde am besten hinpasst und auch mit den Anforderungen der Raumordnung in Einklang steht. Eine solche räumlich abgestimmte und zeitlich langfristige Planung ermöglicht auch die Aufstellung integrierter Entwicklungskonzepte: Sie ermöglichen die Integration zusammengehöriger Nutzungen, die Bündelung der Infrastruktur-, insbesondere Verkehrsentwicklung und die Schaffung und Mehrung von Synergieeffekten.

Auch die notorisch zunehmende Rechtsmittelanfälligkeit sowohl von Einzelgenehmigungen als auch von Bebauungsplanänderungen im Bereich des Einzelhandels spricht für eine sorgfältig abgestimmte, vorausschauende Planung. Diese ist auf der Ebene des Flächennutzungsplans am besten aufgehoben. Ist der Standort für großflächigen Einzelhandel auf der Ebene des Flächennutzungsplans mit den betroffenen Nachbargemeinden und der zuständigen Raumordnungsbehörde ab-

[66] Solche Klagen sind selten; vgl. für den Zeitraum von 1996 bis 2006 lediglich: VGH München, Beschluss vom 29.05.2000, Az.: 20 ZB 00.968; VG München, Urteil vom 8.11.2005, Az.: M 1 K 04.4678; VG Lüneburg, Urteil vom 15.06.2006, Az.: 2 A 15/05; VG München, Urteil vom 05.11.1998, Az.: M 11 K 98.674 (zitiert nach juris).

gestimmt, kann dies einen erheblichen Zeitgewinn für den Investor bedeuten und damit einen klaren Standortvorteil für die ansiedlungswillige Gemeinde.

Eine anspruchsvolle gemeindeweite planerische Steuerung des Einzelhandels beginnt für die Gemeinde mit dem Flächennutzungsplan. Dies betrifft sowohl großflächigen wie auch nicht großflächigen Einzelhandel; für diesen gewährleistet der Flächennutzungsplan eine zusammenhängende Steuerung im Sinne eines gemeindeweiten Einzelhandelskonzepts.

2.2 Gefahren der Vertragsplanung

Traditionelle Bauleitplanung ist Angebotsplanung[67] oder Vorratsplanung[68]. Bauleitplanung wird aber immer anspruchsvoller, zeitaufwendiger und teurer[69]. Heute werden Bebauungspläne oft erst aufgestellt, wenn zum Zeitpunkt des Aufstellungsbeschlusses der Baubeginn schon absehbar ist. Planung findet vielfach nur noch als Vertragsplanung statt, also eingebettet in einen städtebaulichen Vertrag[70], der zwar von Rechts wegen das Ob und Wie der Planung nicht regeln kann, sondern vor allem Kostenregelungen enthält. Gleichwohl übt der Investor erheblichen Einfluss aus: sowohl darauf, ob an einer bestimmten Stelle geplant wird, als auch, was an dieser Stelle geplant wird[71]. – Dieser Einfluss, gepaart mit der notwendigen Kurzfristigkeit der Planung und – mit beidem einhergehend – ihrer räumlichen Begrenztheit, nämlich meist nur auf das Vorhabengebiet selbst, begründet Planungsrisiken und verursacht Planungsfehler. Zusätzlich entsteht bei Vertragsplanung das Problem der Wettbewerbsverzerrung[72]. Umso größere Bedeutung kommt örtlichen

[67] BVerwG, NVwZ 1994, 275 (276); Krautzberger in: Battis/Krautzberger/Löhr, BauGB, Ktr., 9. Aufl. 2005, § 1 Rn. 10; grundlegend Schmidt-Aßmann; Grundfragen des Städtebaurechts, 1972.

[68] Rechtlich eingeschränkt ist dies nur, indem die Gemeinde den Bebauungsplan aufzustellen hat, „sobald und soweit es für die städtebauliche Entwicklung und Ordnung erforderlich ist", wie es in § 1 Abs. 3 S. 1 BauGB seit langem heißt. Dabei hat das Wörtchen „erforderlich" tatsächlich in den letzten zehn Jahren wohl einen deutlich gewandelten Bedeutungsgehalt bekommen, dazu Söfker in: Ernst/Zinkahn/Bielenberg/Krautzberger, BauGB, Loseblatt, Stand: September 2005, § 1 Rn. 30 f.

[69] Zum Planungsmanagement aus anwaltlicher Sicht Sparwasser, Anwaltsblatt 2005, S. 657 ff.; aus der Sicht kommunaler Entscheidungsträger ders., in: Guggemos/Thielen (Hrsg.), Bürgermeisterhandbuch, Loseblatt, Mai 2005, 7-2.2.

[70] Zur Problematik städtebaulicher Verträge vgl. Battis, ZfBR 1999, 240 ff.; Brohm, JZ 2000, 321 ff.; Erbguth, VerwArch 1998, 198 ff.; Kahl, DÖV 2000, 793 ff.; allgemein zur „Kooperationalisierung" Voßkuhle, Das Kompensationsprinzip, 1999, S. 54 ff.; zur Praxis städtebaulicher Verträge Oerder, BauR 1998, 22 ff.

[71] Kahl, DÖV 2000, 793 (794); kritisch dazu Löhr in: Battis/Krautzberger/Löhr, BauGB, Ktr., 9. Aufl. 2005, § 11 Rn. 2 („Ökonomisierung des Verwaltungsrechts"); Loomann, NJW 1996, 1439 ff. („Ausverkauf von Hoheitsrechten"); zur Gefahr für die kommunale Selbstverwaltung durch Verwaltungsprivatisierung allgemein Schoch, DVBl 1994, 962 (970). – Umfassend Mitschang, Steuerung der städtebaulichen Entwicklung durch Bauleitplanung, 2003, S. 454 ff. m. w. N.

[72] Dazu Spannowsky, UPR 1999, 241 (244).

Rahmenplänen und Entwicklungskonzepten zu und auch einer überörtlichen Gesamtplanung vom Flächennutzungs- zumindest bis zum Regionalplan. Hier werden Interessen besser ausgeglichen aufgrund sowohl der größeren Entfernung zum Geschehen als auch der im größeren Abwägungsrahmen notwendig größeren Ausgewogenheit.

2.3 Probleme der Bedarfsermittlung

Zu den Standardproblemen der planenden Gemeinde selbst, aber auch mit Nachbargemeinden und Raumordnung gehört, von welchem künftigen Bedarf an Flächen für großflächigen Einzelhandel ausgegangen werden soll. Manche Gemeinden beauftragen Marktforscher oder extrapolieren die tatsächlich beobachtete Entwicklung in der jüngeren Vergangenheit ganz einfach in die Zukunft. Manche erfragen schlicht die Expansionsabsichten der bereits angesiedelten Einzelhandelsbetriebe („Platzhirsche"). Es liegt auf der Hand, dass diese Befragung nur zu flächenmäßig eher zu hoch gegriffenen, nach der Zusammensetzung eher konservierenden Ergebnissen führen kann und methodisch unbefriedigend bleibt. Hier wird man auf ein Marktgutachten nicht verzichten können[73].

Es liegt in der Natur der Handelsentwicklung, dass diese nach Geschwindigkeit, Ausmaß und Richtung bestenfalls vage vorausgesagt, aber niemals genau vorausgesehen werden kann. Dies ergibt sich schon aus den bekannten Unsicherheiten von Konjunkturprognosen und wird durch eine kaum je vorhersehbare Abhängigkeit von der Entwicklung der jeweiligen Konkurrenz verstärkt. Eine zu geringe Bedarfsprognose beschränkt damit sonst bestehende Entwicklungsmöglichkeiten, während eine zu großzügige Vorhersage letztlich eine Steuerungswirkung zu entfalten nicht mehr in der Lage ist. In der Planungspraxis verlangen die Rechtsaufsichtsbehörden häufig zu geringe Flächengrenzen und engen die planenden Gemeinden, Investoren und Betreiber und damit die sonst mögliche Wirtschaftsentwicklung zu sehr ein. Erfahrungsgemäß werden sogar fein ziselierte Sortimentsbeschränkungen verlangt, die wirtschaftlichen Aufschwung behindern, die unternehmerische Freiheit unangemessen beschränken und im Ansiedlungsfall zu erneutem Abstimmungsbedarf und damit zu weiteren Verzögerungen führen. Als Gegenmittel kann den Gemeinden nur empfohlen werden, in ihren Planungen Flächenreserven vorzusehen, die nach unserer Erfahrung und Einschätzung ohne weiteres bis 20% des festgestellten Bedarfs erreichen dürfen, und Öffnungsklauseln aufzunehmen, die der Gemeinde im Anwendungsfall (Baugenehmigung, Bebauungsplanaufstellung) ermöglichen, aus wohl überlegten, im einzelnen darzulegenden Gründen über die Festsetzungen des Flächennutzungsplans hinauszugehen – ohne dass deshalb im Einzelfall eine Änderung des Flächennutzungsplans zu erfolgen braucht.

---

[73] Zu entsprechenden Forderungen in der Rspr. OVG Nordrhein-Westfalen, BauR 2006, 67 ff.; VGH Mannheim, NVwZ-RR 2002, 556 ff.

Die beschriebenen Konflikte sind nicht nur ärgerlich, weil sie Zeit kosten. Sie sind auch schadensersatzträchtig mit einer Reihe offener Fragen: Plant die Gemeinde zu großzügig Sortimente und Flächen und lehnt das Landratsamt deshalb die Genehmigung des Flächennutzungsplans ab, besitzt es dann als Baugenehmigungsbehörde eine Normverwerfungskompetenz hinsichtlich des aus dem nicht genehmigten Flächennutzungsplan und damit nicht eigentlich regelgerecht entwickelten Bebauungsplans[74]? Verneinendenfalls verletzt es seine Anwendungspflicht für den kritischen Bebauungsplan, lehnt die darauf gestützte Baugenehmigung zu Unrecht ab und macht sich gegenüber dem Bauantragsteller wegen Amtspflichtverletzung schadensersatzpflichtig, und zwar in Höhe des entgangenen Gewinns, der im Einzelfall beträchtliche Höhen erreichen kann. Der Frage kann hier nicht im einzelnen nachgegangen werden, sie hat den Verfasser schon mehrfach gutachterlich beschäftigt.

2.4 Rechtsschutzfragen

Im Hinblick auf den Flächennutzungsplan stellten sich eine Reihe von Rechtsschutzfragen: Hält eine betroffene Nachbargemeinde die Ausweisung von Flächen für großflächigen Einzelhandel in einem Flächennutzungsplan für zu großzügig, möchte sie ungern erst den aus diesem Flächennutzungsplans entwickelten Bebauungsplan abwarten, um Rechtsschutz zu fordern. Andererseits handelt es sich bei dem Flächennutzungsplan um keine Rechtsnorm im Sinne des § 47 Abs. 1 VwGO[75]. Eine Normenkontrollklage gegen den Flächennutzungsplan scheidet damit aus[76]. Denkbar erscheint immerhin eine Feststellungsklage nach § 43 VwGO, nämlich auf Feststellung der Rechtswidrigkeit des Flächennutzungsplans, weil er gegen raumordnerische Vorgaben zu Gunsten der klagenden Nachbargemeinde verstoße[77]: Das festzustellende Rechtsverhältnis (§ 43 Abs. 1 VwGO) ergibt sich aus dem raumordnerischen Verbund der beiden Gemeinden, das erforderliche Rechtsschutzinteresse aus § 2 Abs. 2 BauGB in Verbindung mit den einschlägigen raumordnerischen Festsetzungen.

---

[74] Ablehnend – insbesondere mit Rücksicht auf die durch Art. 28 Abs. 2 GG verfassungsrechtlich abgesicherte Planungshoheit der erlassenden Gemeinde – BVerwG, DVBl. 1987, 481 ff.; OVG Saarlouis, NVwZ 1990, 172 ff.; VGH München, BayVBl. 1982, 654. Hiergegen lässt sich anführen, dass die Nichtanwendung einer nichtigen Satzung nicht in die Planungshoheit der Gemeinde eingreift.

[75] BVerwGE 68, 311 ff.; Löhr in: Battis/Krautzberger/Löhr, BauGB, Ktr., 9. Aufl. 2005, § 5 Rn. 46.

[76] Auch wenn die Anerkennung von Normenkontrollklagen gegen Flächennutzungspläne aufgrund ihrer immer detaillierteren Festsetzungen mit unmittelbarer Drittwirkung wohl nur noch eine Frage der Zeit ist, vgl. zur Festsetzung von Konzentrations- bzw. Vorrangflächen Gerhardt/Bier, in: Schoch/Schmid-Aßmann/Pietzner, VwGO, § 47 Rn. 30 m. w. N.

[77] So schon OVG Lüneburg„ DVBl. 71, 322 ff.; vgl. ferner Löhr in: Battis/Krautzberger/Löhr, BauGB, Ktr., 9. Aufl. 2005, § 5 Rn. 46; Bielenberg/Söfker in Ernst/Zinkahn/Bielenberg/Krautzberger, BauGB, § 5 Rn. 9 m. w. N.

3. Steuerung durch Regionalplan

3.1 Ziele

Ähnlich wie auf der Ebene des Flächennutzungsplans spricht viel auch für eine Steuerung des Einzelhandels auf der Ebene des Regionalplans: Entsprechend dem räumlichen Umgriff ermöglicht er mehr noch als auf der Ebene des Flächennutzungsplans, der sich auf eine oder wenige Gemeinden beschränkt, eine gesamträumlich optimale Verteilung und gewährleistet so auch interkommunale Abstimmung, räumliche Koordination und schon durch seinen interkommunalen Abstimmungsbedarf auch auf der Zeitebene noch mehr Nachhaltigkeit und Langfristigkeit als schon ein Flächennutzungsplan.

Daher ist es zu begrüßen, dass sich jetzt zunehmend Regionalverbände des Themas annehmen und damit erstmals in größerem Umfang übergemeindliche Steuerungsaufgaben in Sachen Einzelhandel wahrnehmen, zugleich aber ihren Mitgliedsgemeinden die Mitbestimmungsmöglichkeiten einräumen und Freiheiten lassen, die auf der Ebene landesplanerischer Vorgaben gerade nicht mehr bestehen[78].

Der Regionalplan entfaltet seine Wirksamkeit durch Anpassungs- und Beachtenspflichten hinsichtlich der Ziele der Raumordnung nach § 4 ROG, die er im einzelnen ausformt und damit verbindlich macht. Er entfaltet eine viel höhere Steuerungskraft, als es der Landesentwicklungsplan aufgrund seines größeren räumlichen Maßstabs je leisten könnte. Auch wenn der Regionalplan nicht Ausfluss der kommunalen Planungshoheit ist[79], sondern ein Akt der Mitwirkung der Gemeinden und Landkreise an der Landesplanung[80], kommt ihm aufgrund dieser Mitwirkung doch eine sehr viel größere Akzeptanz zu als dem Landesentwicklungsplan, der vor allem der Ministerialbürokratie zugeschrieben wird. Der Regionalplan ist aber gerade aufgrund dieser kommunalen Mitwirkung auch sehr viel leistungsfähiger, bringen die Gemeinden doch in den Planungsprozess ihre eigenen Erfahrungen und Entwicklungsziele ein, die vor Ort und damit viel näher am Geschehen und am Planungsgegenstand entwickelt sind.

Die Pflicht zur Aufstellung von Regionalplänen ergibt sich schon aus § 9 Abs. 1 ROG und § 12 Abs. 1 S. 1 LPlG BW. Sie sollen die notwendig gröberen Vorgaben des Landesentwicklungsplans auf Regionalebene zwischen den planungsbetroffenen öffentlichen Stellen abstimmen und dabei ausdifferenzieren[81]. Anders

---

[78] Vgl. das Einzelhandelskonzept des Regionalverbands Schwarzwald-Baar-Heuberg (http://www.regionalverband-sbh.de); der Region München (http://www.region-muenchen.com) oder des Verbands Region Stuttgart (http://www.region-stuttgart.org).

[79] Vgl. Birk, NVwZ 1989, 905 ff.

[80] Allerdings nur in den Bundesländern, die die Regionalplanung auf von kommunalen Gebietskörperschaften getragene Verbände überantwortet haben; vgl. hierzu die Aufstellung bei Koch/Hendler, Baurecht, Raumordnungs- und Landesplanungsrecht, 4. Aufl. 2004, § 6 Rn. 6 ff.

[81] Der Einzelhandelserlass BW (Fn. 15), S. 1 gibt dazu vor: „Aufgabe der Raumordnung ist es, Fehlentwicklungen nach Maßgabe der Erfordernisse der Raumordnung entgegenzuwirken und

als bei vielen Städten und Gemeinden ist auf der Regionalplanebene für Einzelhandelskonzepte aber oft noch Fehlanzeige[82]. Zu sehr waren die Regionalverbände in den letzten Jahren wohl mit der neuen Pflichtaufgabe in Sachen Windkraft ausgelastet. Ziele der regionalen Steuerung sind aber auch die allgemeinen Ziele der Raumordnung und Landesplanung mit Bezug auf den Einzelhandel in seiner zentralen Entwicklungsfunktion und – im Rahmen des Erforderlichen – eine koordinierte Steuerung der dann auf Gemeindeebene in Bauleitpläne umzusetzenden Planungen.

3.2 Instrumentarien

Der Regionalplan wendet sich nicht an die Baugenehmigungsbehörden und auch nicht an den Eigentümer oder Antragsteller. Er besteht aus Grundsätzen und Zielen, am Rande gekennzeichnet mit „(G)" bzw. „(Z)". Grundsätze sind im Wege der Abwägung überwindbar, Ziele sind verbindlich, also keiner Abwägung zugänglich, § 1 Abs. 4 BauGB, § 4 Abs. 1 S. 1 ROG[83]. Dabei kommt es auf den materiellen Gehalt an, die Bezeichnung ist nur ein Indiz für die Absicht des Plangebers[84]. Der Regionalverband ist aber auf regional bedeutsame Vorhaben beschränkt und darf nur raumbedeutsame Vorhaben planen[85]. Bedenken gegen zu viel raumordnerischen Ehrgeiz und wohl auch planungspraktische Grenzen ergeben sich nicht zuletzt aus der Frage nach dem Steuerungsbedarf und der gemeindlichen Planungshoheit aus Art. 28 Abs. 2 GG.

In diesen Grenzen kann – ebenso wie eine Gemeinde – auch der Regionalverband festlegen, wo der großflächige Einzelhandel angesiedelt werden soll. Bspw. kann er als Ziel festlegen, „dass die Einrichtung von Verkaufsflächen innerhalb von Industrie- und Gewerbeflächen nur für die Selbstvermarktung der in diesen Gebieten produzierenden und weiterverarbeitenden Betriebe zulässig ist, wenn die Verkaufs-

Ansiedlungsvorhaben räumlich zu steuern. Dazu sind zunehmend regionale Entwicklungskonzepte und gebietsbezogene Festlegungen der Regionalplanung einzusetzen, die eine vorausschauende und koordinierte Entwicklung der Einzelhandelsstandorte ermöglichen."

[82] Diskutiert werden in der Literatur vereinzelt raumordnerische Verträge gem. § 13 S. 5 ROG, so etwa bei Paul, NVwZ 2004, 1033 (1037); Spannowsky, UPR 1999, 241 (245).

[83] Koch/Hendler, Baurecht, Raumordnungs- und Landesplanungsrecht, 4. Aufl. 2004, § 3 Rn. 21 ff.

[84] BVerwG, NVwZ 2004, 226. – Die Streitfrage, ob der Regionalverband verbindliche Ziele auch als „Soll"-Sätze formulieren darf und welches Maß an Verbindlichkeit ihnen dann zukommt, ist wohl dahingehend zu entscheiden, dass „Soll"-Sätze nur dann wirksame, also verbindliche Ziele i. S. d. § 3 Nr. 2 ROG sind, wenn ihnen die Voraussetzungen für Abweichungen zu entnehmen sind, also auch die Ausnahmefälle, die nicht der Zielbindung unterliegen sollen, räumlich und sachlich bestimmt oder jedenfalls bestimmbar sind, dazu jetzt OVG Münster, Urt. v. 6.6.2005, 10 D 145/04.NE, BauR 2005, 1577 ff. – CentrO Oberhausen, mit Anmerkung Hoppe, NVwZ 2005, 1141 ff. Dementsprechend sind solche Abweichungen dann aber auch zulässig, schränkt der Zielgeber die Bindungswirkung also selbst wirksam ein.

[85] Großzügig zu diesem Maßstab aber wohl VGH Kassel, NVwZ-RR 2006, 764 ff., Rn. 36.

fläche einen untergeordneten Teil der durch das Betriebsgebäude überbauten Fläche einnimmt." (sog. Verbot isolierten Einzelhandels)[86]. Darüber hinaus beschreibt er, wie groß ein neuer Einzelhandelsbetrieb werden darf. Damit wirkt er über die Anpassungs- und Beachtenspflicht gegenüber den planenden Gebietskörperschaften[87] und damit strukturierend, differenzierend und jedenfalls begrenzend für gemeindliche Flächennutzungs- und Bebauungspläne. Gegenüber dem System der zentralen Orte kann durch den Regionalplan also eine sehr viel genauere Steuerung erfolgen[88]. Regionale Entwicklungskonzepte und gebietsbezogene Festlegungen der Regionalplanung ermöglichen eine vorausschauende und koordinierte Entwicklung der Einzelhandelsstandorte. So ist zu gewährleisten, dass Einkaufsmagneten auch in Unter-, Mittel- und Oberzentren nur noch an regionalplanerisch besonders ausgewiesenen Standorten entstehen und innenstadtrelevante Sortimente nur noch in den Innenstädten verkauft werden dürfen.

Neben der Vorgabe dieser für die gemeindlichen Planungen beachtlichen Raumordnungsziele kann der Regionalverband verbandsangehörige Gemeinden zur Aufnahme oder Anpassung ihrer Planung verpflichten (§ 21 Abs. 1 LPlG BW; sog. Planungsgebot)[89]. Ferner kann er gegen raumordnungswidrige Vorhaben klagen, wobei sich seine Klagebefugnis aus § 22 Abs. 1 LPlG BW ergibt[90]. Die Klagebefugnis ist allerdings auf solche Verwaltungsakte beschränkt, die die Errichtung, Erweiterung oder wesentliche Nutzungsänderung eines Einkaufszentrums, eines großflächigen Einzelhandelsbetriebes oder eines sonstigen großflächigen Handelsbetriebes betreffen. Erfahrungsgemäß nutzen Regionalverbände darüber hinaus ihre Autorität in Sachen Raumordnung, um Widerstände einzelner Gemeinden gegen – wirklich oder vermeintlich – raumordnungswidrige Vorhaben zu bündeln. Raumordnungswidrige – und dazu zählen auch regionalplanwidrige – Vorhaben kann hingegen in Baden-Württemberg nur die höhere Raumordnungsbehörde – das Regierungspräsidium – untersagen (§ 20 Abs. 1 LPlG BW)[91].

---

[86] So der Regionalplan Mittelhessen 2001, dazu – bestätigend – VGH Kassel, NVwZ-RR 2006, 764 ff.

[87] § 1 Abs. 4 BauGB; dazu Krautzberger in: Battis/Krautzberger/Löhr, BauGB, Ktr., 9. Aufl. 2005, § 1 Rn. 32 ff.

[88] Skeptisch hierzu allerdings Spannowsky, UPR 1999, 241 (244).

[89] In Baden-Württemberg ist erstmals ein Planungsgebot bis zum VGH Mannheim durchgesetzt worden; vgl. VGH Mannheim, ZfBR 2006, 483 ff., VG Stuttgart, Beschluss vom 27.07.2005, Az.: 12 K 2082/05. § 21 Abs. 1 LplG ermächtigt danach nicht nur zum Erlass eines Planungsgebots, sondern berechtigt den Träger der Regionalplanung auch, die Gemeinde zu planerischen Sicherungsmitteln i. S. d. §§ 14 f. BauGB zu verpflichten.

[90] Vgl. VG Stuttgart, BWGZ 1998, 312 f.; vgl. ferner LT-Drs. 12/5877, S. 17 f.

[91] Vgl. jedoch beispielsweise § 11 Abs. 1 LPlG LSA (Untersagung durch die zuständige Landesplanungsbehörde oder regionale Planungsgemeinschaft im Benehmen mit dem für die Planung oder Maßnahme fachlich zuständigen Ministerium); s. hierzu OVG Sachsen-Anhalt, Beschluss vom 17.10.2003, Az.: 2 M 466/03; zu den Zuständigkeiten s. Schmitz, in: Bielenberg/Runkel/Spannowsky, Raumordnungs- und Landesplanungsrecht des Bundes und der Länder, Stand: Januar 2006, § 12 ROG Rn. 79 ff.

a) Inkurs 1: Selbstverpflichtung einer Gemeinde?

Daran anknüpfend stellt sich die Frage, ob in Umkehr des Planungsgebots die verbandsangehörigen Gemeinden sich selbst gegenüber den Raumordnungsbehörden, dem Regionalverband oder letztlich sogar gegenüber Nachbargemeinden verpflichten können, bestimmte raumordnerische Grenzen einzuhalten[92].

In seinem Urteil vom 18.12.2005 vertritt das Bundesverwaltungsgericht die Auffassung, § 1 Abs. 3 S. 2 BauGB verbiete es der Gemeinde nicht nur gegenüber einem privaten Dritten, sondern auch gegenüber anderen Gebietskörperschaften, sich zur Aufstellung oder Nichtaufstellung eines Bebauungsplans zu verpflichten[93]. Vereinzelt wird daraus abgeleitet, eine Gemeinde könne deshalb raumordnerische Absprachen überhaupt nicht treffen.

Diese Auffassung verkennt jedoch, dass eine Gemeinde gleichwohl etwa in einem Regionalverband an raumordnerischen Restriktionen durch die Festlegung der Ziele der Raumordnung mitwirken kann. Diese sind dann von ihr in einem nachfolgenden Bebauungsplanaufstellungsverfahren zu beachten. Eine Bindung gegenüber der Raumordnungsbehörde oder dem Regionalverband ist daher grundsätzlich möglich. Dann aber sollte es auch außerhalb solcher Verfahren jedenfalls gegenüber den genannten Behörden möglich sein, entsprechende Bindungen einzugehen.

In Hinblick auf deren Beteiligung am Regionalverband müsste dies sogar gegenüber Nachbargemeinden möglich sein. – Im Einzelfall ist dann allerdings die schwierige Abgrenzungsfrage zu klären, ob sich die Gemeinde unzulässigerweise zur Unterlassung einer Planung oder zu einer bestimmten Planung verpflichtet oder zulässigerweise raumordnerische Fragen im Sinne einer Konkretisierung der zu beachtenden Ziele mit einer Nachbargemeinde einvernehmlich, aber auch verbindlich abstimmt.

b) Inkurs 2: Agglomeration kraft Regionalplan?

Auf die neue Rechtsprechung zur Agglomeration reagierte der Verband Region Stuttgart mit seinem Entwurf für die weitere Fortschreibung vom 31.7.2006 mit dem Plansatz 2.7.11: „Agglomerationen von Einzelhandelbetrieben sind in den Ortskernen aller Gemeinden zulässig. Wird ein Bauleitplan aufgestellt oder geändert, dessen Geltungsbereich den Ortskern ganz oder teilweise erfasst, so darf die hiernach zulässige Agglomeration von Einzelhandelsbetrieben keine schädlichen, überörtlichen Wirkungen entfallen, insbesondere auf die zentralörtlichen Ver-

[92] Ablehnend Hoppe, NVwZ 2006, 1345, der den Versuch der nordrhein-westfälische Landesplanung, die mit Einzelhandelsgroßvorhaben verbundenen Auswirkungen bei der Planung solcher Vorhaben durch raumordnungsrechtliche Verträge, gekoppelt mit durch Baulasten geregelten Verkaufsflächenbegrenzungen, einzuführen als rechtlich völlig misslungen bezeichnet.
[93] BVerwG, NVwZ 2006, 458 ff.

sorgungskerne, die wohnortnahe Versorgung der Bevölkerung anderer Gemeinden oder deren Ortskerne. Ansonsten gelten für Agglomerationen von Einzelhandelsbetrieben die Plansätze 2.7.2 (Z) bis 2.7.8 (Z) entsprechend. – Eine Agglomeration von Einzelhandelsbetrieben entsteht, wenn räumlich nahe beieinander liegend mehrere Einzelhandelsbetriebe errichtet werden, zu einem bestehenden Einzelhandelsbetrieb ein oder mehrere neue Einzelhandelsbetriebe hinzu treten oder bestehende Einzelhandelsbetriebe erweitert oder umgenutzt werden, so dass die Summe der Verkaufsflächen der räumlich nahe beieinander liegenden Einzelhandelsbetriebe größer als 800 m^2 oder die der Geschossfläche größer als 1.200 m^2 ist. Räumlich nahe beieinander liegen Einzelhandelsbetriebe, wenn die Luftlinie zwischen den Gebäudezugängen nicht länger als 150 m ist.", (H. v. Verf.).

Hierzu liegen gerichtliche Entscheidungen bislang schon deshalb nicht vor, weil die Fortschreibung sich noch im Verfahren befindet und wohl frühestens im Sommer 2007 in Kraft treten soll. Dies wirft Fragen auf: Darf der Regionalverband „Einzelhandelsgroßprojekte" eigenständig definieren und regeln? Insbesondere: Ist der Maßstab der Entfernung der Eingangs-Türen von 150 m ein taugliches Kriterium zur Bestimmung des Vorliegens eines Einzelhandelsgroßprojekts?

aa) Rechtsgrundlage

Die einzelnen im Regionalplan zulässigen Festlegungen werden in § 11 Abs. 3 S. 2 Ziff. 1 - 11 aufgezählt (dazu unten dd)). Außerdem haben sämtliche Festsetzungen des Regionalplans selbstverständlich höherrangiges Recht – darunter hier insbesondere Bestimmtheitsgebot und Verhältnismäßigkeitsgrundsatz – zu beachten (dazu unten ee)).

bb) Regionalbedeutsamkeit

Entsprechend der Regelungsebene darf ein Regionalplan nur regeln, was auch tatsächlich regionalbedeutsam ist, vgl. § 11 Abs. 3 LPlG BW. Ähnlich wie im Verhältnis zwischen Flächennutzungsplan und Bebauungsplan soll dies gewährleisten, dass auf jeder Ebene nur der ihr jeweils zukommende Detaillierungsspielraum genutzt wird und der nachfolgenden Planungsebene hinreichende eigene Ausgestaltungsspielräume verbleiben. So sind dem Flächennutzungsplan zu sehr ins Einzelne gehende Festsetzungen zur Zulässigkeit der Art der baulichen Nutzung verwehrt, wie sie der Bebauungsplan bspw. nach § 1 Abs. 5 und 1 Abs. 9 BauNVO treffen kann (Beispiel: horizontale Gliederung von Nutzungsarten im Mischgebiet).

Im Verhältnis der Regionalplanung zu den Planungsebenen des Flächennutzungs- und des Bebauungsplans ist zusätzlich zu beachten, dass diese bzw. die auf ihr wahrzunehmenden Planungsspielräume durch die kommunale Planungshoheit nach

Art. 28 Abs. 2 GG gesichert sind, ein Konkurrenzverhältnis, das sich zwischen Flächennutzungsplan und Bebauungsplan in der Regel nicht stellt. Der Regionalplan muss daher noch sehr viel mehr rechtfertigen, wenn er auf die kommunale Planungsebene durchgreift, weil er dementsprechend die gemeindliche Planungshoheit beschränkt. Vor diesem Hintergrund ist auszulegen, was als regionalbedeutsam anzusehen und damit dem Zugriffsrecht der Regionalplanung grundsätzlich ausgesetzt ist – und was eben nicht.

Grundsätzlich wird man als regionalbedeutsam anzusehen haben, was überörtliche, also gemeindeübergreifende Auswirkungen hat. Ein Vorhaben, dessen Auswirkungen sich ausschließlich auf das Gebiet der betroffenen Gemeinde beschränken, erscheint von vornherein nicht regional bedeutsam. Umgekehrt ist die Frage, ob jede überörtliche Auswirkung, bspw. nur auf die nächstgelegene Nachbargemeinde, damit schon regional bedeutsam erscheint. Die Frage ist im Ergebnis wohl zu bejahen, weil es gerade der Regionalebene überantwortet ist, gemeindeübergreifende Steuerungen vorzusehen. Die Regionalplanung auf solche Vorhaben zu beschränken, die tatsächlich die gesamte Region betreffen, würde dementsprechend das Instrumentarium der Regionalplanung dramatisch entwerten und ist so sicher nicht gewollt.

Daher wird man zu differenzieren haben: Man darf bezweifeln, ob jeder großflächige Einzelhandel, also jedes Einzelhandelsvorhaben ab 800 m^2, bereits gemeindeübergreifend wirkt und damit regional bedeutsam ist. Jedenfalls dann aber, wenn übergemeindliche Auswirkungen nicht auszuschließen sind, ist auch die Regionalbedeutsamkeit zu bejahen.

Im Ergebnis sind daher Betriebe des großflächigen Einzelhandels dem regionalplanerischen Zugriff ausgesetzt, soweit nicht im Einzelfall überörtliche Auswirkungen auszuschließen sind.

Die Frage ist eigenständig zu beantworten für Einzelhandelsgroßprojekte. Hier ist es gerade die Zielsetzung einer entsprechenden Regelung, nach Aufgabe des allzu weit gefassten Agglomerationsbegriffs in der Rechtsprechung[94] auch der Ballung von Einzelhandelsbetrieben durch Addition ihrer Verkaufsflächen entgegenzuwirken bzw. diese planerisch zu steuern. Unter dem Gesichtspunkt der Regionalbedeutsamkeit stellt sich insoweit aber auch wieder nur die Frage, ob hier überörtliche Auswirkungen entstehen.

Dies ist in den vergangenen Monaten Gegenstand heftiger Auseinandersetzungen gewesen und inzwischen auch durchaus eingehend untersucht. Unter anderem vertritt die Akademie für Raumforschung und Landesplanung (ARL)[95], die Kombina-

[94] VGH BW, Urt. vom 22.9.2005, BauR 2006, 489; BVerwGE 124, 376 ff.; Vorinstanz OVG Frankfurt, Urt. 3.11.2004, 3 A 471/01.
[95] Positionspapier aus der ARL Nr. 67, Großflächiger Einzelhandel als Herausforderung, Hannover 2006.

tion von Lebensmittel- oder Fachmärkten untereinander bzw. mit anderen Fachmärkten oder Lebensmittelmärkten wirkten auf die Kunden häufig wie großflächige Einkaufszentren. Dabei entfalteten gerade Agglomerationen massive Auswirkungen auf die bestehenden Versorgungsstrukturen und die innerörtliche Einzelhandelssituation, weil damit die Ankerfunktion für den übrigen Einzelhandel und die Kerne der Ortslagen ausgehöhlt würden[96].

Im Ergebnis kann die Raumbedeutsamkeit von Einzelhandelsgroßprojekten im Sinne eines Verbunds für sich jeweils nicht großflächiger Einzelhandelsbetriebe grundsätzlich nicht bestritten werden. Vielmehr ist es eine Frage der – vom Regionalplan selbst zu leistenden – Begriffsbestimmung, dass nur solche Vorhaben erfasst werden, die auch tatsächlich übergemeindliche Auswirkungen haben. Dies ist und bleibt in der Tat Zulässigkeitsvoraussetzung für den raumplanerischen Zugriff[97].

cc) Festsetzungskatalog des § 11 Abs. 3 S. 2 LPlG BW

Für die vorliegend zu begutachtende Frage der Festsetzungsmöglichkeit von Einzelhandelsgroßprojekten bestimmt § 11 Abs. 3 S. 2 LPlG BW, im Regionalplan seien festzulegen „5. [...], insbesondere Standorte für Einkaufszentren, großflächige Einzelhandelsbetriebe und sonstige großflächige Handelsbetriebe.“ Aus der ausdrücklichen Erwähnung von Einkaufszentren und großflächigen Einzelhandelsbetrieben in § 11 Abs. 3 S. 2 Ziff. 5 LPlG BW könnte gefolgert werden, die Begriffe lehnten sich an die BauNVO an (vgl. § 11 Abs. 3 BauNVO) und auch der Regionalplan könne nur diese Kategorien verwenden.

Dagegen spricht aber schon das „insbesondere“ im Gesetzestext. Zwar könnte man argumentieren, neben Einkaufszentren, großflächigen Einzelhandelsbetrieben und sonstigen großflächigen Handelsbetrieben seien andere ähnliche Kategoriebildungen ausgeschlossen. Andererseits ist festzustellen, dass „insbesondere“ auf die Zulässigkeit anderer Festsetzungsmöglichkeiten ausdrücklich hinweist. Die begriffliche Anleihe in der BauNVO erscheint damit nicht als abschließend. Hinzu kommt die staatsrechtliche Erwägung, dass die BauNVO schon nach der Kompetenzordnung des Grundgesetzes nicht dazu bestimmt ist, die Spielräume der der Gesetzgebungskompetenz des Landes unterliegenden Landesplanung einzuschränken.

Im Ergebnis steht der Katalog des § 11 Abs. 3 S. 2 Ziff. 5 LPlG BW einer eigenen Kategorienbildung mit dem Ergebnis einer Festsetzung eines Typus „Einzel-

[96] ARL, Nr. 67, S. 4 und passim.
[97] Sehr großzügig zur Regionalbedeutsamkeit VGH Kassel zum Regionalplan Hessen VGH Kassel, Urt. V. 13.10.2005, Az. 4 UE 3311/03, NVwZ-RR 2006, 764.

handelsgroßvorhaben" mit dem Ziel entsprechender Steuerung daher nicht entgegen.

dd) Bestimmtheitsanforderungen

Eine Pflicht der Gemeinde, ihre Bebauungspläne an die Ziele der Raumordnung anzupassen, besteht nur insoweit, als diese Ziele hinreichend bestimmt oder aber wenigstens bestimmbar sind. Die Gemeinde muss allein aus der Zielfestlegung oder in Zusammenschau mit anderen Festlegungen, hierunter fallen naturräumliche Gegebenheiten oder anerkannte Standards, erkennen können, welche Handlungsanweisungen sie zu befolgen hat. Dabei ist es unschädlich, wenn abstrakte Rechtsbegriffe verwendet werden oder wenn für die Gemeinden Handlungsalternativen bestehen, sofern sie durch Auslegung den abgesteckten Handlungsrahmen ermitteln können. Bei Sollzielen und Regel/Ausnahmefeststellungen ist die Bestimmtheit gewahrt, wenn die auf den Grundtatbestand des Ziels bezogenen Ausnahmetatbestände abschließend aufgezählt sind. Liegen nur beispielhafte Aufzählungen vor oder werden vom Plangeber abstrakte Rechtsbegriffe verwendet, um den Ausnahmefall zu beschreiben, ist es notwendig, dass die Gemeinde im Wege der Auslegung eindeutig ermitteln kann, ob ein Sachverhalt unter den Ausnahmetatbestand fällt oder nicht[98].

Das VG Stuttgart hatte sich mit der Bestimmtheit des Regionalplans des Verbandes Region Stuttgart zu befassen[99]. Danach kann zu den Bestimmtheitsanforderungen zusammengefasst werden: Ein Regionalplan genügt den Bestimmtheitsanforderungen, wenn er entweder Begriffe verwendet, die bereits durch Rechtsprechung und Rechtswissenschaft hinreichend Konturen erhalten haben oder wenn er die von ihm verwendeten Begriffe in der Begründung eindeutig definiert. Würde also in einem Regionalplan der Begriff der „Agglomeration" verwendet werden und wie im Entwurf der Teilfortschreibung des Regionalplans der Region Stuttgart in Plansatz 2.7.11 hinreichend präzise definiert, wäre dies hiernach ausreichend bestimmt.

Nun ist der Begriff des Einzelhandelsgroßvorhabens gerade keine Kategorie der BauNVO (siehe oben) und auch durch die Rechtsprechung bislang noch nicht ausgeformt. Wenn aber der Regionalplan selbst eine hinreichend klare Begriffsbestimmung enthält, wie dies jedenfalls im Verband Region Stuttgart offensichtlich vorgesehen ist, bestehen unter dem Gesichtspunkt des Bestimmtheitsgebots keine durchgreifenden Bedenken: Einzelhandelsvorhaben mit einer Verkaufsfläche von zusammengefasst über 800 m^2 bei einer Entfernung der für die Kunden benutzbaren Eingangstür von unter 150 m ist sehr viel klarer als viele andere Bestimmungen, die in Bebauungsplänen getroffen werden und von der Recht-

---

98 Kment, DVBl. 2006, 1336 (1344 f.).

99 VG Stuttgart, Urt. v. 27.07.2005, a. a. O.

sprechung bislang nicht beanstandet wurden, man denke nur an die frühere Rechtsprechung zum Agglomerationsbegriff.

ee) Planungshoheit und Übermaßverbot

Gemeinden sind nach § 1 Abs. 4 BauGB verpflichtet, ihre Bebauungspläne an die Ziele der Raumordnung anzupassen. Die dort getroffenen Festlegungen sind zu beachten. Dadurch wird in die Planungshoheit der Gemeinden eingegriffen, die zu dem durch Art. 28 Abs. 2 GG gewährleisteten gemeindlichen Selbstverwaltungsrecht gehört. Das Recht, alle Angelegenheiten der örtlichen Gemeinschaft in eigener Verantwortung zu regeln, steht den Gemeinden jedoch nur „im Rahmen der Gesetze" zu. Seine nähere Ausgestaltung ist daher dem Gesetzgeber überlassen. Gesetzlichen Eingriffen sind allerdings Grenzen gesetzt: Sie dürften den Kernbereich der Selbstverwaltungsgarantie nicht antasten und haben außerhalb des Kernbereichs den Grundsatz der Verhältnismäßigkeit sowie das Willkürverbot zu beachten[100]. Art. 28 Abs. 2 S. 1 GG schützt den Wirkungskreis der Gemeinden in ihrem Kernbereich aber nur institutionell und nicht individuell. Der Kernbereich der Selbstverwaltungsgarantie ist daher nicht verletzt, wenn ein Gesetz nur zu Einschränkungen der Planungshoheit einzelner Gemeinden ermächtigt[101].

Wird durch einen Regionalplan die Zulässigkeit von Einzelhandelsgroßprojekten für einzelne Gemeindetypen ausgeschlossen, so ist der Kernbereich der gemeindlichen Selbstverwaltung nach herrschender Meinung nicht verletzt. Derartige Regelungen sind mit der gemeindlichen Planungshoheit vereinbar. Allerdings müssen die Regelungen verhältnismäßig sein, was der Fall ist, wenn die Eingriffe in die gemeindliche Planungshoheit durch überörtliche Interessen von höherem Gewicht gerechtfertigt sind[102].

Durch die Begrenzung von Einzelhandelsgroßprojekten soll die Gefährdung der Grundversorgung in immer mehr – insbesondere kleinen – Kommunen verhindert werden. Dies ist ein Belang von überörtlichem Interesse und hohem Gewicht. Werden zudem Ausnahmen für nicht regional bedeutsame Vorhaben vorgesehen, ist der Grundsatz der Verhältnismäßigkeit grundsätzlich gewahrt.

Bedenken ergeben sich vorliegend hinsichtlich der Entfernungsklausel: Die Zusammenrechnung der Verkaufsflächen soll dann erfolgen, wenn die Eingangstüren nicht mehr als 150 m voneinander getrennt sind. Dies ist auf Forderung der Gemeinden und Baurechtsämter entstanden, die gerade für den bekanntlich heiß umkämpften Bereich der Einzelhandelszulassung im Interesse der Verfahrensbeschleunigung und der Rechtssicherheit klare Vorgaben fordern. Dies ist mit der

---

[100] VGH BW, Urt. v. 19.12.2000, 8 S 2477/99, VBlBW 2001, 266.
[101] VGH BW, Urt. v. 19.12.2000, a. a. O.
[102] VGH BW, Urt. v. 19.12.2000, a. a. O.

Entfernungsklausel grundsätzlich auch gelungen, und auch dem Bestimmtheitsgebot ist damit genügt.

Fraglich erscheint aber, ob dieser Maßstab allein nicht gegen das Übermaßverbot verstößt. Dies ist immer dann nicht nur denkbar, sondern geradezu zwingend, wenn die Eingangsbereiche zwar weniger als 150 m auseinander liegen, die die Raumbedeutsamkeit erst begründende Attraktivität des Zusammenwirkens der mehreren einzelnen Geschäfte aber aus anderen Gründen entfällt, etwa der entgegen dem Regelfall ausnahmsweise nicht bestehenden fußläufigen Erreichbarkeit von einem gemeinsam zu benutzenden Parkplatz aus. Man denke an jegliche Art von Geländehindernissen wie Flussläufe und Böschungen, aber auch Verkehrswege, die nicht nur verbindend, sondern auch trennend wirken können. Dies ist insbesondere der Fall bei stark befahrenen Straßen ohne entsprechende Überquerungshilfen. Außerdem wird man aus den gleichen Gründen richtigerweise nicht auf Eingangstüren, sondern nur auf von Kunden zu benutzende Eingangstüren abzustellen haben.

Zwar darf der Regionalplan für atypische Einzelfälle grundsätzlich auf die Möglichkeit eines Zielabweichungsverfahrens (dazu unten) verweisen. Dies ist aber regelmäßig mit Verzögerungen und Rechtsunsicherheiten verbunden. Es ist dem Planadressaten daher nicht zuzumuten, wenn die Möglichkeit generalisierender Regelung schon auf der Planungsebene, hier: des Regionalplans, besteht.

Im Ergebnis ist daher das Entfernungskriterium (150 m) grundsätzlich geeignet und erscheint auch verhältnismäßig, muss dann aber ausdrücklich auf die Kundenzugänglichkeit beschränkt und um eine Ausnahmeklausel für Trennungssituationen schon auf der Planungsebene selbst ergänzt werden, um nicht am Übermaßverbot zu scheitern.

Es ist zu erwarten, dass andere Regionalverbände dem Beispiel Stuttgarts folgen, wenn nicht der VO-Geber der BauNVO selbst eingreift. Es ist aber auch zu hoffen, dass sie nicht das Kind mit dem Bad ausschütten, sondern die für den Rechtsanwender erforderliche Klarheit mit der hier grundsätzlich geforderten Großzügigkeit verbinden – der Stuttgarter Rahmen erscheint hierfür als zu eng.

3.3 Herausforderungen und Lösungsansätze

Die Planungshoheit und jeweilige zentralörtliche Stellung einer Gemeinde ist in der Regionalplanung im Rahmen des Abwägungsgebotes zu berücksichtigen. Dies setzt eine regionsweite Bedarfsermittlung und -verteilung als Baustein des Abwägungsgebotes voraus. Die Gemeinde hat ein subjektiv-öffentliches Recht auf fehlerfreie Abwägung[103].

In jeder Steuerung steckt auch ein Stück Beschränkung, und wie jede Steuerung birgt auch ein Einzelhandelskonzept auf Regionalplanebene die Gefahr von Fehlsteuerungen. Besonders problematisch erscheint, dass hier die Planung noch weiter von ihrer Anwendung und von ihren Auswirkungen entfernt ist als bei der Bauleitplanung. Wird an den positiv geplanten Standorten die Ansiedlungs- und Erweiterungschance nicht wahrgenommen, sei es aus Desinteresse der örtlichen Gremien oder Verwaltung, der Eigentümer oder Investoren, wirkt trotzdem die mit der Ausweisung dieses Standorts einhergehende Beschränkung an anderen Standorten. – Auch auf Regionalverbandsebene darf daher nicht nur der Bedarf geplant werden, sondern muss ein Angebotsüberhang die auch für den Einzelhandel erforderlichen Entwicklungsfreiräume gewährleisten, um unvorhergesehenen Entwicklungen und dem Ausfall anderer Standorte Rechnung zu tragen.

Im Verhältnis zum Landesentwicklungsplan mit seinem Zentrale-Orte-Konzept kann sich der Regionalplan nicht nur innerhalb dieser Grenzen entfalten und also die Vorgaben weiter ausdifferenzieren, sondern als Ergebnis einer umfassenden und ortsnäheren Abwägung auch zu abweichenden Zielbestimmungen kommen. Erst recht bei vertraglicher Absicherung solcher Abweichungen zwischen den betroffenen Planungsträgern und natürlich immer nur aufgrund einer sachgerechten Abwägung der betroffenen Belange sollten auch eigenständige Lösungen möglich sein. So kann auch der oben berichteten Kritik am Zentrale-Orte-Konzept wirksam begegnet, eine ortsnahe Planung ermöglicht und das gerade bei der Betroffenheit der gemeindlichen Planungshoheit besonders ins Gewicht fallende Demokratiedefizit ausgeglichen werden.

Wer die Arbeit von Regionalversammlungen kennt, beklagt die Oberflächlichkeit mancher Erörterungen, den Einfluss der politischen Parteien, die nur indirekte Legitimation über die Wahl aus dem Kreistag und die geringe Beteiligung der Öffentlichkeit[104]. Viel hängt an der Qualität der vorbereitenden Arbeit der Regionalverwaltung und an der Qualität ihrer Öffentlichkeitsarbeit. Dieser wiederum kommt zugute, wenn die Bevölkerung merkt, dass es um etwas geht; Einzelhandelsstandorte sind mindestens so wichtig wie Windkraftstandorte, und dies lässt sich auch der Öffentlichkeit vermitteln.

---

[103] Vgl. § 3 Abs. 2 LPlG BW: „Bei der Aufstellung, Fortschreibung und Änderung (...) der Regionalpläne sind die Grundsätze der Raumordnung gegeneinander und untereinander abzuwägen. Sonstige öffentliche Belange sowie private Belange sind in der Abwägung zu berücksichtigen, soweit sie auf der jeweiligen Planungsebene erkennbar und von Bedeutung sind, auf der Ebene der Regionalplanung insbesondere die Flächennutzungspläne und die Ergebnisse der von den Gemeinden beschlossenen sonstigen städtebaulichen Planungen." Zur Effektivität der Beteiligung von Gemeinden an der Festsetzung von Vorrangflächen in Regionalplänen VGH München, BayVBl 1996, 81 ff.

[104] Dass es auch anders laufen kann, haben aber manche Regionalverbände am Beispiel der Windkraft vorgeführt.

Ortsnahe, aktuelle, demokratisch abgestimmte Planungen des Regionalverbands lassen sich auch leichter umsetzen als abstrakte Ziele der Raumordnung im Landesplanungsgesetz. Ihnen wohnt höhere Überzeugungskraft inne und trotz verbleibender Defizite mehr demokratische Legitimation. Dies erhöht den Druck auf die anpassungsverpflichteten Gemeinden und erleichtert im Ausnahmefall sogar die zwangsweise Durchsetzung einer Planungs- oder Planänderungspflicht. Die Raumordnung als Planungsinstrument gewinnt daher durch stärkere Gestaltung auf der Ebene der Regionalverbände.

4. Einzelhandel und Raumordnung

Das Prinzip der Positiv-Zulassung durch Sondergebietsausweisung wird auf der darüber liegenden Ebene der Raumordnung ergänzt: Die SO-Ausweisung darf den Zielen der Raumordnung nicht widersprechen, § 1 Abs. 4 BauGB[105]. Die raumordnungsrechtliche Zulässigkeit eines großflächigen Einzelhandelsvorhabens richtet sich nach den Zielen und Grundsätzen der Raumordnung[106], wie sie bspw. für Baden-Württemberg[107] im Landesentwicklungsplan 2002 und in den einzelnen Regionalplänen der elf in BW bestehenden Regionalverbände festgelegt sind und durch den als Verwaltungsvorschrift nur verwaltungsintern wirkenden, gleichwohl gesetzesgleich angewandten[108] Einzelhandelserlass (vom 21.2.2001[109]) näher ausgeführt werden.

Danach gelten drei Hauptprinzipien für die Zulässigkeit großflächiger Einzelhandelsbetriebe und sonstiger großflächiger Handelsbetriebe für Endverbraucher:

- Sie sollen nur an solchen Standorten ausgewiesen, errichtet oder erweitert werden, wo sie sich nach Größe und Einzugsbereich in das zentralörtliche Versorgungssystem einfügen (Kongruenzgebot)[110].

[105] Zur Anpassungspflicht der Gemeinden BVerwGE 90, 329 ff. (rechtliche Bindung, aber Gemeinde behält Spielräume für eigene planerische Aktivitäten).

[106] Stüer, Handbuch des Bau- und Fachplanungsrechts, Rn. 157 ff.; Hoppe/Bönker/Grotefels, Öffentliches Baurecht, § 3 Rn. 46 ff.; Paul, NVwZ 2004, 1033 (1036); Schulte, NVwZ 1999, 942 ff.

[107] Einen aktuellen Überblick über die Regelungen aller Bundesländer gibt El Bureiasi (Fn. 4), S. 105 ff. m. w. N.

[108] Richtigerweise handelt es sich um eine Auslegungshilfe für planungsrechtliche Normen für den verwaltungsinternen Gebrauch, vgl. VG Münster, NWVBl. 2002, 72 (73).

[109] Verwaltungsvorschrift des Wirtschaftsministeriums Baden-Württemberg v. 21.2.2001, GABl. S. 290, www.wm.baden-wuerttemberg.de.

[110] Einzelhandelserlass BW (Fn. 15), S. 12; dazu auch Fickert/Fieseler, BauNVO, § 11 Rn. 22.1; Schmitz, in: Bielenberg/Runkel/Spannowsky, Raumordnungs- und Landesplanungsrecht des Bundes und der Länder, Stand: Januar 2006, § 11 ROG Rn. 15 ff. m. w. N.

- Sie dürfen weder durch ihre Lage oder Größe noch durch ihre Folgewirkungen das städtebauliche Gefüge, die Funktionsfähigkeit des zentralörtlichen Versorgungskerns[111] sowie die verbrauchernahe Versorgung der Bevölkerung im Einzugsbereich des Vorhabens beeinträchtigen (Beeinträchtigungsverbot)[112].
- Zumindest Einzelhandelsgroßbetriebe müssen Siedlungsschwerpunkten zugeordnet sein, um eine integrierte Ansiedlung innerhalb innerstädtischer Zentren oder Nebenzentren zu gewährleisten (Integrationsgebot)[113].

4.1 Konzept der zentralen Orte und Kongruenzgebot

Das Zentrale-Orte-Konzept oder zentralörtliche Gliederungsprinzip[114] entstand als deskriptives Modell schon in den 30er Jahren und wurde in den 60er Jahren im Raumordnungsgesetz des Bundes und in den verschiedenen Landesplanungsgesetzen der Länder planungsrechtlich verbindlich gemacht. Vom so genannten Eigenentwickler über das Klein-, Unter- und Mittelzentrum bis zum Oberzentrum sind alle Orte eines Landes eingeteilt und ihre Entwicklungschancen dementsprechend rechtlich beschnitten bzw. geschützt.

Großflächiger Einzelhandel wurde bspw. in Baden-Württemberg nach dem zit. Einzelhandelserlass grundsätzlich nur noch Orten mit zentralörtlicher Funktion zugestanden, bestimmte Formen wie Factory Outlet Center sogar nur Oberzentren. Ziel und Maßstab für die Raumverträglichkeit eines großflächigen Einzelhandelsvorhabens ist danach die Erhaltung ausreichender Versorgungsstrukturen und funktionsfähiger Zentren in Städten und Gemeinden[115].

Das Zentrale-Orte-Konzept wird inzwischen zum Teil heftig kritisiert[116]. Es sei längst überholt, zu starr, wenig wirksam und dringend überarbeitungsbedürftig[117].

---

[111] Darunter sind „gewachsene Stadt- und Ortskerne“ zu verstehen.

[112] Einzelhandelserlass BW (Fn. 15), S. 13 f., dazu auch Moench in: FS Hoppe, 2000, S. 459 (466 ff.); Fickert/Fieseler, BauNVO, § 11 Rn. 22.2.; Schmitz, in: Bielenberg/Runkel/Spannowsky, Raumordnungs- und Landesplanungsrecht des Bundes und der Länder, Stand: Januar 2006, § 11 ROG Rn. 19 f. m. w. N.

[113] Was auch ein Ziel der Raumordnung darstellt, BVerwG, NVwZ 2004, 220 (224 f.).

[114] Dazu Wahl, Rechtsfragen der Landesplanung und Landesentwicklung, Band II: Die Konzepte zur Siedlungsstruktur in den Plansystemen den Länder, 1978, S. 12; siehe auch; El Bureiasi (Fn. 4), S. 31 ff. m. w. N.; zum Zentrale-Orte-Konzept als „normatives Planungsmodell“ vgl. Peine, Öffentliches Baurecht, 4. Aufl. 2003, Rn. 151; Erbguth/Schoenenberg, Raumordnungs- und Landesplanungsrecht, 2. Aufl. 1992, Rn. 15 f.

[115] Moench in: FS Hoppe, 2000, S. 459 (465 ff.); Paul, NVwZ 2004, 1033 (1036): Ziel ist u. a. die Privilegierung der Innenstädte.

[116] Zum strittigen Inhalt des Kongruenzgebots vgl. Paul, NVwZ 2004, 1033 (1036); kritisch auch Hoppe, DVBl 2000, 293 ff., sowie 2004, 282 ff.; offen gelassen in BVerwG, NVwZ 2004, 220 (224).

Manche halten es wegen übermäßiger Einschränkung der kommunalen Planungshoheit gar für verfassungswidrig[118]. Es ist sicher kein Zufall, dass sich diese Kritik vor allem in Nordrhein-Westfalen entwickelt hat, also einem Land mit großen Strukturproblemen und entsprechendem Veränderungsdruck, der sich durch das starre Konzept nur behindert sehen konnte. In der Tat wurde dort inzwischen auch entschieden, dass Sollbestimmungen ohne genaue Aussagen über die Voraussetzungen von Regel und Ausnahmen keine verbindlichen Ziele der Raumordnung seien und Einzelhandelsvorhaben deshalb nicht entgegengehalten werden könnten[119].

Das Zentrale-Orte-Konzept ist in der Tat zu starr. Das Kongruenzgebot sollte daher gelockert werden und allgemein nur noch als Sollbestimmung wirken. Nur wo es zu schädlichen Einflüssen auf andere Gemeinden kommt, was aber schon im Beeinträchtigungsverbot (dazu sogl. 2.) aufgehoben ist, sind die ihm innewohnenden Beschränkungen hinzunehmen. Es behält aber seinen Sinn als Vorgabe von „Leitplanken" für die weitere Entwicklung, hat eine Rahmen setzende und Orientierung gebende Funktion und kann das Problembewusstsein schärfen und die Konsensbildung fördern[120].

Die Zukunft gehört diskursiven Planungsprozessen mit demokratisch abgestimmten und veränderungsoffenen Festlegungen auf regionaler Ebene (zur Zulässigkeit entsprechender Selbstbindungen der Gemeinde s. schon den Inkurs oben unter 3.2.). Gemeindegebietsübergreifende Einzelhandelskonzepte können daneben vertraglich vereinbart werden und führen zu größerer Rechtssicherheit und schnelleren (auch Investitions-)Entscheidungen[121].

---

[117] Dazu Hoppe, NVwZ 2004, 282 (285); ders., DVBl. 2000, 299 ff. m. w. N.

[118] Schneider, Bauplanungsrechtliche Zulässigkeit von Factory-Outlet-Centern, 2003, 119 f.; Moench/Sandner, NVwZ 1999, 337 (341); zur Diskussion auch El Bureiasi (Fn. 4), S. 217 ff. m. w. N.; Schmitz/Federwisch (Fn. 6), Rn. 102 ff. m. w. N.

[119] So jetzt deutlich OVG Münster (Fn. 84), m. w. N.: „Von einer Zielfestlegung kann allerdings keine Rede mehr sein, wenn die Planaussage eine so geringe Dichte aufweist, dass sie die abschließende Abwägung noch nicht vorwegnimmt. Erfüllt eine landesplanerische Regelung nicht die vorbeschriebenen inhaltlichen Voraussetzungen, so ist sie kein Ziel der Raumordnung. Anders lautende Bekundungen des Plangebers vermögen eine Planaussage nicht zu einem Ziel erstarken zu lassen."; dazu die Anmerkung Hoppe, NVwZ 2005, 1141 ff.; in diesem Sinn schon ders., DVBl. 2000, 293 (300); Moench in: FS Hoppe, 2000, S. 459 (466); El Bureiasi (Fn. 4), S. 134 f m. w. N.; s. auch für die Formulierung von Raumordnungszielen als Soll-Vorschriften im Bayerischen Landesplanungsgesetz 2004 Hoppe, BayVBl. 2005, 356 ff.

[120] Hoppe, NVwZ 2004, 282 (285) m. w. N.; zustimmend Schmitz/Federwisch (Fn. 6), Rn. 59.

[121] Schmitz/Federwisch (Fn. 6), Rn. 8.

4.2 Beeinträchtigungsverbot

Das Beeinträchtigungsverbot dient dem Schutz des städtebaulichen Gefüges der Standortgemeinde und der Funktionsfähigkeit des zentralörtlichen Versorgungskerns[122]. Eine wesentliche Beeinträchtigung der Funktionsfähigkeit des zentralörtlichen Versorgungskerns wird vermutet, wenn aufgrund des Einzelhandelsgroßprojekts bzw. des mit seinem Betrieb verbundenen Kaufkraftabflusses Geschäftsaufgaben drohen[123], und dies wiederum wird vermutet, wenn bei zentren- und nahversorgungsrelevanten Sortimenten ein Umsatzverlust von 10 %, bei anderen von 20% zu erwarten ist[124]. – Nach der geschilderten neueren Rechtsprechung[125] kann die Regelvermutung durch entsprechende Gutachten in Zukunft wohl leichter widerlegt werden.

Hinsichtlich des Beeinträchtigungsverbots gibt es wohl kaum Kritik[126]. Erfahrungsgemäß anerkennen Gemeinden auch dann seine Berechtigung, wenn sie sich in ihrem Expansionsdrang im Einzelfall dadurch behindert sehen. Dass die eigene Entwicklung nicht auf Kosten der Versorgungen benachbarter kleinerer Gemeinden gehen darf, sehen grundsätzlich alle ein.

---

[122] BVerwG, NVwZ 2004, 220: Beeinträchtigungsverbot verletzt bei flächendeckendem Kaufkraftabzug bisheriger Versorgungskerne.

[123] Söfker in: Ernst/Zinkahn/Bielenberg/Krautzberger, BauGB, § 11 BauNVO Rn. 76; Fickert/Fieseler, BauNVO, § 11 Rn. 25.2.

[124] Zu diesen Grenzwerten kommt auch eine Studie des Marktforschungsinstituts GMA im Auftrag des BMVBW, zitiert von Moench in: FS Hoppe, 2000, S. 459 (471 f.). Vergleichbare Grenzwerte (für Lebensmittel: 25% Kaufkraftabzug) einer entsprechenden bayerischen Richtlinie bestätigte der VGH München, BayVBl 2001, 175 ff. – Zur bisherigen Rechtsprechung BVerwGE 68, 342 ff.; BVerwGE 68, 360 ff.; OVG Münster, BauR 1998, 309 ff. – s. a. König/Roesner/Stock, BauNVO, 1999, § 11 Rn. 79; Jäde/Dirnberger/Weiss, BauGB/BauNVO, § 11 BauNVO Rn. 15.

[125] BVerwG, ZfBR 2002, 805; dazu Nickel/Kopf, ZfBR 2003, 122. – Ähnlich auch OVG Sachsen, BauR 2005, 354 ff. (mit zustimmender Anmerkung von Wilkening, BauR 2005, 348 ff.): Hier wurde die Ausweisung eines zwar 700 m² großen, aber mit 98 Stellplätzen geplanten ALDI-Marktes aus einem allgemeinen Wohngebiet als unzulässig verworfen, da gewandeltes Einkaufsverhalten zunehmend mit dem KfZ stattfinde und eine verbrauchernahe Versorgung i. S. d. § 4 Abs. 2 Nr. 2 BauNVO gegeben sei; das Kriterium der 700 m² VK sei dazu allein zu unflexibel.

[126] Vgl. zu der auch hier vereinzelt umstrittenen Bindungswirkung allerdings Mönch/Sander, NVwZ 1999, 337 (342): „Die Frage, bis zu welchem Grad an Kaufkraftabzug das FOC die zentralörtliche Funktionsfähigkeit zentraler Orte in seinem Einzugsbereich und die wohnortnahe Versorgung der Bevölkerung nicht gefährdet, ist ohne Rückgriff auf außerhalb des jeweiligen Raumordnungsplans formulierte Maßstäbe und ohne eine Abwägung der vom FOC betroffenen Belange nicht zu beantworten. Dies widerspricht aber dem Charakter eines Ziels (...).“; für die Zielqualität des Beeinträchtigungsverbots allerdings Schmitz, in: Bielenberg/Runkel/ Spannowsky, Raumordnungs- und Landesplanungsrecht des Bundes und der Länder, Stand: Januar 2006, § 11 ROG Rn. 19 f. m. w. N.

4.3 Integrationsgebot

Dass ein Einzelhandelsgroßbetrieb einem Siedlungsschwerpunkt zugeordnet sein und eine integrierte Ansiedlung innerhalb innerstädtischer Zentren oder Nebenzentren gewährleistet sein soll, stößt ebenfalls verbreitet auf Zustimmung. Erfahrungsgemäß wendet sich das Integrationsgebot aber eher an die Gemeinde selbst, als dass die Raumordnungsbehörden seine Einhaltung erzwingen müssten[127].

4.4 Steuerungskraft der Raumordnung

Die Festsetzungen des Landesentwicklungsplans zur Konkretisierung der vorbeschriebenen raumordnungsrechtlichen Grundsätze in Verbindung mit entsprechenden Festsetzungen der Regionalpläne führen im Einzelfall zu parzellenscharfen, flächengenauen und sortimentsdifferenzierten Ausweisungen. Auf dieser Grundlage kommt es auch schon zum Erlass von Planungsgeboten gegenüber raumordnungsresistenten Gemeinden und erst Recht zur Untersagung raumordnungswidriger Planungen und Maßnahmen im Einzelfall durch die zuständigen Raumordnungsbehörden[128]. Hinzu kommt eine Klagebefugnis des betroffenen Regionalverbands gegenüber Großprojekten, beispielsweise also einem Factory-Outlet[129]. Vor allem aber die Subjektivierung und Wehrfähigkeit raumordnungsrechtlicher Funktionszuweisungen im Rahmen der interkommunalen Abstimmung bei der Bauleitplanung belassen die entsprechenden raumordnungsrechtlichen Vorgaben nicht länger in der Abhängigkeit von der Durchsetzungsfreude der Raumordnungsbehörden, sondern macht sie in der Hand wehrfähiger Gemeinden zu einem scharfen Schwert. Entsprechende Klagen werden zunehmend die Gerichte beschäftigen[130].

---

[127] Zu dem Einzelfall einer Klage eines Regionalverbands im Hinblick auf die Vereinbarkeit der Erteilung einer Baugenehmigung für ein SB-Warenhaus mit den Vorgaben des Landesentwicklungsplans und des Regionalplans Stuttgart vgl. VG Stuttgart, BWGZ 1998, 312 f.

[128] VGH Mannheim, ZfBR 2006, 483 ff.; OVG Lüneburg, NVwZ-RR 1997, 690 ff.; VG Stuttgart, BWGZ 1998, 312 f.

[129] VG Stuttgart, BWGZ 1998, 312 f.

[130] Vgl. schon jetzt beispielsweise OVG Lüneburg, ZfBR 2006, 168 ff.; NVwZ-RR 2006, 453 ff.; VG Hannover, NVwZ-RR 2006, 16 ff.; OVG Thüringen, ThürVBl 2005, 162 ff.

5. Ausblick

5.1 Integrierte kommunale Entwicklungskonzepte – Flächennutzungsplan

Städte und Gemeinden sind zu einer jeweils gemeindegebietsumfassenden und untereinander koordinierten Einzelhandelsplanung aufgerufen. Im Vordergrund stehen die Sicherung oder Wiederherstellung einer verbrauchernahen und verkehrsarmen Versorgung. Fragen der Infrastrukturentwicklung und ein kommunales Verkehrsmanagement sind einzubeziehen. Diese einzelhandelszentrierten Konzepte sind auszuweiten durch Integration typischerweise und idealerweise mit Einzelhandel zu verbindender Freizeitangebote, insbesondere von Veranstaltungszentren mit größerem Einzugsbereich. Dabei ist der Kulturauftrag auch in Städte und Gemeinden besonders zu beachten. Insoweit ist eine integrierte städtebauliche Entwicklungsplanung mit regelmäßiger Erfolgskontrolle und Fortschreibung erforderlich. Daraus sind Märkte- und Zentrenkonzepte bzw. ihre Fortschreibung abzuleiten und in Flächennutzungsplänen zu verankern. Diese sind in Einzelbebauungspläne umzusetzen, und zwar flächendeckend über alle bebauten Gebiete. Die Baurechtsnovelle 2007 – Gesetz zur Erleichterung von Planungsvorhaben für die Innenentwicklung der Städte[131] – bringt nicht nur ein vereinfachtes Planungsverfahren mit besonderer Bedeutung für die Einzelhandelsplanung[132], es fordert auch eine vorausschauende Gesamtplanung[133].

5.2 Raumplanerisch/regionale Ausdifferenzierung – Regionalplan

Die Bedeutung von – zumindest großflächigen – Einzelhandelsvorhaben und überörtlich wirksamen Veranstaltungszentren gibt Anlass zu gemeindeübergreifender Steuerung durch koordinierende Planung auf regionaler Ebene. Wie sich die Gemeinde nicht auf die konzeptlose Ausweisung einzelner Sondergebiete für Einzelhandel beschränken darf, so genügt auch auf der Regionalebene nicht länger das herkömmliche raumordnerische Instrumentarium mit dem System zentraler Orte. Erforderlich ist vielmehr seine räumliche Ausdifferenzierung zu einem Einzelhandelskonzept auf Regionalebene. Bestehende gemeindliche Einzelhandelskonzepte sind schon aus verfassungsrechtlichen Gründen zumindest abwägungsbeachtlich. Entsprechendes gilt für raumordnerische Verträge zwischen betroffenen Nachbargemeinden. Die Beteiligung der Gemeinden an diesem Planungsprozess auf Regionalebene und die gebotene Berücksichtigung vorfindlicher gemeindlicher Einzelhandels- und Entwicklungskonzepte bedeuten für die betroffenen Gemeinden nicht nur Einschränkungen – wenn sie sich wie

---

[131] Das Gesetz ist am 09.11.2006 vom Bundestag verabschiedet worden. Der Bundesrat wird voraussichtlich am 15.12.2006 hierüber entscheiden. Es soll Anfang 2007 in Kraft treten.

[132] Vgl. § 13a BauGB-E (Bebauungspläne der Innenentwicklung).

[133] Dazu Sparwasser im nächsten Tagungsband dieser Reihe.

hier gefordert vorbereiten und konzeptionell/planerisch einbringen, sind sie für sie Schutz und Chance zugleich.

5.3 Planungsauftrag und Marktfreiheit – Raumordnung im Wandel

Planung als vorausschauende Zulassung bestimmter Vorhaben stößt an Grenzen, wo sie den Bedarf nicht richtig einschätzt und sich dieser später doch anders entwickelt. Das ist in einem dynamischen Wirtschaftsprozess sehr leicht der Fall und nicht immer rechtzeitig zu korrigieren. Schon das spricht für eine gewisse planerische Selbstbescheidung: Wer zu viel plant, schnürt die freie Entwicklung ab – und sägt an dem Ast, auf dem er sitzt. Je genauer, anspruchsvoller und längerfristig die Planung ist, desto größer ist auch die Gefahr der Zweckverfehlung.

Tatsächlich bedeutet Planung von Einzelhandel und ebenso von Unterhaltungseinrichtungen auch einen Markteingriff und eine Beschränkung der Wettbewerbsfreiheit, und hinsichtlich Standortwahl – also Peripherie oder Zentrum – und Angebotsform – großflächig oder verbrauchernah – ist er auch gewollt. Die damit einhergehenden Beschränkungen bestimmter Standorte und Angebotsformen sind als Ergebnis einer sorgfältigen Abwägung hinzunehmen und dann auch verfassungsrechtlich unbedenklich. Der gleichwohl unleugbaren Spannungslage ist aber dadurch Rechnung zu tragen, dass bei jeder Planung substantielle Freiräume der Wirtschaft, auch konkurrierender Anbieter mit ihren verschiedenen Angebotsformen gewährleistet bleiben müssen. Gefordert sind: Planung – auch auf der Ebene des Regionalverbands; ihre Optimierung durch breite Teilnahme der Öffentlichkeit; und Erhaltung eines Freiraums, indem nicht nur der „Bedarf" geplant wird, sondern substanzielle, für eine gesunde, freie und marktwirtschaftliche Entwicklung erforderliche Entwicklungsspielräume verbleiben.

Das Raumordnungsrecht hat auch hinsichtlich des Einzelhandels erheblich an Steuerungskraft und Schärfe gewonnen durch:

- parzellenscharfe, flächengenaue und sortimentsdifferenzierte Ausweisungen,
- den Erlass von Planungsgeboten gegenüber Gemeinden,
- die Untersagung raumordnungswidriger Planungen und Maßnahmen,
- die Klagebefugnis der Regionalverbände gegenüber raumordnungswidrigen Einzelhandelsgroßprojekten und
- die Subjektivierung und Wehrfähigkeit raumordnungsrechtlicher Funktionszuweisungen im Rahmen interkommunaler Abstimmung bei der Bauleitplanung.

Dem ist auf der Ebene des Flächennutzungsplans Rechnung zu tragen durch gemarkungsweite, zwischengemeindlich abgestimmte Einzelhandelskonzepte mit entsprechenden Flächenausweisungen einschließlich Reserveflächen. Und es ist zu kompensieren und zu effektivieren durch eine ebensolche Planungen der Regionalverbände auf ihrer Ebene. Davon gewinnen alle Akteure: Gemeinden, Regionalverbände und Raumordnung insgesamt.

V Höchstrichterliche Rechtsprechung zur Begrenzung von Geruchsemissionen im Flächennutzungsplan

Prof. Dr. Ondolf Rojahn

Im Vordergrund der nachfolgenden Ausführungen steht das Urteil des 4. Senats des Bundesverwaltungsgerichts vom 18. August 2005 - BVerwG 4 C 13.04 -[1]. Der Streitfall wirft die Frage auf, ob Gemeinden im Flächennutzungsplan detaillierte Nutzungsbeschränkungen für landwirtschaftliche Betriebe und Gewerbebetriebe darstellen dürfen. Eröffnet § 5 Abs. 1 S. 1 BauGB den Gemeinden die Möglichkeit, numerisch-präzise Richt- oder Schwellenwerte für Geruchsemissionen festzulegen, oder sind ihnen derart detailgenaue Darstellungen verschlossen, weil § 5 Abs. 1 S. 1 BauGB nur gestattet, im Flächennutzungsplan für das ganze Gemeindegebiet die Art der Bodennutzung „in den Grundzügen" darzustellen?

1. Der zugrunde liegende Rechtsstreit

Die Kläger begehrten vor dem Verwaltungsgericht die Verpflichtung des beklagten Landkreises, ihnen einen positiven Bauvorbescheid für die Errichtung eines Geflügelmaststalles mit 29 990 Mastplätzen zu erteilen. Das Baugrundstück befindet sich im Außenbereich der beigeladenen Gemeinde, die überwiegend vom Fremdenverkehr lebt. Das Gemeindegebiet liegt an der Nordseeküste. Das Grundstück, auf dem der Geflügelmaststall errichtet werden soll, liegt in einem Küstenstreifen, der im Flächennutzungsplan der Gemeinde als Fläche für Erholungs-, Kur- und Freizeitzwecke dargestellt wird. Diese Fläche ist in drei Zonen unterschiedlicher Schutzwürdigkeit aufgeteilt, in denen Gewerbebetriebe und landwirtschaftliche Betriebe abgestuften Nutzungsbeschränkungen unterworfen werden. Bei vorhandenen Betrieben darf die Geruchsschwelle (1 Geruchseinheit/cbm Luft) in 200 m Entfernung zum Emissionsschwerpunkt des Betriebs in der Zone 1 nur in maximal 3 %, in der Zone 2 in maximal 8 % und in der Zone 3 in maximal 10 % der Jahresstunden überschritten werden; der 1-h-Mittelwert der Schwebstaubkonzentration von maximal 500 Mikrogramm/cbm Luft (MIK-Wert gem. VDI 2310 Blatt 19) darf in allen drei Zonen in 50 m Entfernung zum Emissionsschwerpunkt des Betriebs nicht überschritten werden. Bei der Neuansiedlung von Betrieben sind strengere Nutzungsbeschränkungen einzuhalten. Die Kläger können den für sie maßgeblichen Wert der Zone 3 nicht einhalten.

Die Klage hatte vor dem Oberverwaltungsgericht (OVG Lüneburg, BauR 2004, 459) Erfolg. Das Oberverwaltungsgericht verpflichtete den Beklagten, den Klägern den begehrten Bauvorbescheid wie beantragt zu erteilen. Die Gründe dafür lauten

[1] BVerwGE 124, 132 = NVwZ 2006, 87.

im Wesentlichen wie folgt: Der geplante Geflügelmaststall sei als landwirtschaftlicher Betrieb gem. § 35 Abs. 1 Nr. 1 BauGB als privilegiertes Vorhaben im Außenbereich grundsätzlich zulässig. Auch einem privilegierten Außenbereichsvorhaben könnten zwar Darstellungen im Flächennutzungsplan als öffentliche Belange entgegenstehen (§ 35 Abs. 1 i.V.m. Abs. 3 S. 1 Nr. 1 BauGB). Die Schwellenwerte für Geruchsemissionen im Flächennutzungsplan der beigeladenen Gemeinde seien jedoch unwirksam. Sie gingen derart ins Einzelne, dass sie nicht in einem Flächennutzungsplan, sondern allenfalls in einem Bebauungsplan hätten festgesetzt werden dürfen. Nach § 5 Abs. 1 S. 1 BauGB dürfe der Flächennutzungsplan die Art der Bodennutzung für das ganze Gemeindegebiet nur „in den Grundzügen" darstellen. Die im Flächennutzungsplan festgelegten Emissionswerte überschritten diesen Darstellungsrahmen.

Die gegen dieses Urteil eingelegte Revision der Gemeinde war vor dem Bundesverwaltungsgericht erfolgreich. Der 4. Senat hat die Rechtssache zur erneuten Entscheidung an das Oberverwaltungsgericht zurückverwiesen.

2. Zur Darstellungstiefe des Flächennutzungsplans als vorbereitender Bauleitplan

Das Oberverwaltungsgericht konnte sich zur Begründung seines Standpunkts auf zahlreiche Ausführungen zur Darstellungstiefe und Detailgenauigkeit der Flächennutzungsplanung berufen, die Rechtsprechung und Schrifttum zur Flächennutzungsplanung wie ein roter Faden durchziehen. Alle diese Äußerungen definieren die inhaltlichen Grenzen des Flächennutzungsplans aus seiner Steuerungsfunktion im zweistufigen Prozess der Bauleitplanung. Danach ist es Aufgabe des Flächennutzungsplans, großräumige Nutzungskonflikte im gesamten Gemeindegebiet auszuräumen, Wechselbeziehungen zwischen der baulichen und sonstigen Nutzung zu berücksichtigen und die Nutzungskonflikte für das ganze Gemeindegebiet so zu steuern und zu ordnen, dass sie einer planerischen Lösung durch die nachgeordnete Bebauungsplanung zugeführt werden können.[2] Die der Flächennutzungsplanung obliegende Steuerungs-, Entwicklungs- und Ordnungsfunktion beschränkt sich aus diesem Blickwinkel darauf, die grundlegenden Rahmenbedingungen im Sinne einer das gesamte Gemeindegebiet erfassenden Raumnutzungskonzeption zu schaffen. Daraus wird gefolgert, dass der Flächennutzungsplan die Art der Bodennutzung in den Grundzügen, also allgemein, generalisierend oder typisierend darstellen soll. Als vorbereitender Plan bedarf der Flächennutzungsplan daher der konkretisierenden Umsetzung durch den Bebauungsplan.

---

[2] Vgl. näher Mitschang, Steuerung der städtebaulichen Entwicklung durch Bauleitplanung, 2003, S. 218; Gelzer/Bracher/Reidt, Bauplanungsrecht, 7.Auflage 2004, Rn. 181 ff.; jeweils mit weiteren Nachweisen.

Auch die Ausführungen des Bundesverwaltungsgerichts zur Darstellungstiefe des Flächennutzungsplans sind von seiner Funktion als vorbereitender Plan geprägt. Im Vordergrund steht die Aufgabe des Flächennutzungsplans, nach Maßgabe des Abwägungsgebots ein gesamträumliches Entwicklungskonzept für das Gemeindegebiet darzustellen, das insbesondere für die verbindliche Bauleitplanung und für Planungen anderer öffentlicher Aufgabenträger Bindungen erzeugen soll. Im Gesamtbild der gestuften Bauleitplanung habe der Gesetzgeber dem Flächennutzungsplan die maßgebende Leitfunktion für die städtebauliche Entwicklung zugewiesen. Mit dem Begriff der „Grundzüge" im Sinne von § 5 Abs. 1 BBauG/BauGB verbindet sich die Vorstellung, der Flächennutzungsplan sei „grobmaschiger" als der Bebauungsplan[3]. Angesichts seines „nur allgemeinen Aussagegehaltes" sei der Flächennutzungsplan „in besonderem Maße ausfüllungsbedürftig". Aus der „Grobmaschigkeit der Planung" folge eine „geringere Schärfe" des Flächennutzungsplans. Hier setze das Entwicklungsgebot des § 8 Abs. 2 S. 1 BBauG/BauGB an. Der Rechtsbegriff des „Entwickelns" lasse es nicht nur zu, den „groben Raster" des Flächennutzungsplans mit genaueren Festsetzungen auszufüllen, er gewährleiste zugleich die gestalterische Freiheit, über ein Ausfüllen des Vorgeplanten hinaus in dessen Rahmen eigenständig (durch Bebauungsplan) zu planen. Der Bebauungsplan müsste sich jedoch innerhalb der wesentlichen Grundentscheidungen des Flächennutzungsplans halten. Diese Formulierungen sind nur vor dem Hintergrund eines vertikal gegliederten Plansystems der Bauleitplanung zu verstehen.

3. Zum Steuerungspotential des Flächennutzungsplans im Außenbereich

Die vorstehend skizzierte Sichtweise des Flächennutzungsplans hat der 4. Senat in seinem Urteil vom 18. August 2005 nicht aufgenommen. Er hat die im Flächennutzungsplan dargestellten präzisen Schwellenwerte für Geruchsemissionen gebilligt und nicht an dem Abwägungsfehler einer überschießenden Detailgenauigkeit scheitern lassen.

Im Folgenden wird die Bezeichnung der Emissionswerte als Schwellenwerte beibehalten, obwohl das Urteil vom 18. August 2005 von Grenzwerten spricht. Der Ausdruck „Schwellenwerte" („Richtwerte") soll von vornherein dem Eindruck vorbeugen, es handele sich hier um rechtssatzförmige Immissionsgrenzwerte im Sinne von § 3 Abs. 1 BImSchG, die strikt einzuhalten sind. Die Anwendung der (Schwellen-)Werte für Geruchsimmissionen in einem Flächennutzungsplan auf Vorhaben im Außenbereich (§ 35 Abs. 1 und 3 S. 1 Nr. 1 BauGB) unterliegt im

[2] Grundlegend Urteil vom 28. Februar 1975 – BVerwG 4 C 74.72 – BVerwGE 48, 70,73 ff.; Urteil vom 22. Mai 1987 – BVerwG 4 C 57.84 – BVerwGE 77, 300, 304 ff.; Urteil vom 21. Oktober 1999 – BVerwG 4 C 1.99 – BVerwGE 109, 371, 377.

Baugenehmigungsverfahren der sog. nachvollziehenden Abwägung, die Raum für atypische Fallgestaltungen lässt, in denen die (Schwellen-)Werte zugunsten eines privilegierten Vorhabens zurücktreten müssen.[4] Die Rechtsgrundlage für die Darstellung der umstrittenen Emissionswerte sieht er in § 5 Abs. 2 Nr. 6 BauGB. Nach dieser Vorschrift können im Flächennutzungsplan u. a. die Flächen für Nutzungsbeschränkungen dargestellt werden. Nach Ansicht des 4. Senats ermächtigt diese Vorschrift nicht nur dazu, Flächen für Nutzungsbeschränkungen festzulegen, sondern auch dazu, auf diesen Flächen Nutzungsbeschränkungen in Gestalt von Emissionswerten darzustellen, die als Schwellenwerte von Betrieben grundsätzlich nicht überschritten werden dürfen.

3.1 Perspektivenwechsel

Das Urteil vom 18. August 2005 hat nicht etwa die Vorstellungen von der „Grobmaschigkeit" und dem „Rahmencharakter" des Flächennutzungsplans, die seine Funktion als vorbereitender, im Wege der Bebauungsplanung zu konkretisierender Bauleitplan kennzeichnen, generell in Frage gestellt oder gar über Bord geworfen. Der 4. Senat hat vielmehr die Gelegenheit ergriffen, bestimmte detailscharfe Darstellungen des Flächennutzungsplans für zulässig zu erklären, die so bisher nicht in sein Blickfeld geraten sind. Der Rechtsstreit zwang dazu, sich von der Fixierung auf die Zweistufigkeit der Bauleitplanung zu lösen. Anlass zu diesem Perspektivenwechsel gab der zu entscheidende Fall, weil er einen Flächennutzungsplan betraf, der die Art der Bodennutzung im Außenbereich zum Inhalt hatte und nach den Vorstellungen der Gemeinde gerade nicht durch einen Bebauungsplan in seinem Aussagegehalt konkretisiert werden sollte. Im Ergebnis hat das Urteil vom 18. August 2005 das Steuerungs- und Konfliktlösungspotential des Flächennutzungsplans im Außenbereich gestärkt. Dabei geht es um einen außenbereichstypischen Nutzungskonflikt: Intensivtierhaltung im Widerstreit mit den Bedürfnissen nach Freizeit und Erholung in der freien Landschaft und dem Interesse einer Gemeinde, ihren Status als Fremdenverkehrsgemeinde zu schützen und auszubauen. Erst dieser zum Bundesverwaltungsgericht gelangte Interessenkonflikt ermöglichte es, Darstellungsformen des Flächennutzungsplans „freizulegen", die der Gesetzgeber in die Vorschriften über die Flächennutzungsplanung bereits angelegt hat.

3.2 Argumentation des Gerichts

Ausgangspunkt der Argumentation im Urteil vom 18. August 2005 ist § 5 Abs. 1 S. 1 BauGB. Die Vorschrift enthält zwei Tatbestandselemente, die nicht isoliert voneinander bestehen: Im Flächennutzungsplan ist für „das ganze Gemeinde-

[4] Vgl. dazu nachfolgend unter 3.4.

gebiet" die Art der Bodennutzung „in den Grundzügen" darzustellen. Werden diese beiden Tatbestandselemente miteinander verbunden, ergeben sich - wie im Urteil vom 18. August 2005 ausgeführt - die folgenden Obersätze:

- Der Flächennutzungsplan soll ein umfassendes Gesamtkonzept für die städtebauliche Entwicklung der Gemeinde darstellen.
- Darstellungen gehören zu den Grundzügen der Art der Bodennutzung, wenn sie einen Nutzungskonflikt bewältigen sollen, der Bedeutung für das gesamträumliche Entwicklungskonzept der Gemeinde hat.
- Sind detaillierte Darstellungen erforderlich, um einen Nutzungskonflikt, der die gesamträumliche Entwicklung der Gemeinde betrifft und deshalb von grundlegender Bedeutung ist, planerisch zu bewältigen, so sind auch solche Darstellungen zulässig; denn anders könnte der Flächennutzungsplan seine im Gesetz angelegte Steuerungsfunktion nicht erfüllen.
- Nutzungskonflikte, die nur wenige Grundstücke betreffen und lokal begrenzt sind, berühren das gesamträumliche Entwicklungskonzept der Gemeinde nicht.
- Zu den Grundzügen, welche die Art der Bodennutzung darstellen, können auch numerisch-präzise Schwellenwerte gehören, welche die Emissionen bestimmter landwirtschaftlicher oder gewerblicher Betriebe im Außenbereich begrenzen sollen.

Dieses funktionsbezogene Verständnis des Flächennutzungsplans macht den zulässigen Inhalt seiner Darstellungen von den gesamträumlichen Verhältnissen und Konfliktlagen in der einzelnen Gemeinde abhängig. Der 4. Senat erteilt damit Vorstellungen eine Absage, die den Begriff der „Grundzüge" im Sinne von § 5 Abs. 1 S. 1 BauGB generell mit einem höheren (allgemeinen, generalisierenden oder typisierenden) Abstraktionsgrad verbinden, der unabhängig von der jeweiligen gesamträumlichen Planungskonzeption der Gemeinde stets gewahrt bleiben muss. Numerisch-präzise Darstellungen sind im Recht der Flächennutzungsplanung kein Fremdkörper. So lässt sich die Befugnis der Gemeinde, ins Einzelne gehende Darstellungen in den Flächennutzungsplan aufzunehmen, bereits aus dem Katalog der möglichen Darstellungen in § 5 Abs. 2 Nr. 1 BauGB i. V. m. §§ 16 ff. BauNVO ableiten. Nach diesen Vorschriften kann im Flächennutzungsplan z. B. das allgemeine Maß der baulichen Nutzung in Gestalt von präzisen Grund- und Geschossflächenzahlen, der Zahl der Vollgeschosse und die Höhe der baulichen Anlagen dargestellt werden.

3.3 Flächennutzungsplan als „de facto-Bebauungsplan"?

Das Urteil vom 18. August 2005 wirft die Frage auf, ob sich ein so detaillierter Flächennutzungsplan, wie er seinerzeit im Streit war, nicht kurzerhand de facto in einen Bebauungsplan verwandelt. Ebnet das Urteil die Unterscheidung zwischen Flächennutzungsplan und Bebauungsplan ein? Führt die Rechtsprechung des 4. Senats letztlich dazu, dass der Außenbereich damit de facto zum beplanten Innenbereich wird?

Der 4. Senat würde diesen kritischen Fragen zunächst entgegnen, dass das Baugesetzbuch mit Flächennutzungsplan und Bebauungsplan zwei Instrumente der Bauleitplanung vorgibt, die sich nach ihren zulässigen Inhalt und ihrer städtebaulichen Funktion klar und deutlich unterscheiden. Deshalb stellt der Senat in den Gründen seiner Entscheidung vorsorglich den Rechtssatz auf, der Flächennutzungsplan dürfe auf Grund der Bestimmtheit seiner Darstellungen im Außenbereich „faktisch" nicht an die Stelle eines Bebauungsplans treten. Diese Aussage war dem Senat so wichtig, dass er sie als vierten Leitsatz seinem Urteil vorangestellt hat. Eine Gemeinde, die diesem Leitsatz zuwider handelte, würde sich schnell den Vorwurf des Formenmissbrauchs einhandeln.

Bei diesem Vorwurf ist jedoch Vorsicht geboten. Ein Flächennutzungsplan, der Schwellenwerte für Geruchsemissionen in der dargestellten Weise festlegt, misst sich nicht formenwidrig die Funktion eines Bebauungsplans zu, solange er sich darauf beschränkt, nur solche Nutzungskonflikte des Außenbereichs detailliert zu bewältigen, die das gesamträumliche Entwicklungskonzept der Gemeinde berühren. Diese rechtliche Schranke wird im Urteil deutlich herausgestellt. Danach darf der Flächennutzungsplan die Art der Bodennutzung nicht für das ganze Gemeindegebiet, also umfassend und flächendeckend, mit der Detailschärfe eines Bebauungsplans darstellen. Die detaillierten (numerisch-präzisen) Darstellungen sind auf grundlegende Aspekte der Bodennutzung im Außenbereich zu beschränken. Sie dürfen also nur solche Nutzungskonflikte zu bewältigen suchen, die für das gesamte Gemeindegebiet von zentraler Bedeutung sind. Im Übrigen muss sich der Flächennutzungsplan auch hinsichtlich des Außenbereichs darauf beschränken, einen Rahmen für die beabsichtigte städtebauliche Entwicklung des Gemeindegebiets zu setzen.

Man kann diese Abgrenzungsversuche wenden wie man will: De facto bleibt der Eindruck, dass ein Flächennutzungsplan mit so detailgenauen, nicht weiter konkretisierungsbedürftigen Emissionswerten für die Geflügelmast im Außenbereich, wie sie hier im Streit waren, eine dem Bebauungsplan vergleichbare Steuerungsfunktion übernimmt. Dabei bewegt sich die Gemeinde aber auf rechtlich abgesichertem Terrain. Sie darf sich grundsätzlich darauf beschränken, die Entwicklung im Außenbereich durch den Flächennutzungsplan in geordnete Bahnen zu lenken. Sie kann nicht – etwa unter Rückgriff auf das Entwicklungsgebot in § 8 Abs. 2 BauGB –

darauf verwiesen werden, weite Bereiche des Außenbereichs mit Bebauungsplänen zu überziehen. Die Gemeinde darf bei der Beschränkung privilegierter Außenbereichsvorhaben die Darstellungsmöglichkeiten, die ihr der Gesetzgeber eingeräumt hat, auch ausschöpfen.

3.4 Bindungswirkung numerisch-präziser Emissionswerte?

Die inhaltliche und funktionale Annäherung des Flächennutzungsplans an den Bebauungsplan, die der 4. Senat in seinem Urteil vom 18. August 2005 gebilligt hat, löst die weitere Frage aus, wie es sich mit der Bindungswirkung, der rechtlichen Wirksamkeit, solcher Darstellungen im Flächennutzungsplan verhält, die numerisch-präzise Schwellenwerte für die Emissionen gewerblicher oder landwirtschaftlicher Betriebe im Außenbereich festlegen. Bleibt in dieser Hinsicht die rechtliche Unterschied zwischen Flächennutzungsplan und Bebauungsplan bestehen? Der 4. Senat würde diese Frage im Grundsatz bejahen:

Der Flächennutzungsplan ist - anders als der satzungsförmige Bebauungsplan – keine außenwirksame Rechtsnorm, dessen Darstellungen im Einzelfall bei der Entscheidung über einen Bauantrag oder einen Vorbescheid unmittelbar anwendbar ist. Die Darstellungen eines Flächennutzungsplans können Rechtswirksamkeit unmittelbar gegenüber einem Bauantragsteller nur erlangen, wenn und soweit ihnen eine Rechtsvorschrift diese Wirkung verleiht. Insoweit bedürfen die Darstellungen eines „Transformationshebels", d.h. einer Vorschrift, die ihnen die rechtliche Außenwirkung ausdrücklich vermittelt.

Ein Beispiel für diesen Wirkungsmechanismus stellt § 35 Abs. 3 S. 3 BauGB dar. Der Gesetzgeber hat mit dieser Vorschrift eine Regelung geschaffen, die zur Folge hat, dass die Darstellungen des Flächennutzungsplans unter den dort genannten Voraussetzungen unmittelbar auf die Vorhabenzulassung durchschlagen. Die Vorschrift zeigt, dass die Charakterisierung des Flächennutzungsplans als vorbereitender Plan, dessen unmittelbarer rechtliche Wirkung sich auf den innergemeindlichen Bereich beschränkt und inhaltlich im Anpassungsgebot des § 8 Abs. 2 BauGB erschöpft, heute nicht mehr einschränkungslos zutrifft.[5] In den Fällen des § 35 Abs. 3 S. 3 BauGB dient der Flächennutzungsplan nicht mehr lediglich der vorbereitenden Darstellung, aus der der Bebauungsplan als nachfolgender Schritt mit eigenem planerischen Spielraum zu entwickeln ist. § 35 Abs. 3 S. 3 BauGB vermittelt bestimmten Darstellungen im Flächennutzungsplan außenwirksame Rechtsgeltung. Mit anderen Worten: Die Vorschrift verknüpft die Darstellung von Konzentrationszonen hinsichtlich der Ausschlusswirkung (für den Regelfall) mit einer unmittelbar wirksamen Beachtenspflicht auf der Ebene der Vorhabenszulassung.

---

[5] BVerwG, Urteil vom 21. Oktober 2004 – BVerwG 4 C 2.04 – BVerwGE 122, 109,115 f.

Eine vergleichbare Geltungsanordnung enthält das Baugesetzbuch für die Begrenzung von Geruchsemissionen bei der Darstellung der Art der Bodennutzung im Flächennutzungsplan nicht. Schwellenwerte für Geruchsemissionen können sich jedoch als öffentliche Belange im Sinne von § 35 Abs. 3 S. 1 Nr. 1 BauGB im Wege der nachvollziehenden Abwägung gegenüber privilegierten Außenbereichsvorhaben durchsetzen. Nach ständiger Rechtsprechung des Bundesverwaltungsgerichts ist in der Frage, ob öffentliche Belange einem nach § 35 Abs. 1 BauGB privilegierten Vorhaben entgegenstehen, eine Abwägung vorzunehmen, und zwar nicht eine planerische, sondern eine nachvollziehende Abwägung zwischen dem jeweils berührten öffentlichen Belang und dem Interesse des Bauantragsstellers an der Verwirklichung seines Vorhabens. Ob sich die öffentlichen Belange im Einzelfall durchsetzen, ist eine Frage ihres jeweiligen Gewichts und der die gesetzlichen Vorgaben und Wertungen konkretisierenden Abwägung mit dem privaten Vorhaben, zu dem es vor dem Hintergrund der tatsächlichen Gegebenheiten konkret in Beziehung zu setzen ist. Bei dieser Abwägung ist dem gesteigerten Durchsetzungsvermögen privilegierter Außenbereichsvorhaben Rechnung zu tragen. Darstellungen des Flächennutzungsplans, die als öffentliche Belange im Sinne von § 35 Abs. 3 S. 1 Nr. 1 BauGB auf die nachvollziehende Abwägung einwirken, kennzeichnet daher eine „relative Wirkungsschwäche".[6]

Das gilt auch für die Begrenzung von Geruchsemissionen in Form numerisch-präziser Schwellenwerte. Sie setzen sich im Baugenehmigungsverfahren nicht „ungebremst", d. h. strikt und unbedingt durch. Das unterscheidet sie von solchen Emissionsgrenzwerten, die in Konkretisierung des Begriffs „schädliche Umwelteinwirkungen" (§ 3 Abs. 1 BImSchG) durch Rechtssatz, etwa durch Verordnungen auf der Grundlage des Bundes-Immissionsschutzgesetzes, festgeschrieben sind. Ruft ein privilegiertes Vorhaben derartige schädliche Umwelteinwirkungen hervor oder wird es ihnen ausgesetzt, muss sich dieser entgegenstehende öffentliche Belang (§ 35 Abs. 3 S. 1 Nr. 3 BauGB) wegen seiner Qualität als Rechtssatz bei der Abwägung mit den Interessen des Bauherrn immer durchsetzen.

Für die Gewichtung von Darstellungen im Flächennutzungsplan, die als öffentliche Belange im Sinne von § 35 Abs. 3 S. 1 Nr. 1 BauGB auf die nachvollziehende Abwägung im Baugenehmigungsverfahren einwirken, gilt jedoch auch: Je konkreter die Darstellungen sind, umso stärker ist ihre Durchsetzungskraft. Das setzt natürlich voraus, dass die Darstellungen im Flächennutzungsplan abwägungsfehlerfrei sind. Die Gemeinde muss die widerstreitenden Nutzungsinteressen im Außenbereich in der gebotenen Differenziertheit ermittelt, bewertet und abgewogen haben. Ist das der Fall, sind also konkrete Nutzungsbeschränkungen in Form von Schwellenwerten abwägungsfehlerfrei festgelegt, werden sie sich in der Regel auch im Weg der nachvollziehenden Abwägung auf der Ebene der Vorhabenszulassung durchsetzen. Atypische Sachverhalte, in denen diese Schwellenwerte ausnahmsweise zurückstehen müssen, werden kaum auftreten, wenn die Gemeinde die tat-

[6] Urteil vom 18. August 2005 – BVerwGE 124, 132, 144.

sächlichen Verhältnisse sorgfältig analysiert und bewertet hat. Die Entscheidung für die Nutzungsbeschränkungen eines Betriebes ist damit praktisch bereits auf der Ebene des Flächennutzungsplans gefallen. Die Baugenehmigungsbehörde darf die betroffenen Belange, die bereits bei Aufstellung der Schwellenwerte fehlerfrei ermittelt und gewichtet worden sind, nicht anders als die Gemeinde gewichten. Ist der Nutzungskonflikt auf der Ebene des Flächennutzungsplans bereits vorentschieden, beschränkt sich ihre Aufgabe darauf, den Antrag auf Erteilung einer Baugenehmigung am Maßstab dieser Schwellenwerte zu messen und zu bescheiden. Auf diese Weise können Schwellenwerte für Geruchsemissionen im Flächennutzungsplan eine ähnliche Durchschlagskraft erlangen wie rechtssatzförmige Immissionsgrenzwerte in einem Bebauungsplan.

4. Ausblick

Das hier besprochene Urteil stärkt das Steuerungspotential des Flächennutzungsplans im Außenbereich. Die Grundsätze zur Begrenzung von Geruchsemissionen gelten natürlich nicht nur für die Geflügelmast, sondern – das bedarf keiner weiteren Begründung – auch für die Rinder- und Schweinehaltung. Sie lassen sich auch auf Lärmemissionen etwa bei dem Betrieb von Kies- und Sandgruben, Steinbrüchen oder ähnlichen mit Lärm verbundenen Vorhaben übertragen. Die Festlegung von Schwellenwerten kann der Nutzung des Außenbereichs für Freizeit und Erholung oder dem Schutz der Fremdenverkehrsinteressen einer Gemeinde dienen. Sie muss es aber nicht. Denkbar sind auch Fälle, in denen Schwellenwerte im Flächennutzungsplan dazu dienen können, die Genehmigungsfähigkeit von privilegierten landwirtschaftlichen (gewerblichen) Außenbereichsvorhaben in der Nachbarschaft von Splittersiedlungen im Außenbereich oder Wohngebieten im angrenzenden beplanten oder unbeplanten Innenbereich einzuschränken.

Soweit die städtebauliche Entwicklung durch Bebauungspläne gesteuert wird (oder werden soll), bedarf es der Darstellung numerisch-präziser Emissionswerte im Flächennutzungsplan in der Regel nicht. Detaillierte Festsetzungen dieser Art können der Bebauungsplanung überlassen bleiben. Der Gemeinde ist es jedoch nicht verwehrt, derartige Werte bereits im Flächennutzungsplan für den beplanten oder zu beplanenden Innenbereich festzulegen. Die im Urteil vom 18. August 2005 aufgestellten Grundsätze zur Zulässigkeit präziser Schwellenwerte im Flächennutzungsplan gelten nicht nur für die Darstellung der Art der Nutzung in den Außenbereichsflächen. Die Genehmigungsfähigkeit von Vorhaben im unbeplanten Innenbereich (§ 34 BauGB) richtet sich hingegen nach der Eigenart der näheren Umgebung, nicht nach den Darstellungen des Flächennutzungsplans.

VI Planerische Steuerung und Monitoring von Außenbereichsvorhaben

Prof. Dr. Michael Krautzberger

1. Wirkungen des Flächennutzungsplans

Der Flächennutzungsplan hat als behördeninternes Handlungsprogramm zwar keine unmittelbaren Rechtswirkungen im Verhältnis zum Bürger nach außen. Gleichwohl hat der Flächennutzungsplan rechtliche Wirkungen von erheblicher Reichweite. Für die Aufstellung der Bebauungspläne gibt der Flächennutzungsplan den rechtlichen Rahmen, der durch das Entwicklungsgebot in § 8 Abs. 2 S. 1 BauGB festgelegt wird. Für öffentliche Planungsträger, die im Aufstellungs- oder Änderungsverfahren nach den §§ 4 oder 13 BauGB beteiligt worden sind, enthält § 7 Abs. 1 S. 1 BauGB insoweit eine Anpassungspflicht, als sie dem Plan nicht widersprochen haben. Im Gegensatz zum nichtbeplanten Innenbereich, bei dem die Darstellungen des Flächennutzungsplans der Zulässigkeit eines im übrigen § 34 BauGB entsprechenden Vorhabens nicht entgegenstehen, kommt dem Flächennutzungsplan im Außenbereich Bedeutung als öffentlicher Belang zu. Privilegierte Vorhaben können an den Darstellungen des Flächennutzungsplans scheitern, wenn sie eine konkrete standortbezogene Aussage beinhalten und ein solches Gewicht haben, dass sie als öffentliche Belange der Zulässigkeit des Vorhabens entgegenstehen[1]. Gegenüber nicht privilegierten Außenbereichsvorhaben nach § 35 Abs. 2 BauGB sind die Darstellungen des Flächennutzungsplans als beeinträchtigte öffentliche Belange regelmäßig beachtlich (§ 35 Abs. 3 BauGB), wenn das Vorhaben diesen widerspricht. Ein Flächennutzungsplan kann zwar im Rahmen der Prüfung sonstiger öffentlicher Belange im negativen Sinne beachtlich sein. Er ist jedoch – abgesehen von § 35 Abs. 3 S. 3 BauGB – ungeeignet, die einem Vorhaben etwa entgegenstehenden materiellen öffentlichen Belange wirksam auszuräumen.[2] Derartige öffentliche Belange, die gem. § 35 Abs. 3 BauGB kraft Gesetzes einem Vorhaben entgegenstehen, sollen nur durch eine die wechselseitigen öffentlichen und privaten Interessen berücksichtigende verbindliche Bauleitplanung überwunden werden können.

---

[1] § 35 Abs. 1 BauGB; BVerwG, Urt. v. 22.5.1987 – 4 C 57.84 – BVerwGE 77, 300.
[2] BVerwG, Urt. v. 10.5.1968 – 4 C 18.66 – , NJW 1969, 68.

2. Teilflächennutzungspläne

Das BauGB lässt – seit dem EAG Bau 2004 – in § 5 Abs. 2 b BauGB sachliche Teilflächennutzungspläne zu. Die Vorschrift lautet:

> *„(2 b) Für Darstellungen des Flächennutzungsplans mit den Rechtswirkungen des § 35 Abs. 3 S. 3 können sachliche Teilflächennutzungspläne aufgestellt werden."*

Für Darstellungen des Flächennutzungsplans mit den Rechtswirkungen des § 35 Abs. 3 S. 3 BauGB können sachliche Teilflächennutzungspläne aufgestellt werden. Durch § 5 Abs. 2 b BauGB werden die Gemeinden ermächtigt, sachliche Teilflächennutzungspläne aufzustellen, die rechtlich auch bei einem bestehenden Flächennutzungsplan als eigenständige Pläne aufgestellt werden können. In diesem Fall ist aber das Verhältnis zum bestehenden Flächennutzungsplan insbesondere dann klarzustellen, wenn dieser ebenfalls Flächen für Nutzungen nach § 35 Abs. 1 Nr. 2 bis 6 BauGB darstellt. Teilflächennutzungspläne können auch für einen Teil des Gemeindegebiets aufgestellt werden. Die Ausschlusswirkung bezieht sich dann nur auf diesen Teil. Durch die Darstellung von entsprechenden Flächen im Teilflächennutzungsplan als „Konzentrationszonen" können die Gemeinden die Zulässigkeit von einzelnen nach § 35 Abs. 1 Nr. 2 bis 6 BauGB privilegierten Vorhaben in ihrem Gemeindegebiet steuern. Die Voraussetzungen hierfür liegen u. a. vor, wenn die Gemeinde auf der Grundlage einer Untersuchung des gesamten Gemeindegebietes ein schlüssiges Plankonzept für die Ausweisung von „Konzentrationszonen" bzw. Sondergebieten in einem sachlichen Teilflächennutzungsplan erarbeitet hat. In der Begründung ist darzustellen, welche Zielsetzungen und Kriterien für die Abgrenzung der „Konzentrationszone" bzw. des Sondergebietes maßgebend waren.

Stichwortartig lässt sich der Teilflächennutzungsplan wie folgt kennzeichnen[3]:

- Ein rechtlich selbstständiger Plan,
- mit eigenem rechtlichen Schicksal;
- sachlich oder/und räumlich begrenzt.
- Der Plan muss aus sich heraus gerechtfertigt sein.
- Kein gesamträumliches Planungskonzept erforderlich, aber: das Gesamtkonzept darf nicht in Frage gestellt werden.
- Die Lex posterior Regel gilt.
- Die Lex specialis Regelung gilt.

---

[3] Vgl. hierzu Gierke, Kohlhammer, § 5 Rn. 67 ff.

3. Zu § 35 Abs. 3 S. 3 BauGB im Einzelnen

§ 35 Abs. 3 S. 3 BauGB zielt darauf ab, durch positive Standortzuweisungen privilegierter Nutzungen an einer oder mehreren Stellen im Plangebiet den übrigen Planungsraum von den durch den Gesetzgeber privilegierten Anlagen freihalten zu können, und zwar für den Bereich der Gemeinde oder der Regionalplanung.

a) Überblick

Die Regelung greift eine höchstrichterliche Rechtsprechung auf[4]: Ist der Kiesabbau im Außenbereich einer Gemeinde überwiegend möglich und hat die Gemeinde zur räumlichen Konzentration Kiesabbauflächen im Flächennutzungsplan („Auskiesungskonzept") dargestellt, kann dies – auch als „negative" Aussage – als öffentlicher Belang einem nach § 35 Abs. 1 Nr. 3 privilegierten Kiesabbau auf einer anderen Gemeindefläche entgegenstehen, die im Flächennutzungsplan z. B. als Landwirtschaftsfläche dargestellt ist. Dies gilt entsprechend, wenn die Gemeinde diesen Planungswillen mit einem Bebauungsplan umsetzt. § 35 Abs. 3 S. 3 lässt andere öffentliche Belange, nach denen ebenfalls die Zulässigkeit zu beurteilen ist, unberührt.

b) Zurückstellung von Vorhaben; Entschädigung

Das EAG Bau 2004 hat mit dem Teilflächennutzungsplan (§ 5 Abs. 2 b) einerseits und der Möglichkeit der Zurückstellung von Vorhaben, um die Rechtswirkungen des § 35 Abs. 3 S. 3 zu erreichen (§ 15 Abs. 3) andererseits, diesen Belang weiter gestärkt.

Soweit ersichtlich wird allgemein die Auffassung vertreten, dass es keine Entschädigung für Betreiber von Windenergieanlagen nach § 42 BauGB auslöst, wenn durch die Anwendung des Planvorbehalts nach Abs. 3 S. 3 Windenergieanlagen an bestimmten Standorten unzulässig werden[5], wonach die in § 42 vorausgesetzte zulässige Nutzung die Qualität einer eigentumsrechtlichen Rechtsposition haben (sog. Baulandqualität) muss und diese Voraussetzung in Fällen des § 35 grundsätzlich zu verneinen sei, denn bei allen Vorhaben des Außenbereichs – auch bei den in § 35 Abs. 1 geregelten Vorhaben – ist nicht automatisch deren Zulässigkeit gegeben, sondern sie steht bei sonstigen Vorhaben unter dem Vorbehalt der Nichtbeeinträchtigung öffentlicher Belange und bei privilegierten Vorhaben des Nichtentgegenstehens öffentlicher Belange[6].

---

[4] So bereits BVerwGE 77, 300.

[5] Vgl. BGHZ 135, 192/199.

[6] Vgl. vertiefend Stüer, ZfBR 2004, 338; DVBl. 2006, 403/411 ff.

c) Zum sachlichen Anwendungsbereich

Die planerische Steuerungsmöglichkeit des § 35 Abs. 3 S. 3 bezieht sich ausdrücklich nur auf privilegierte Vorhaben nach § 35 Abs. 1 Nr. 2 bis 6. Die gesetzgeberische Überlegung dafür war, dass eine Anwendung des „Planvorbehaltes" auf land- oder forstwirtschaftliche Betriebe in aller Regel nicht in Betracht kommt, so dass der Gesetzgeber dies vorsorglich ausschloss. Land- und forstwirtschaftliche Betriebe nach § 35 Abs. 1 Nr. 1 (sowie die Vorhaben nach § 35 Abs. 1 Nr. 7) unterliegen nicht den Steuerungsmöglichkeiten nach § 35 Abs. 3 S. 3. Die sog. „Massentierhaltung", d. h. die Haltung und Aufzucht von Nutztieren in großen Stallanlagen in Form gewerblicher Intensivtierhaltung ist im Regelfall in Gewerbegebieten zulässig; sie kann in konkreten städtebaulichen Situationen nach § 35 Abs. 1 Nr. 4 privilegiert zulässig sein, auf welche Vorhaben sich dann aber der Planvorbehalt bezieht.

d) Zum Stand der Rechtsprechung

Das BVerwG hat hierzu wesentliche Anwendungsfragen geklärt[7]. Die Verwaltungsgerichtsbarkeit hat sich auch insgesamt sehr eingehend mit diesen Fragen befasst[8].

aa) Planungskonzept

Die Gemeinde, die Bereiche ihres Gebiets zugunsten bestimmter Schutzgüter (z. B. Landschaftsschutz, Fremdenverkehr, Anwohnerschutz) von Windenergieanlagen freihalten will, muss mit dem Ziele der Steuerung über ein schlüssiges Planungskonzept („Gesamtkonzept") verfügen[9], in welchem sie einerseits durch Darstellung in einem Flächennutzungsplan positiv geeignete Standorte festlegt, um damit andererseits ungeeignete Standorte im übrigen Planungsgebiet auszuschließen. Die Darstellung entsprechender „Konzentrationsflächen" kann durch Überlagerung von hiermit „verträglichen" Darstellungen (z. B. Flächen für Landwirtschaft) oder durch ausschließlich der Windenergie vorbehaltenen Flächen[10] erfolgen.

---

[7] BVerwGE 117, 287.
[8] Vgl. zu der sehr umfangreichen sonstigen obergerichtlichen Rspr. Stüer, DVBl. 2006, 403/ 411 ff.
[9] BVerwGE 122,109.
[10] Vgl. § 11 Abs. 2 BauNVO

bb) Keine Verhinderungsplanung

Eine ausschließlich negativ wirkende „Verhinderungsplanung" einer Gemeinde ohne gleichzeitig positive Ausweisung geeigneter Standorte im Plangebiet ist unzulässig. § 35 Abs. 3 S. 3 ermöglicht es, die in § 35 Abs. 1 Nr. 2 - 6 genannten Vorhaben auf bestimmte Standorte zu konzentrieren nicht aber, hiefür das gesamte Gemeindegebiet zu sperren. Die Gemeinde darf nur objektiv geeignete Standorte darstellen (keine „Alibifunktion").

cc) Auswahl der Eignungsflächen

Die Gemeinde muss nicht sämtliche Flächen, die sich für Vorhaben nach § 35 Abs. 1 Nrn. 2 - 6 BauGB eignen, gemäß § 35 Abs. 3 S. 3 in ihrem Flächennutzungsplan darstellen. Bei der Gebietsauswahl und dem Gebietszuschnitt braucht sie die durch § 35 Abs. 1 Nrn. 2 - 6 BauGB geschützten Interessen in der Konkurrenz mit gegenläufigen Belangen nicht vorrangig zu fördern.

- Sie darf diese Interessen nach den zum Abwägungsgebot entwickelten Grundsätzen zurückstellen, wenn hinreichend gewichtige städtebauliche Gründe dies rechtfertigen[11].
- Die Gemeinden dazu z. B. aus Gründen des Schutzes der Wohnnutzung, des Immissions-, Natur- oder Ortsbildschutzes „Tabu-Zonen" bezeichnen.
- Hiervon unberührt bleibt die sich aus § 35 Abs. 3 S. 1 BauGB ergebende Rechtslage, wonach Vorhaben nicht zulässig sind, wenn ihnen öffentliche Belange entgegenstehen.

Hieraus ergibt sich auch, dass der Weg über die Flächennutzungsplanung nicht der einzige Weg ist, Anträgen auf städtebaulich unerwünschten, privilegierten Windenergieanlagen entgegenzutreten. Die Gemeinde kann das Einvernehmen im bauaufsichtlichen Verfahren gemäß § 36 Abs. 1 S. 1, Abs. 2 S. 1 BauGB aus den sich aus § 35 BauGB ergebenden Gründen, also insbesondere in der vorgenannten Konstellation entgegenstehender öffentlicher Belange, auch unbeschadet einer „positiven" bzw. mittelbar „negativen" Darstellung im Flächennutzungsplan versagen[12].

---

[11] BVerwG a. a. O.

[12] Vgl. BVerwG, UPR 2003, 188 sowie ZfBR 2000, 428 (Zulässigkeit einer Windenergieanlage in einem Landschaftsschutzgebiet).

dd) Regionalplanung

§ 35 Abs. 3 S. 3 lässt es weiterhin zu, dass auch durch Regionalplanung der Weg zu einer positiven Konzentration privilegierter Nutzungen mit der Folge einer entsprechenden „Negativwirkung“ für sonstige Standorte eröffnet ist[13]. Auch diese Möglichkeit ist in der höchstrichterlichen Rechtsprechung inzwischen durch das BVerwG vorgeklärt[14]. Nach Maßgabe der jeweiligen Landesplanungsgesetze können hierzu in den Regionalplanungen z. B. Eignungsgebiete[15] für Windenergieanlagen dargestellt werden. Solche Ausweisungen für Windenergieanlagen als Ziel der Raumordnung und Landesplanung an anderer Stelle stehen als öffentliche Belange einem privilegierten Vorhaben entgegen. Voraussetzung für die Steuerungswirkung ist ein schlüssiges gesamträumliches Planungskonzept. Planentwürfe sind insoweit unbeachtlich. Die Regionalplanung, aber auch ein gemeinsamer Flächennutzungsplan mehrerer Gemeinden nach § 204 BauGB, können das Gebiet einer gesamten Gemeinde z. B. von jeglicher Windenergienutzung freihalten, vorausgesetzt, es liegen besondere Gründe vor, die das Gebiet besonders schutzwürdig erscheinen lassen[16]. Für die Regionalplanung ist weiterhin zu beachten, dass sich ihre Aussagen auf raumbedeutsame Windenergieparks oder raumbedeutsame einzelne Windenergieanlagen beschränken.

Weist der Raumordnungsplan Vorranggebiete aus, die der Nutzung der Windenergie im Plangebiet substanziell Raum schaffen, stehen Flächen, auf denen die Träger der Flächennutzungsplanung weitere Standorte für Windenergieanlagen ausweisen dürfen (so genannte „weiße“ Flächen), der Ausschlusswirkung des Abs. 3 S. 3 nicht entgegen. Die Ausschlusswirkung erstreckt sich allerdings nur auf die Gebiete, die der Plan als Ausschlusszone festschreibt. Die „weißen“ Flächen erfasst sie nicht, weil es in Bezug auf diese Flächen an einer abschließenden raumordnerischen Entscheidung fehlt[17].

Die in § 12 Abs. 2 ROG genannten Voraussetzungen eröffnete Möglichkeit, zur Sicherung eines in Aufstellung befindlichen Ziels der Raumordnung die Erteilung einer Baugenehmigung zu untersagen, lässt die Befugnis der Bauaufsichtsbehörde unberührt, die Baugenehmigung mit der Begründung zu versagen, dem Bauvorhaben (hier: Windkraftanlage) stehe ein in Aufstellung befindliches Ziel der Raumordnung als unbenannter öffentlicher Belang im Sinne des Abs. 3 S. 1 entgegen. Ein in Aufstellung befindliches Ziel der Raumordnung hat die Qualität eines öffentlichen Belangs, wenn es inhaltlich hinreichend konkretisiert und wenn zu erwarten ist, dass es sich zu einer verbindlichen, den Wirksamkeitsanforderungen ge-

---

[13] Hierzu krit. Hoppe/Spoerr, NVwZ 1999, 945; Hoppe, DVBl. 2003, 1345; dagegen z. B. Hendler, UPR 2003, 401.

[14] BVerwGE 118, 33; NVwZ 2003, 1261.

[15] Vgl. § 7 Abs. 4 S. 1 Nr. 3 ROG.

[16] BVerwG a. a. O.

[17] BVerwG, DVBl. 2006, 459.

nügenden Zielfestlegung im Sinne des § 3 Nr. 2 ROG verfestigt und durch die öffentliche Auslegung eine Verlautbarungsreife entstanden ist[18].

ee) Verhältnis zum Immissionsschutz

Wird eine genehmigungsbedürftige oder eine gemäß § 67 Abs. 2 BImSchG anzuzeigende Windfarm durch Hinzutreten einer weiteren Windkraftanlage geändert, richtet sich die Genehmigungsbedürftigkeit der Änderung nach §§ 15 und 16 BImSchG. Das gilt unabhängig davon, wer Betreiber der Windfarm ist und ob im konkreten Fall eine Umweltverträglichkeitsprüfung durchgeführt werden muss[19].

ff) Verhältnis zum Naturschutz

Für die praktische Anwendung ist – u. a. mit Blick auf den Schutz des Landschaftsbildes – der Hinweis im Ausschussbericht zum ÄndG 1996[20] bedeutsam, dass unbeschadet der Prüfung nach § 35 Abs. 3 BauGB bei jedem Außenbereichsvorhaben die naturschutzrechtliche Eingriffsregelung des § 18 BNatSchG anzuwenden ist[21]. Die Naturschutzbehörden sind bei diesen Entscheidungen sowie bei Maßnahmen zum Ausgleich unvermeidbarer Eingriffe zu beteiligen. Sind Eingriffe unvermeidbar und nicht voll ausgleichbar, so ist eine Genehmigung zu versagen, wenn die Belange von Naturschutz- und Landschaftspflege vorrangig sind.

Das Landschaftsbild[22] wird verunstaltet, wenn mit der Schaffung der Anlage der städtebauliche und landschaftliche Gesamteindruck erheblich gestört würde. Geschützt ist insbesondere der ästhetische Wert der Landschaft. Der Schutz des Landschaftsbilds kann auch der Zulässigkeit privilegierter Vorhaben (§ 35 Abs. 1) entgegenstehen. Zur Beeinträchtigung einer Mittelgebirgslandschaft durch eine an exponierter Stelle vorgesehene Windenergieanlage.[23] Ist ein Landschaftsbild bereits nachhaltig zerstört, so fehlt es an einem Schutzgut, das weiteren Eingriffen in die Landschaft entgegenstehen könnte[24]. Eine nur vorübergehende Verunstaltung des Landschaftsbildes z. B. durch eine Abgrabung kann – jedenfalls bei privilegierten Vorhaben – der Zulässigkeit des Vorhabens nicht entgegenstehen; wenn Abgrabungen nach Abs. 1 Nr. 3 vom Gesetzgeber planartig dem Außenbereich zugewiesen sind, kann das Landschaftsbild im Rahmen der gebotenen Abwägung

---

[18] BVerwGE 122, 364; vgl. zum Zusammenwirken von Raumordnungs- und Bauleitplanungsrecht vertiefend Kirste, DVBl. 2005, 993.
[19] BVerwGE 122, 117.
[20] BT-Drs. 13/4978.
[21] BVerwG UPR 2002, 194; vgl. weiter Rn 133.
[22] Vgl. auch § 1 Abs. 6 Nr. 5 sowie § 172 Abs. 3 S. 1 BauGB.
[23] Vgl. OVG Münster, NVwZ-RR 2006, 176.
[24] BVerwG, Buchholz 406.11 § 35 BBauG Nr. 131.

nicht ein solches Gewicht haben, dass selbst eine nur vorübergehende Verunstaltung des Landschaftsbildes der Abgrabung entgegenstünde[25].

4. Zum Monitoring

§ 4 c BauGB regelt das Monitoring wie folgt:

> *„Die Gemeinden überwachen die erheblichen Umweltauswirkungen, die aufgrund der Durchführung der Bauleitpläne eintreten, um insbesondere frühzeitig unvorhergesehene nachteilige Auswirkungen zu ermitteln und in der Lage zu sein, geeignete Maßnahmen zur Abhilfe zu ergreifen. Sie nutzen dabei die im Umweltbericht nach Abs. 2 Nr. 5 der Anlage zu diesem Gesetzbuch angegebenen Überwachungsmaßnahmen und die Informationen der Behörden nach § 4 Abs. 3."*

Das Monitoring betrifft den Flächennutzungsplan insgesamt, nicht nur in Bezug auf die Aussagen zu § 35 Abs. 3 S. 3 BauGB.

Einen „fixen" Zeitpunkt dafür, wann das Monitoring durchzuführen ist, gibt es nicht, Die Überprüfungspflicht des § 5 Abs. 1 S. 3 BauGB („15 Jahre") verfolgt – auch – andere Ziele. Vielmehr ergibt sich aus § 4 c BauGB, dass die Überprüfung je nach der Umweltentwicklung vorzunehmen ist.

Dabei ist auch festzuhalten, dass jeder aus dem Flächennutzungsplan entwickelte Bebauungsplan ein Monitoring für den Flächennutzungsplan bedeutet, aus dem entwickelt wird oder der parallel geändert wird.

[25] BVerwG, ZfBR 1983, 199.

VII Praxisberichte: Probleme und Perspektiven

A – Perspektiven und Probleme der Flächennutzungsplanung in Berlin

Michael Künzel

1. Berlin und seine innere Organisation und die sich daraus ergebenden Besonderheiten in der Raumordnung und der Stadtplanung

Die Rolle der Flächennutzungsplanung in Berlin und ihr Beitrag zur Stadtentwicklung werden bestimmt durch zwei Rahmenbedingungen:

- Berlin ist Stadt und Bundesland zugleich und trennt Aufgaben der Landes- und Kommunalverwaltung nicht.
- Berlin besitzt einen zweistufigen Verwaltungsaufbau, der insbesondere bei der Wahrnehmung der kommunalen Planungshoheit den Bezirken eine weitgehende Zuständigkeit einräumt.

In seiner Eigenschaft als Land hat Berlin auf der Grundlage des Landesplanungsvertrages mit dem Nachbarland Brandenburg eine gemeinsame Landesplanung eingerichtet. Die Aufgabe der Landesplanung wird für Berlin und Brandenburg durch die Gemeinsame Landesplanungsabteilung (GL) wahrgenommen, die zugleich eine Abteilung des brandenburgischen Ministeriums für Infrastruktur und Raumordnung (MIR) und der berlinischen Senatsverwaltung für Stadtentwicklung (SenStadt) ist. Die Berliner Senatorin für Stadtentwicklung nimmt insoweit Aufgaben einer Landesministerin für Raumordnung wahr.

In seiner Eigenschaft als Einheitsgemeinde hat Berlin die Zuständigkeiten bei der Wahrnehmung der kommunalen Planungshoheit zwischen den 12 Berliner Bezirken und der Hauptverwaltung, hier SenStadt, aufgeteilt: SenStadt nimmt die gesamtstädtischen Aufgaben der Stadtplanung durch die Aufstellung des Flächennutzungsplanes wahr, die Bezirke sind für die verbindliche Bauleitplanung zuständig. Die Berliner Senatorin für Stadtentwicklung nimmt insoweit Aufgaben einer Stadtbaurätin wahr.

Dadurch entstehen unterschiedliche Spannungsverhältnisse:

Die durch die GL erarbeiteten Ziele der Raumordnung lösen gegenüber dem Berliner FNP, wie gegenüber jeder anderen Gemeinde im gemeinsamen Planungsraum, der Hauptstadtregion Berlin-Brandenburg, natürlich ein Anpassungsgebot aus. Die Berliner Senatorin für Stadtentwicklung verkörpert die politische Leitung beider Abteilungen, was bedingt, dass hier Ziele der Landesentwicklung und kommunale Entwicklungsziele in einer besonderen Weise aufeinander abgestimmt sind. Deshalb wurde für die Landesplanung kein Behördenmodell sondern ein Abteilungsmodell gewählt.

Daneben besteht das Entwicklungsgebot der durch die Bezirke wahrgenommenen verbindlichen Bauleitplanung aus dem Flächennutzungsplan. Um im Verhältnis zwischen Haupt- und Bezirksverwaltungen gesamtstädtische Interessen ggf. auch gegen lokale Planungsabsichten durchsetzen zu können, verfügt der Senat durch das Ausführungsgesetz zum Baugesetzbuch (AGBauGB) über Instrumente, die verbindliche Bauleitplanung wirksam zu steuern. Dabei spielt die Frage der Entwicklungsfähigkeit von Bebauungsplänen oder der mögliche Widerspruch zwischen Vorhaben und Darstellungen des FNP eine zentrale Rolle. Hierdurch erhält der Berliner FNP eine starke Steuerungsfunktion gegenüber den Bezirken.

Der Berliner FNP ist somit in seiner Bündelung kommunalpolitischer Zielstellungen zugleich Partner der Landesplanung sowie Wahrer dieser Ziele gegenüber den Berliner Bezirke.

2. Berliner FNP-Verfahren: Bündelung und Effektivität

Politischer Ansprechpartner des Berliner FNP ist das Abgeordnetenhaus von Berlin. Hier wird auf der Ebene des Landesparlaments über die Aufstellung und die Änderungen des Flächennutzungsplans entschieden. Seit 1994 verfügt Berlin als Gesamtstadt über einen wirksamen Flächennutzungsplan, der das Stadtgebiet in einer Größe von 900 km² vollständig darstellt.

Um die zahlreichen Verfahren und die Beratung im Abgeordnetenhaus in kontrollierbaren Zeitabläufen abwickeln zu können, werden die jeweils laufenden Verfahren gebündelt. Dabei werden zweimal im Jahr für alle Verfahren soweit irgend möglich die nach BauGB vorgesehenen Verfahrensschritte durchgeführt. Das heißt, dass zeitgleich die frühzeitige Beteiligung der Öffentlichkeit und der Träger öffentlicher Belange, die öffentliche Auslegung und die Bekanntmachung des Beschlussergebnisses für alle für den jeweiligen Verfahrensschritt vorbereiteten Verfahren einschließlich der dazu erforderlichen politischen Beschlussfassungen durchgeführt werden. Dies garantiert eine zeit- und arbeitsökonomische Durchführung aller FNP-Änderungsverfahren sowie eine Verfahrensdauer von in der Regel weniger als 24 Monaten.

Mit ca. 200 Änderungsverfahren zwischen 1995 und 2004 wurden auf ca. 2% der Fläche des Berliner Stadtgebietes die Darstellungen des FNP überarbeitet, so dass die Flächenkulisse des FNP weitestgehend stabil geblieben ist.

3. Strategien der Stadtentwicklung – Stadtentwicklungskonzept: STEK 2020

Die im Jahre 2004 im wieder aufgegriffenen Stadtforum geführte Debatte zur Stadtentwicklung stellt für Berlin vier Begriffe in den Mittelpunkt:

- Governance
- Internationalität
- Profilierung
- Sozialer Zusammenhalt

Der Ansatz „Governance" beschreibt das auf Kooperation ausgerichtete Angebot der Senatsverwaltung für Stadtentwicklung an die Akteure der Stadt, mit ihnen gemeinsam an der Entwicklung und Umsetzung stadtentwicklungspolitischer Zielstellungen zu arbeiten. Planungsziele sollen nicht mehr verordnet sondern gemeinsam erarbeitet und mehrheitsfähig gemacht werden. Entwicklungsprozesse die primär keine der Stadtentwicklung sind, aber positive Effekte für sie haben, können auf die Unterstützung der Senatsverwaltung für Stadtentwicklung zählen.

Internationalität ist für eine Metropole wie Berlin unverzichtbares Attribut. Die Fähigkeit unterschiedlichen Kulturen Lebensräume zu bieten, aus kulturellen Besonderheiten Qualitäten zu entwickeln und kooperationsfähig mit anderen Kulturen zu sein, spielt im erweiterten Europa, in der globalisierten Welt aber auch in den multi-ethnischen Stadtteilen von Berlin eine zunehmende Rolle.

Berlin erfindet sich immer wieder neu. Die starke kulturelle Tradition der Stadt erlebt zur Zeit eine starke Wiederbelebung. Berlin als Bundeshauptstadt ist in den Herzen der Bundesbürger angekommen. Viele Wirtschaftszweige sind in West-Berlin schon kurz nach Kriegsende, in Ost-Berlin erst nach der Wiedervereinigung weggebrochen. Hier gilt es durch eine nachhaltige Profilierung der Wirtschafts- und Wissenschaftsstadt Berlin eine neue wirtschaftliche, gewerbliche und industrielle Basis für die Stadt zu gründen.

Nicht zuletzt ist der soziale Friede, der gesellschaftliche Zusammenhalt in der Stadt ein stadtentwicklungspolitisches Ziel. Menschen, die unter den vielfältigen Umstrukturierungen leiden, gilt es in das Stadtleben zu integrieren. Stadträume, die nicht im Fokus der Entwicklung stehen sollen vor dem Stillstand bewahrt werden. Zugleich meint sozialer Zusammenhalt auch die Bereitschaft der Verwaltung auf individuelle Entwicklungswünsche einzugehen und die Aktiven in der Stadt genauso zu unterstützen wie externe Investoren.

4. Beitrag der Flächennutzungsplanung

Die Flächennutzungsplanung als die einzige gesamtstädtische Stadtplanung Berlins bedient sich unterschiedlicher Instrumente:

- der formalen Flächennutzungsplanänderungsverfahren,
- der Instrumente des AGBauGB zur Durchsetzung gesamtstädtischer Planungsziele und
- informeller Planungen (Planwerke, Leitbilder, Rahmen- oder Masterplanungen) und damit verbundene öffentliche Diskussionsprozesse.

Die zentralen Themen der Stadtplanung sind hierbei:

- die Benennung von für die Stadtentwicklung bedeutsamer Großräume (Strategieräume),
- die Untersetzung dieser Räume durch informelle Planungen (Planwerke, Leitbilder),
- die Bearbeitung stadtentwicklungspolitisch bedeutsamer Themen (Bahnflächenentwicklung, Zentrenentwicklung),
- Einzelaufgaben von gesamtstädtischer Bedeutung in Kooperation mit anderen Teilen der Senatsverwaltung und den Bezirken (Rahmenplanungen).

Die neue Zentralität Berlins, die sich darin ausdrückt, dass bis zum Jahr 2011 mit dem nahezu abgeschlossenen Ausbau des Berliner Autobahnnetzes, der Modernisierung des Eisenbahnnetzes mit Schnellbahntrassen und dem modernsten Kreuzungsbahnhof Europas, dem Ausbau der Wasserwege und dem Bau des Großflughafens Berlin Brandenburg International BBI der dann modernste Verkehrsknotenpunkt Europas entstanden sein wird, wird den Berliner Südost-Raum wesentlich beeinflussen. Hierfür erarbeitet die Berliner Stadtplanung eine Neuauflage des Planwerks Südost, in das auch die gemeinsam mit der Flughafenstandortgemeinde Schönefeld erarbeitete Konzept „Masterplan Gateway BBI“ integriert werden wird. Wichtige Bestandteile dieses Planungsraumes sind die neue BAB A 113, die den Flughafen BBI mit der Berliner Innenstadt verbindet, die Wirtschafts- und Wissenschaftsstadt Adlershof, die Gewerbegebiete in direkter Flughafennähe, der Fachhochschulstandort Schöneweide, die Altstadt Köpenick, der sich in Entwicklung befindende Spreeraum, die innerstädtischen Wohngebiete von Nord-Neukölln, Treptow und Kreuzberg sowie der Landschaftsraum des Dahme-Spree-Gewässersystems.

Ein Teilraum diese Planwerks ist der „Spreeraum“. Dabei handelt es sich um die Spreeufer in Friedrichshain-Kreuzberg, Mitte und Treptow zwischen Jannowitzbrücke und Elsenbrücke, der Eisenbahnstrecke Jannowitzbrücke-Ostkreuz und der Köpenicker Straße. Auf der Grundlage des durch die Flächennutzungsplanung erarbeiteten „Leitbildes Spreeraum“ und der in diesem Zusammenhang geführten öffentlichen Diskussion um Entwicklungsziele, städtebauliche, freiräumliche und verkehrliche Fragen entwickelt sich der Spreeraum zu einem Entertainment und Medienquartier. Teilbereiche des Spreeraumes sind einbezogen in das Programm Stadtumbau-West, bzw. in ein Regionalmanagement „media-spree“.

Die Bahnflächenentwicklung hat in Berlin Tradition. Die Entwicklung des Görlitzer Bahnhofs zum Görlitzer Park war schon vor der Wiedervereinigung abgeschlossen worden. Die Nachnutzung des Nordbahnhofes, des Eberswalder Güterbahnhofs (Mauerpark), des Potsdamer und Anhalter Bahnhofs sind Beispiele für die Wiedernutzung von Bahnbrachen aus jüngster Zeit. Der Städtebauliche Rahmenvertrag zur Entwicklung des Gleisdreiecks bildet die Grundlage für den Bau von ca. 30 ha öffentlichen Grünflächen, zur Beplanung und Erschließung von vier privaten Baufeldern sowie für die Erweiterung des Deutschen Technikmuseums Berlin. Die Verhandlungen zur Nachnutzung dieser Fläche wurden durch das Referat Flächennutzungsplanung und stadtplanerische Konzepte kooperativ mit der Abteilung Stadtentwicklung des Bezirksamtes Friedrichshain-Kreuzberg geführt und mündeten in der Unterzeichnung des o. g. Vertrages zwischen dem Grundstückseigentümer und Berlin, vertreten durch Senat und Bezirk.

Noch eine längere Zeit wird die Entwicklung des ehemaligen Hamburger und Lehrter Güterbahnhofes in Anspruch nehmen. Um hier zunächst die Interessen der Grundeigentümer und der wichtigsten Akteure der Nachbarschaft zu bündeln – „Schlafende Löwen wecken“ hat die Flächennutzungsplanung ein Moderationsverfahren „Nördlicher Cityrand“ durchgeführt, dessen Ziel es war Entwicklungsoptionen und -strategien für diesen wichtigen Raum in der Nähe des Berliner Hauptbahnhofs zu erkennen und bei allen Akteuren eine gemeinsame Verantwortung für den Raum entstehen zu lassen. Auch hier sind Teilflächen in das Programm Stadtumbau-West einbezogen.

Neben solchen großflächigen und für die Stadt sehr bedeutsamen Entwicklungen ergibt sich immer wieder bei kleineren Flächen aus der Aufgabe der Bahnnutzung heraus die Notwendigkeit, den FNP zu ändern. Häufig werden in moderierten Prozessen gemeinsam mit den Eigentümern und den betroffenen Bezirks- und Senatsverwaltungen die Planungsziele, Realisierungshorizonte und weitere Verfahrenschritte geklärt und abgestimmt. Auf der Grundlage solcher zum Teil auch öffentlich begleiteten Verfahren werden FNP-Änderungsverfahren eingeleitet und durchgeführt. Beispiele hierfür sind die Güterbahnhöfe Pankow, Wilmersdorf, Tempelhof und Grunewald.

Der Flächennutzungsplan leistet einen wichtigen Beitrag zur Steuerung der Zentrenentwicklung in Berlin. Die Entwicklung im Einzelhandel mit Konzentration und Discounterisierung bedroht die gewachsenen Berliner Zentren. Hier einerseits Spielräume für die Attraktivierung der Zentren zu schaffen und andererseits die Steuerungsfunktion von Bauleitplanung wahrzunehmen ist im zweistufigen Berliner Verwaltungsaufbau letzten Endes immer vor dem Hintergrund der Instrumente der Steuerung der verbindlichen Bauleitplanung der Bezirke zu sehen. Die Informationspflichten der Bezirke aber auch das Weisungsrecht der Senatsverwaltung bis hin zur Heranziehung der Zuständigkeit für einzelne Bebauungspläne stellen ein ausreichendes wenn auch für Außenstehende kompliziertes Instrumentarium dar. Die notwendige Stringenz im politischen und Verwaltungshandeln lässt sich auf Grund dieser Zweistufigkeit nicht immer so darstellen, wie das bei einstufig organisierten Verwaltungen der Fall ist.

Auf der anderen Seite erhält der FNP durch die Zweistufigkeit auch erst seine steuernde Funktion, die er in einstufigen Verwaltungen häufig schon verloren hat. Gerade weil er mit Eingriffsmöglichkeiten in die verbindliche Bauleitplanung ausgestattet ist und auf gesamtstädtischer Ebene politisch diskutiert wird, relativiert sich der Einzelfall und werden strategische und strukturelle gesamtstädtische Fragen bedeutsamer. Die „Eskalationsleiter" reicht daher von der Einleitung eines FNP-Änderungsverfahrens und der dadurch für die Senatsverwaltung wahrgenommenen Zuständigkeit in Fragen der gesamtstädtisch bedeutsamen, FNP-relevanten Stadtplanung bis zur Nutzung der Eingriffsinstrumente des AGBauGB. Im ersten Fall führt häufig schon die Durchführung eines kooperativen Verfahrens mit dem betroffenen Bezirk, den Projektanten und einem neutralen Gutachter zu einer Konsenslösung, die gerade weil sie gemeinsam erarbeitet wurde, tragfähig und dauerhaft belastbar ist. Im letzten Fall wird der zunächst fachliche Dissens zwischen lokalen und gesamtstädtischen Interessen zu einem politischen Konflikt und führt ggf. zu einem nachhaltigen Vertrauensschaden zwischen dem Land Berlin und potenziellen Investoren. Diese Konfliktfälle versucht das Kooperationsangebot der Senatsverwaltung von Anfang an zu vermeiden.

B – Bericht aus Bonn

Michael Isselmann

0. Ausgangssituation

Der heute gültige FNP geht zurück auf das Jahr 1975. Bei einer Gesamtfläche des Stadtgebiets Bonns von etwa 141 km^2 entfallen ca. 43% auf die Siedlungsfläche (60,6 km^2) und ca. 57% auf Freiflächen (80,7 km^2). Waldflächen mit rund 41,8 km^2 stellen den größten Anteil der Freiflächen, es folgen landwirtschaftliche Flächen mit 24,2 km^2, Grünflächen mit 7,2 km^2 und Wasserflächen mit 5,7 km^2. Bei den Siedlungsflächen machen die Wohnbauflächen mit ca. 36,7 km^2 den größten Anteil aus, es folgen gemischte Bauflächen mit 5,5 km^2, sowie Sonderbauflächen und gewerbliche Bauflächen mit jeweils 5,2 km^2.

Seit 1975 wurden insgesamt 178 Verfahren zur Änderung des Flächennutzungsplanes durchgeführt. 125 davon sind wirksam geworden, 41 wurden letztlich nicht weiterverfolgt; 12 Änderungen befinden sich derzeit noch im Verfahren.

Es ist zurzeit nicht beabsichtigt, den FNP neu aufzustellen.

1. Flächennutzungsplanung und ökologische Anforderungen

Der Flächennutzungsplan wurde insbesondere in den letzten Jahren kontinuierlich den ökologischen und landschaftsplanerischen Erkenntnissen angepasst. Dies hatte zur Folge, dass rund 150 ha Bauflächen in Freiflächen (Grünflächen bzw. land- und forstwirtschaftliche Flächen) umgewandelt wurden. Im Gegenzug erfolgte jedoch auch eine Umwandlung von ca. 80 ha Freifläche in Baufläche.

Im Einzelnen stellt sich die Situation wie folgt dar:

- FNP 1975: 6.031 ha Baufläche (42,71%) zu 8.090 ha Freifläche (57,29%)
- FNP 1998: 6.085 ha Baufläche (43,10%) zu 8.035 ha Freifläche (56,90%)
- FNP 2005: 6.094 ha Baufläche (43,15%) zu 8.027 ha Freifläche (56,85%).

Wichtiges Instrument hierfür ist das sog. „Integrierte Freiraumsystem (IFS)“, das 1998 für die Stadt Bonn erarbeitet wurde und eine Grundlage im Abwägungsprozess darstellt.

Das „Integrierte Freiraumsystem (IFS)" wurde in der Absicht entwickelt, die durch das Landschaftsgesetz in Nordrhein-Westfalen in der Landschaftsplanung vorgegebene harte Zäsur zwischen Siedlungsbereich und Freiraum aufzuheben und zu räumlich und thematisch übergreifenden planerischen Aussagen zu gelangen. Unterschiedliche funktionale Schwerpunkte von Freiräumen sollen verknüpft und in Einklang gebracht werden.

Zunächst wurden für die Funktionen Biotop- und Artenschutz sowie Erholung und Stadtstruktur „Optimalpläne" erstellt, die dann anhand der Entwicklungsziele „Klima" überprüft und in ein Gesamtplanungsmodell zusammengeführt wurden. Weiterhin erfolgte eine Verknüpfung von Freiraumplanung und angestrebter Siedlungsentwicklung. (vgl. Abbildung 3) So wurden alle bereits formulierten Planungsabsichten (Flächennutzungsplan, Wohnungsbauprogramm, Gewerbeflächenprogramm) einer Analyse und ökologischen Bewertung unterzogen, die im Einzelfall zu Empfehlungen führte, z. B. auf die bauliche Entwicklung zu verzichten und den Flächennutzungsplan entsprechend zu ändern. Schließlich wurde der Freiraum dahingehend untersucht, wo aus ökologischer Sicht eine bauliche Entwicklung denkbar wäre.

Abbildung 3: Strukturprinzip des Integrierten Freiraumsystems der Bundesstadt Bonn

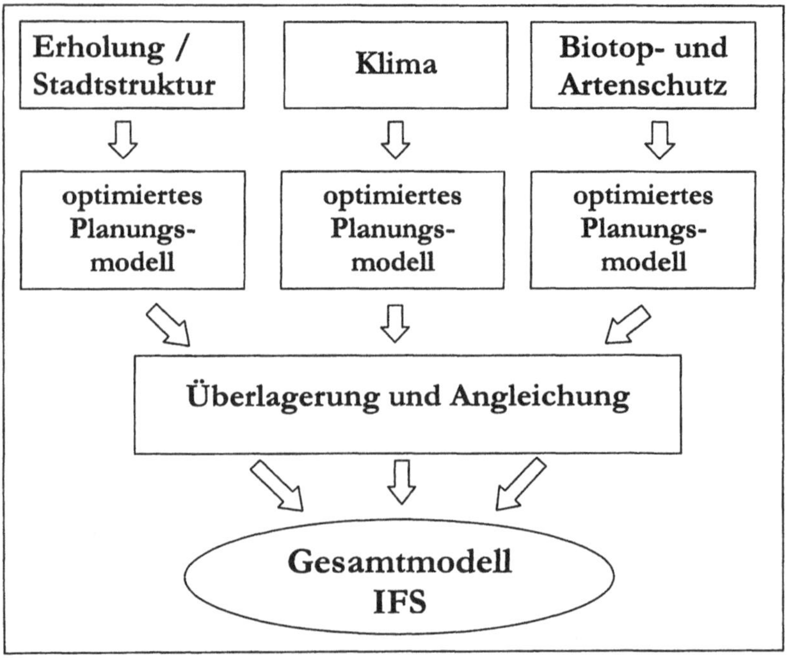

2. Stadtplanung und Einzelhandelsentwicklung

Kaum ein Themenfeld der räumlichen Planung hat in der jüngeren Vergangenheit eine solche Dynamik entfaltet, wie die Diskussion um die Frage der Steuerung von Einzelhandelsansiedlungen.

Die Verwaltung der Bundesstadt Bonn – und ebenso die anderer Städte – wird derzeit verstärkt mit Anfragen von Investoren hinsichtlich der Ansiedlung von Einzelhandelsbetrieben konfrontiert. Dahinter stehen Expansionswünsche aufgrund des herrschenden Wettbewerbs- und Flächendrucks im Einzelhandel. Auch die hohe Kaufkraft am Standort Bonn verstärkt das Interesse des Einzelhandels, in Bonn vertreten zu sein.

Die Stadt Bonn hat auf diese Thematik frühzeitig reagiert; das ursprüngliche Einzelhandels- und Zentrenkonzept von Bonn wurde 1977 erarbeitet und zählt damit zu den ersten dieser Art, die in Deutschland entwickelt wurden. 1999 wurde das Konzept fortgeschrieben und als „räumlich funktionales Zentrenkonzept im Sinne einer nachhaltigen Siedlungspolitik" erneut beschlossen. Gleichzeitig wurde die Verwaltung beauftragt, ein „regionales Zentrenkonzept" zu erarbeiten; dieses wurde im Jahr 2003 fertig gestellt, in der Sitzung des Rates der Stadt Bonn am 13.11.2003 beschlossen und dient als Grundlage der interkommunalen Abstimmung bei Ansiedlungsinteressen von Einzelhandelsvorhaben.

2.1 Regionales Einzelhandels- und Zentrenkonzept Bonn/Rhein-Sieg/Ahrweiler

Positive Erfahrungen in anderen Themenfeldern motivierten die Akteure in der Region Bonn/Rhein-Sieg/Ahrweiler dazu, ihre 1991 begonnene Zusammenarbeit auf ein neues und nach eigener Einschätzung sehr konfliktträchtiges Themenfeld auszudehnen. Im Gegensatz zu anderen Regionen gab hier kein kontrovers beurteiltes Großprojekt (z. B. FOC) den Anstoß, sondern vielmehr einzelne, in der Summe negativ kumulierende Ansiedlungsentscheidungen. Hierzu zählte auch die Einschätzung, dass die Ansiedlung von Einzelhandelszentren „auf der grünen Wiese" Kaufkraft außerhalb der historisch gewachsenen Stadt- und Ortskerne bänden und somit langfristig zu deren Verödung beitragen könnten; die Auswirkungen überschreiten dabei oftmals die Stadt- und Gemeindegrenzen. Zum Erhalt lebendiger, funktionsfähiger Ortszentren bedarf es daher der Betrachtung größerer räumlicher Zusammenhänge bei der Ansiedlung von großflächigen Einzelhandelsbetrieben.

Erste Sondierungsgespräche über die Erarbeitung eines Einzelhandels- und Zentrenkonzeptes als Baustein für eine nachhaltige Entwicklung der Region fanden im Herbst 1998 statt. Während des nächsten Jahres wurden als Basis für die Ausschreibung eines Gutachtens erste Vorstellungen für das weitere Vorgehen, mögliche Ziele und Leitfragen entwickelt. Im März 2000 empfahl ein Facharbeitskreis der regionalen Lenkungsgruppe, den Auftrag an ein Team von drei Gutachtern zu vergeben.

Vor diesem Hintergrund wurde in den Jahren 2001 und 2002 seitens des „Regionalen Arbeitskreises Entwicklung, Planung und Verkehr – *:rak*“ das Einzelhandels- und Zentrenkonzept der Region Bonn/Rhein-Sieg/Ahrweiler als Baustein einer nachhaltiger Regionalentwicklung erarbeitet.

Die Bestandsaufnahme der Einzelhandelssituation ergab, dass die Region derzeit noch eine günstige Versorgungsinfrastruktur besitzt. In ländlich geprägten Gebieten beginnen diese Strukturen bereits zu bröckeln, die Grundversorgung mit Gütern des täglichen Bedarfs ist hier schon heute nicht mehr gesichert. Angesichts des steigenden Konkurrenzdruckes im Einzelhandel und des sich wandelnden Verbraucherverhaltens ist eine solche Entwicklung auch für die übrige Region nicht auszuschließen.

Abbildung 4: Vereinbarung über die Vorgehensweise zur regionalen Abstimmung bei der Ansiedlung von Einzelhandelsvorhaben

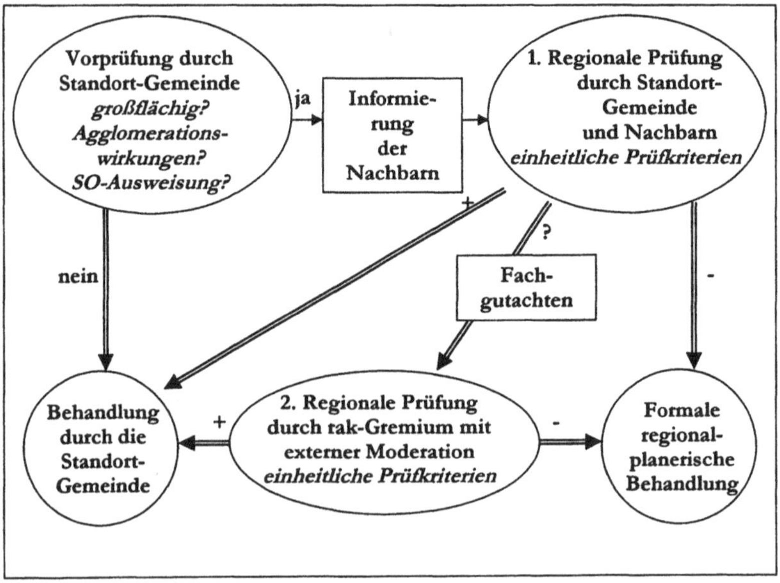

Um dieser Entwicklung entgegenzuwirken, sollten laut Empfehlung des regionalen Einzelhandels- und Zentrenkonzepts Ansiedlungen großflächiger Einzelhandelsbetriebe mit gemeindeübergreifender Wirkung hinsichtlich ihrer Auswirkungen auf die Ortskerne untersucht und Standort, Größe und Sortiment zwischen den betroffenen Gemeinden abgestimmt werden. Die Umsetzung dieser Empfehlung erfolgt nunmehr auf Basis einer Vereinbarung, welche zwischen den Städten und Gemeinden des *:rak* geschlossen wurde (vgl. Abbildung 4). Diese legt – über die gesetzlichen Vorgaben hinaus – die Handlungsweise bei Ansiedlungsbegehren großflächiger Einzelhandelsbetriebe fest. Ziel des Verfahrens ist die Konsensfindung zwischen allen von dem projektierten Einzelhandelsbetrieb betroffenen Kommunen. Die kommunale Planungs- und Entscheidungshoheit wird durch die Vereinbarung nicht berührt.

Das Konzept fußt auf einer Situations- und Risikoanalyse, die den Grundstock für ein regionales Informationssystem (Datenbank) und eine Gemeindetypisierung bildet. Darauf aufbauend sollten Szenarien und Handlungsempfehlungen für einzelne Gemeindetypen sowie die Region insgesamt entwickelt werden. Die Tätigkeit der Gutachter, die zugleich als Moderatoren wirkten, begleitete ein projektbezogener Arbeitskreis, in dem außer den Kommunen, Kreisen, der Bezirksregierung Köln, auch Kammern und Verbänden der Wirtschaft sowie große Einzelhandelsunternehmen, die Landesregierung und Forschungsinstitute (BBR, ILS) als wissenschaftliche Beobachter vertreten waren. Das Kooperationsprojekt zeichnete sich insgesamt durch einen stark prozess- und dialogorientierten Ansatz aus.

Die Akteure diskutieren Vorschläge für eine nachhaltige Regionalentwicklung nicht nur aus der Einzelhandelsperspektive, sondern unter Berücksichtigung weiterer zentrenbildender Funktionen (z. B. Kultur und Freizeit). Das Themenfeld steckten sie ganz bewusst weit ab, um einerseits neuen Trends der Projektplanung Rechnung zu tragen (z. B. Kombination von Einzelhandels- mit Freizeitangeboten) und andererseits auch kleinere ländliche Gemeinden, die keine Versorgungsschwerpunkte darstellen, als Kooperationspartner zu gewinnen.

2.2 Einzelhandels- und Zentrenkonzept der Stadt Bonn

Obschon die Überarbeitung des Zentrenkonzepts der Stadt Bonn gerade erst sechs Jahre zurückliegt, bedarf es wegen der aktuellen Entwicklungen im Einzelhandel (Stichwort: Konzentration/Verdrängungswettbewerb/„Discounterisierung") sowie aufgrund von Erfordernissen der neuen Gesetzeslage und Rechtsprechung (standortspezifische Sortimentslisten, Umgang mit Einzelhandel in Gewerbegebieten) gleichwohl einer weiteren Anpassung.

Durch die Fortschreibung des Zentrenkonzepts soll nunmehr eine gesamtstädtische, verbindliche Entscheidungsgrundlage für Ansiedlungsvorhaben geschaffen werden, die sowohl Investoren als auch den ortsansässigen Einzelhändlern eine verlässliche Perspektive und Planungssicherheit bietet. Die Verwaltung soll in die Lage versetzt werden, neben der (rechtssicheren) Abwehr nicht konformer Ansiedlungsvorhaben gleichzeitig eine aktive Standort- und Flächenpolitik zu betreiben. Im Rahmen der Fortschreibung des Zentrenkonzepts sollen daher sowohl alte Standorte für Nahversorgung und für großflächigen Einzelhandel auf Erweiterungsbedarf und Verbesserungsmöglichkeiten überprüft als auch neue mögliche (unschädliche) Standorte gefunden werden.

Hierbei gilt es zu vermeiden, dass sich die Entwicklungen im Einzelhandel negativ auf zentrale Nahversorgungsbereiche auswirken. Die Stadt Bonn mit ihren gewachsenen Stadt-, Stadtbezirks- und Ortsteilzentren ist daran interessiert, diese Struktur zu erhalten und zu stärken. Im Vordergrund muss dabei die Sicherung der wohnungsnahen Versorgung der Bevölkerung und damit der Qualität des Wohnumfelds stehen; zu berücksichtigen sind auch die bereits bestehenden Handelsstrukturen in den Zentren. Zugleich ist auch die Wirkung bereits im unmittelbaren Umland errichteter Handelsflächen auf das Stadtgebiet darzustellen und die (Rück-) Wirkung auf Standorte innerhalb des Stadtgebiets zu untersuchen.

Das anstehende Gutachten soll die Datengrundlage des bestehenden Einzelhandels- und Zentrenkonzepts aktualisieren und die Konzeption an die veränderte Gesetzes- und Ausgangslage anpassen. Ziel ist es, rechtlich sichere Beurteilungsgrundlagen und -strategien zum Umgang mit Ansiedlungsvorhaben (weiter) zu entwickeln.

Die Ausschreibung zur Auftragsvergabe (siehe Abbildung 5) definierte die Aufgaben des Gutachtens in drei Bereichen:

- Struktur- und Bedarfsanalyse: Aktualisierung der Datenlage, Definition von Bereichen der Nahversorgung und unterversorgter Bereiche bzw. Bereichen für großflächige Einzelhandelseinrichtungen, mit entsprechenden Folgerungen und Handlungsempfehlungen.
- Rechtliche Beurteilung: Definition von Änderungserfordernissen des bestehenden Konzeptes aufgrund der veränderten aktuellen Rechtsprechung, Baurechtsanalyse Bonn, Strategien zur optimierten planungs- und baurechtlichen Steuerung (bereichsspezifische Sortimentsliste, Vorgehen im 34er-Gebiet, Empfehlungen zum Umgang mit nicht konzepttreuen Ansiedlungsvorhaben).
- Umsetzungsstrategien: Auswahl und Einbeziehung von Akteuren (siehe Abbildung 6), Definition von Projektzielen, Arbeitsschritten, Entwicklung eines Konzeptes zur Anwendung im Arbeitsalltag.

Abbildung 5: Verfahrensvorschlag zur Fortschreibung des Einzelhandels- und Zentrenkonzepts der Bundesstadt Bonn

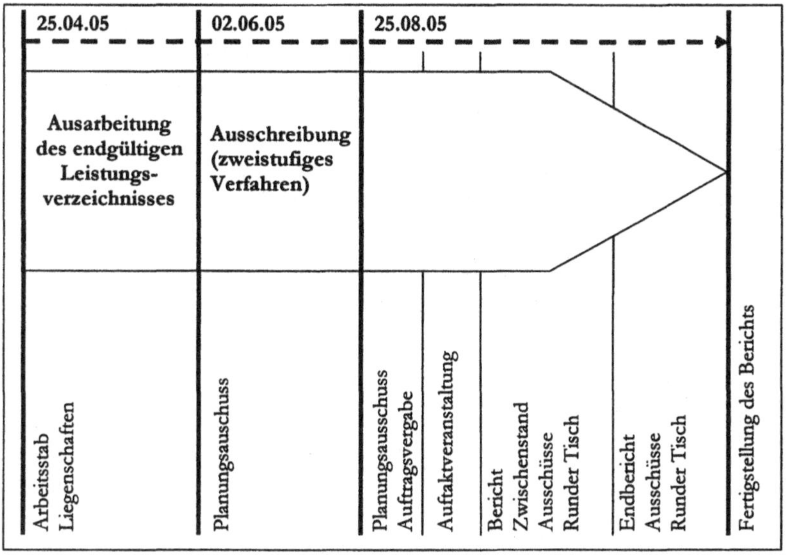

Abbildung 6: Differenzierte Einbindung unterschiedlicher Akteure und Akteursgruppen in den Prozess der Konzepterarbeitung

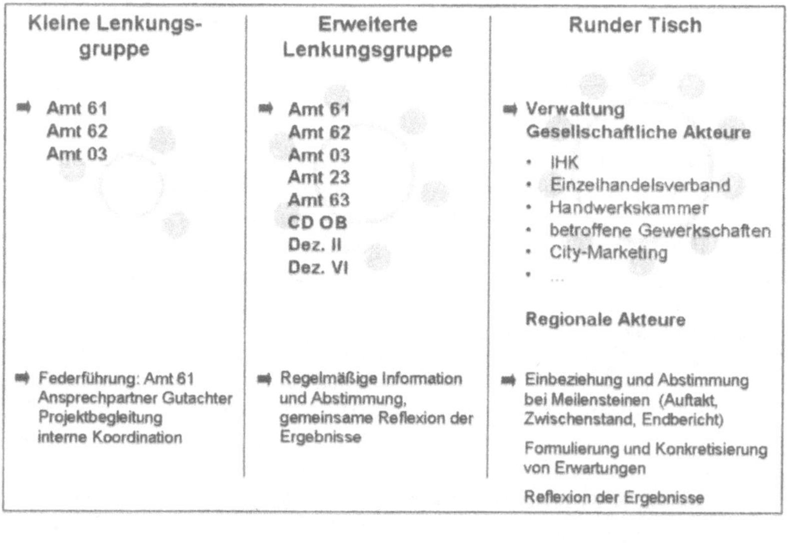

Im Rahmen eines zweistufigen Verfahrens (siehe Abbildung 7) wurden geeignete Gutachterbüros aufgefordert, auf der Basis einer von der Verwaltung erarbeiteten Leistungsbeschreibung (einschließlich eines angemessenen Zeitrahmens für die Fertigstellung des Gutachtens) in der ersten Stufe eine eigene Konzeptvorstellung mit einer ersten groben Honorarschätzung vorzulegen. Auf der Grundlage der Angebote wurden diejenigen Gutachter ausgeschieden, die nicht den Anforderungen der Aufgabenstellung entsprechen.

Abbildung 7: Zweistufiges Ausschreibungsverfahren zur Qualifizierung der Aufgabenbeschreibung

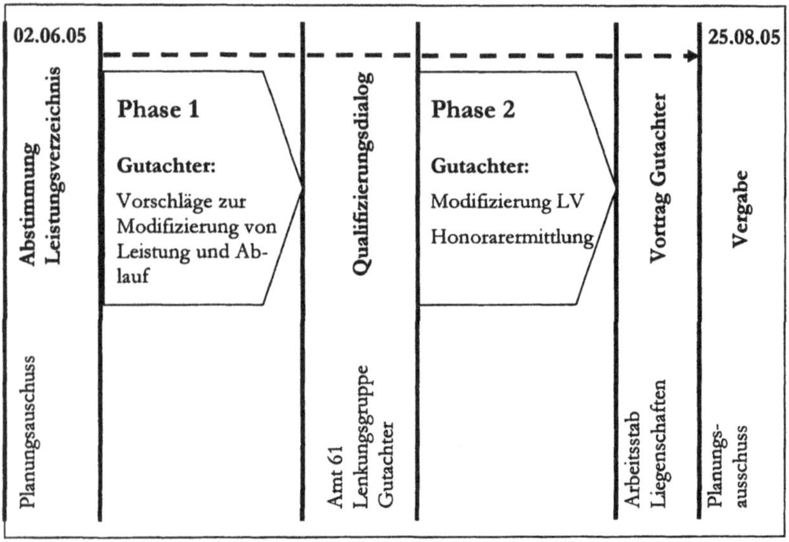

Alle weiteren Gutachterbüros sind in der nächsten Stufe zu einem persönlichen Erörterungsgespräch eingeladen worden, um offene Fragen zu klären und damit ermittelt werden konnte, ob der Gutachter für die Aufgabe geeignet scheint. Die gewonnenen Erkenntnisse flossen in ein endgültiges Leistungsverzeichnis ein, zu dem die verbliebenen Büros ein endgültiges Angebot abgaben. Zwischenzeitlich ist die Arbeit zur Fortschreibung des Bonner Einzelhandels- und Zentrenkonzepts aufgenommen worden.

Was bleibt in diesem Kontext festzuhalten? Die Entwicklung von (Einzelhandels- und Zentren-) Konzepten ist nicht neu, aber aktuell unverzichtbar. Stärker als in der Vergangenheit rückt allerdings der Erarbeitungsprozess, ja selbst die Formulierung der Aufgabenstellung in den Blickpunkt. Die gemeinsame Definition einer einvernehmlichen Ausgangsbasis soll dazu beitragen, Konflikte zu minimieren.

Bei der Sicherstellung der Einzelhandels(nah-)versorgung ist es unerlässlich, im Sinne einer Positivstrategie Steuerung zu betreiben. Neben der Formulierung geeigneter und der jeweiligen Gemeinde entsprechender räumlich-funktionaler Strukturen ist ein Zentrengefüge zu definieren, zu differenzieren und räumlich klar abzugrenzen. Einzelhandelsdichte, städtebauliche Situation, kulturelle, öffentliche und Dienstleistungseinrichtungen, Erreichbarkeit und Passantenfrequenz charakterisieren Haupt-, Neben- und Ergänzungslagen. Zur Sicherung vorhandener, zur Stärkung gefährdeter und zur (Wieder-)Belebung unversorgter Bereiche sind geeignete branchenbezogene Handelsstrukturen zu entwerfen, gegebenenfalls Flächen zu aktivieren, die verkehrliche Erreichbarkeit sicherzustellen und wenn nötig die Situation des öffentlichen Raumes zu verbessern.

Gleichfalls unverzichtbar sind gegenseitige Information und Abstimmung von Einzelhandels- und öffentlichen Akteuren. Beratungen im Vorfeld von Standort- und Investitionsentscheidungen beschleunigen letztlich Planungs- und Genehmigungsverfahren. Innerstädtische Kooperationen sind ebenso erforderlich, wie interkommunale Abstimmungen und der Dialog mit den Bürgern. Die Instrumentarien hierfür sind gegeben, der „Werkzeugkasten" ist wohl gefüllt, um auch zukünftig ein attraktives Angebot und eine ausgewogene Versorgungsstruktur bereitzustellen.

3. Demografischer Wandel und Wohnungsbaukonzept

„Wir werden weniger, älter, bunter" ist eine aktuell gern genutzte Formulierung, welche die demografische Entwicklung in der Bundesrepublik plakativ darstellt. Entgegen dem allgemeinen Trend des Schrumpfens wird sich – unterschiedlichen Prognosen folgend – die Wachstumsentwicklung der Stadt und Region Bonn der letzten 15 Jahre auch zukünftig fortsetzen. Von 1987 stieg die Zahl der Einwohner Bonns von rund 278.000 auf heute über 310.000 Menschen. In gleicher Weise hat sich eine solche Entwicklung im Rhein-Sieg-Kreis und auch im Kreis Ahrweiler vollzogen. Dort allerdings mit deutlich größeren Steigerungsraten, als das in Bonn der Fall gewesen ist. Im Kreis Ahrweiler beispielsweise von ca. 111.000 auf 130.000, beim Rhein-Sieg-Kreis von rd. 480.000 auf nahezu 600.000 Einwohner. In der Region leben damit heute insgesamt etwa 1 Mio. Menschen (siehe Abbildung 8).

Die Einwohnerverteilung und die auf die jeweilige Stadt bezogene Einwohnerdichte ist dabei natürlich nicht gleichmäßig; Bonn, als von der Gemarkung relativ kleine Stadt mit einer Fläche von rund 140 Quadratkilometern, hat eine sehr hohe Bevölkerungsdichte mit über 2.000 Einwohnern je Quadratkilometer.

Abbildung 8: Bevölkerungsentwicklung in der Region Bonn/Rhein-Sieg/Ahrweiler 1987 - 2003

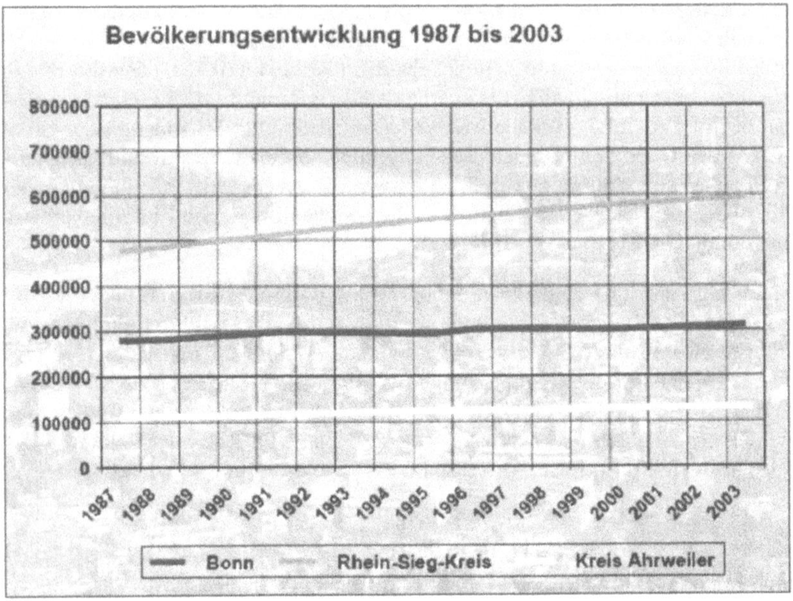

Abbildung 9: Einwohnerdichte in der Region Bonn/ Rhein-Sieg/Ahrweiler 2003

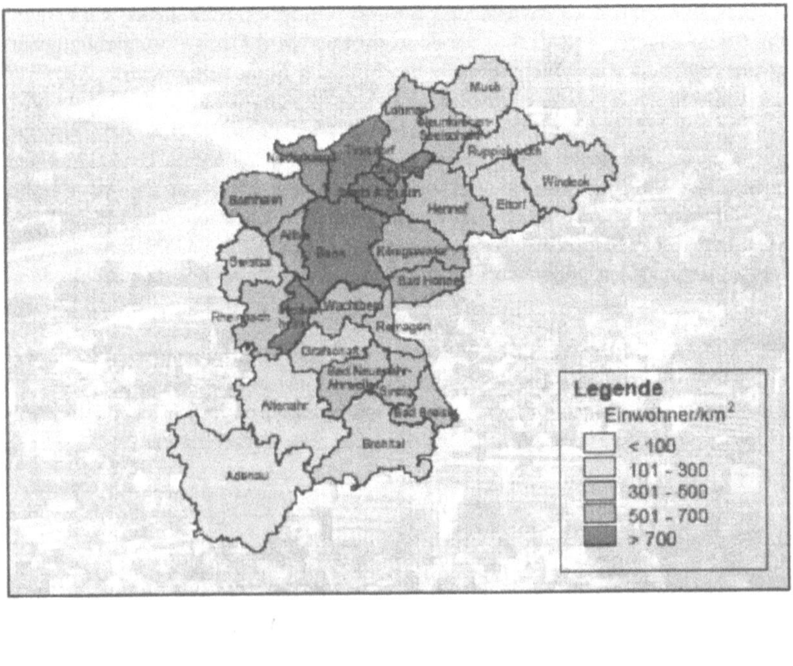

Aber es gibt eine ganze Reihe anderer Städte – sie gruppieren sich quasi wie Zwiebelschalen um Bonn herum – die mit mehr als 700 Einwohnern je Quadratkilometer ebenfalls hohe Dichten aufweisen; Troisdorf, Siegburg oder Sankt Augustin gehören beispielsweise dazu. Je weiter man sich dann entfernt, umso geringer werden auch die Einwohnerdichten; Adenau im Süden hat beispielsweise weniger als 50 Einwohner je Quadratkilometer (siehe Abbildung 9).

Blickt man in die Zukunft und betrachtet die Prognose des Landesamtes für Statistik Nordrhein-Westfalen (LDS) bzw. des Bundesamtes für Bauwesen und Raumordnung (BBR) bis zum Jahre 2020, so sind sowohl für die Stadt Bonn als auch für die angrenzenden Kreise Ahrweiler und Rhein-Sieg Steigerungsraten zu erkennen. (siehe Abbildung 10) Bei zwar unterschiedlich starken Zuwächsen sind es im Jahr 2020 insgesamt nahezu 95.000 Menschen mehr, die in dieser Region allein auf nordrhein-westfälischer Seite ihren Wohnort wählen, hier leben werden und für die – und das sind dann auch wieder die bereits heute zu behandelnden planerischen Aufgaben – entsprechender Wohnraum zur Verfügung gestellt werden muss. Für die Region stellt sich damit eine Entwicklung in den nächsten Jahren dar, die quasi entgegen der allgemeinen Tendenz verläuft; in großen Teilen Deutschlands wird mit einem Bevölkerungsrückgang zu rechnen sein.

Abbildung 10: Bevölkerungsprognose 2020 des LDS Nordrhein-Westfalen für die Region Bonn/Rhein-Sieg/Ahrweiler

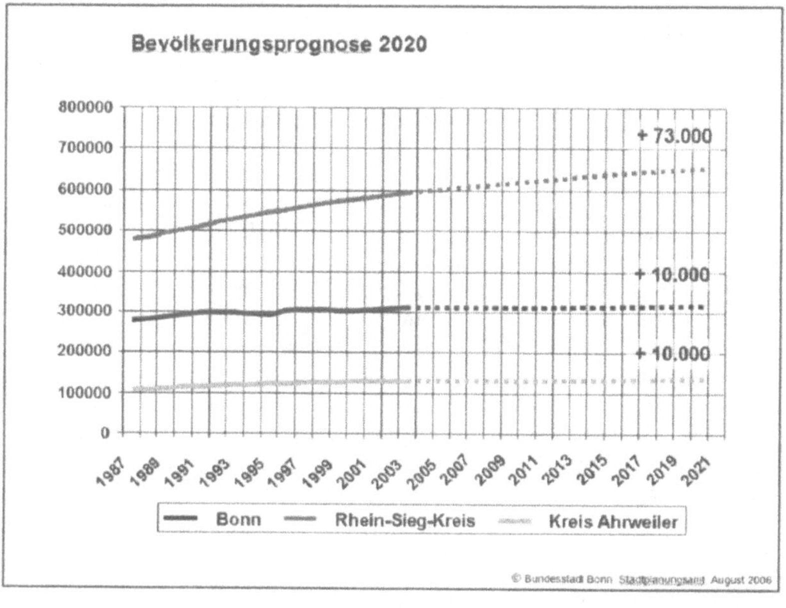

Doch nicht nur die quantitative Entwicklung der Bevölkerung ist im Rahmen der Prognose von Interesse. Ebenso ist der Blick auf die Struktur der Bevölkerung zu richten und zu beobachten, wie sie sich verändern wird. Im Ergebnis ist festzustellen, dass der Anteil der unter 20-jährigen, also der Kinder und Jugendlichen deutlich ab und der Anteil der Älteren zu nimmt. In der jeweiligen Gegenüberstellung der beiden Altersklassen in den Vergleichsjahren 1991 und 2020 ist gegenüber anderen Teilen Deutschlands für Bonn und die Region eine noch recht moderate Veränderung zu beobachten. Zu konstatieren ist allerdings ein genereller Alterungsprozess, aber auch dieser fällt in anderen Regionen Deutschlands wesentlich drastischer aus als hier in der Region Bonn/Rhein-Sieg/Ahrweiler.

Bei der Entwicklung eines hierauf angepassten Wohnungsbaukonzepts geht die Stadt Bonn davon aus, dass der Wohnungsmarkt in Deutschland, aber auch vor allem in der Region Bonn sich zu einem Nachfragermarkt entwickelt. Neben der „traditionelle Wohnungspolitik" mit einem Fokus auf die Zielgruppen, die sich nur schwer eigenständig auf dem Markt behaupten können, tritt nun ergänzend eine „Strategische Wohnstandortpolitik". Hinsichtlich der Knappheit direkt verfügbarer Flächen auf Bonner Stadtgebiet gilt es, die vorhandenen Potenziale sowohl im Bestand (Umplanung, Nachverdichtung) als auch in den Flächen (Arrondierung) zu erfassen und entsprechend der Nachfrage nach Art und Qualität der Bebauung zu aktivieren. Insofern ist geplant, neben die klassische Form der Bauflächenaktivierungen und den sozialen Wohnungsbau eine differenzierte Wohnraumbetrachtung und -entwicklung als präventive Maßnahme zur Einflussnahme auf den demografischen Wandel der Gesellschaft zu stellen. Hierfür soll ein Konzept mit mehreren Bausteinen entwickelt werden, das Hinweise auf Wohnortvorlieben, Qualitäten der Stadt Bonn und Wohntrends, z. B. zur Bauform, durch Marktanalysen aufnimmt und in die Bauflächenaktivierung einbringt.

Bei den entscheidenden Aspekten und Hintergrundinformationen, welche Bürger wie und wo in Bonn wohnen (wollen), ist aus stadtentwicklungsplanerischer Sicht dabei eine Annäherung von zwei Seiten gewählt: Zum Einen sollen durch eine Analyse vorhandener Sozialdaten und Daten zum Wohnungsbestand (Strukturdatenanalyse) Aussagen gewonnen werden, die die Bonner Stadtteile charakterisieren und eine Definition von Raumtypen mit ähnlichen Merkmalen ermöglichen. Dieser rein datenbasierten Herangehensweise wird zum anderen eine qualitative Analyse gegenüber gesetzt, die auch „weiche" Faktoren berücksichtigt und Aussagen zu den „Lebensstilen" möglich machen soll. Hieraus können Raumtypen auf Bonner Stadtgebiet abgeleitet und somit Stärken und Schwächen in einem (Stadtteil-) Portfolio dargestellt werden. Unterschiedliche Zielgruppen, die durch entsprechende Wohnangebote angesprochen werden sollen, werden so identifiziert. Gründe, aus denen Menschen nach Bonn ziehen, werden ebenso transparent, wie auch die Ansprüche und Bedarfe der in unterschiedlichen Lebensphasen wohnenden Bonner Bürger.

Bei der Frage der Wohnungspolitik kann die Region Bonn/Rhein-Sieg/Ahrweiler auf umfangreiche und tiefgehende Erfahrungen zurückgreifen.

3.1 Regionale Wohnungsmarktuntersuchung

In der Annahme, dass der Bonn-Berlin-Beschluss im Jahr 1991 auch tief greifende Auswirkungen für den regionalen Wohnungsmarkt mit sich bringen würde, wurde eine Strategie zur Lösung auch dieser Probleme im Rahmen einer regionalen Kooperation notwendig. Aus diesem Grund entschlossen sich 1992 zunächst 18 Städte und Gemeinden der Region (im engeren Verflechtungsraum Bonns), eine Wohnungsmarktuntersuchung in Auftrag zu geben. Als wichtigstes Ergebnis zeigte sich, dass für die Wohnungsmarktregion Bonn ein potenzieller Wohnungsbedarf von 30.000 bis 50.000 Wohneinheiten bis 2010 prognostiziert wurde. Darüber hinaus sind 1.400 ha Wohnbaureserveflächen in einen Pool eingegeben, bewertet und analysiert worden. Alle betroffenen Akteure der Wohnungsmarktregion (z. B. Planer, Architekten, Investoren, Umweltverbände, Politik und gesellschaftliche Gruppen) sind frühzeitig in den Prozess eingebunden worden (inzwischen nehmen 28 Städte und Gemeinden an diesem Prozess teil).

Abbildung 11: Das Impulsprogramm 1996-1999 der Region Bonn/Rhein-Sieg/Ahrweiler

Mit der regionalen Wohnungsmarktuntersuchung sowie dem daraus entwickelten Impulsprogramm 1996 - 1999 (siehe Abbildung 11) hat die Region Bonn/Rhein-

Sieg/Ahrweiler einvernehmlich ein Strategiekonzept der dezentralen Konzentration zur vorrangigen Siedlungsentwicklung entwickelt. Die Städte und Gemeinden der Region haben sich im sog. Impulsprogramm darauf verständigt, eine Schwerpunktentwicklung bei den Flächen vorzunehmen, die den gemeinsamen Kriterien entsprechen. Erste Projekte wurden im Zusammenhang mit dem experimentellen Wohnungsbau entwickelt. Hierbei kam dem Einsatz öffentlicher Fördermittel insgesamt und speziell dem der Wohnungsbauförderungsmittel eine besondere strategische Bedeutung zu. Diese Aktivitäten münden nun in dem Modellversuch zur regionalen Budgetierung der Wohnungsbauförderung des Landes NRW.

3.2 Der Modellversuch der Budgetierung der Landesmittel zur Wohnungsbauförderung

Mit dem Wohnungsbauprogramm 2001 des Landes NRW (MSWKS) wird erstmals im Rahmen eines Modellversuchs die Budgetierung der Fördermittel in der Praxis erprobt. Damit soll für mehr Flexibilität gesorgt und die Eigenverantwortung der Kommunen gestärkt werden. Aufbauend auf den bis dahin gesammelten guten Erfahrungen der freiwilligen regionalen Kooperation nimmt an dem Budgetierungsmodell in einem ersten Schritt die (Teil-)Region Bonn/Rhein-Sieg teil. Den Städten Bonn und Troisdorf sowie dem Rhein-Sieg-Kreis wird anstelle des bisherigen Verfahrens der kontingentierten Zuteilung von Fördermitteln nach Wohnungseinheiten ein gemeinsames Globalbudget von 100 Mio. DM zur Verfügung gestellt. Die betroffene Region soll im Rahmen der vorhandenen Förderangebote über den Einsatz des Budgets entscheiden können mit dem Ziel der besseren Treffsicherheit bei der Lösung der kommunalen Wohnungsprobleme. In diesem Modellversuch wurden die Wohnungsbaufördermittel des Landes Nordrhein-Westfalen in der Region Bonn/Rhein-Sieg erstmals für das Jahr 2001 mit der Option für die Jahre 2002 und 2003 budgetiert und kontingentiert.

Die Bewilligungsbehörden der Bundesstadt Bonn, des Rhein-Sieg-Kreises und der Stadt Troisdorf hatten in 2001 ein Budget von 100 Mio. DM und in den beiden folgenden Jahren von entsprechend 50 Mio. € zur Verfügung. Die Verteilung erfolgt in jährlichen Abstimmungsgesprächen zwischen den Bewilligungsbehörden, dem *:rak* und dem Land NRW.

Ziel ist eine wohnungspolitische Schwerpunktbildung, zur Entwicklung einer nachhaltigen regionalen Siedlungs- und Wohnungspolitik (d. h. Projekte und Maßnahmen mit möglichst mehr als 30 Wohneinheiten bzw. besonders prozessorientierte Verfahren) die bei der Bewilligung Vorrang finden sollen.

Die Schwerpunkte hierbei sollen den Kriterien entsprechen, die im Rahmen der regionalen Wohnungsbauuntersuchung 1996 zu Impulsprojekten in der Region führten. Die Impulsprojekte sollten entsprechend der Qualitätsmerkmale zukunftsweisender Bauvorhaben:

- entlang der vorhandenen Schieneninfrastruktur liegen,
- ressourcen- und umweltschonende Fortentwicklung der Besiedlung sein,
- einer Mischnutzung von Wohnen und Arbeiten entsprechen, um den Individualpendlerverkehr zu reduzieren und
- prozessorientierte Bewohnerbeteiligung aufweisen.

Über den Einsatz des Globalbudgets entscheidet die Region im Rahmen der vorhandenen Förderangebote in eigener Verantwortung. Die einzelnen Städte und Gemeinden sind aufgefordert, geeignete Projekte zu benennen und sich aktiv in die Umsetzung einzubringen.

Zunächst sollen die Schwerpunktprojekte aus dem Gesamtbudget bedient werden, die dann verbleibenden Mittel werden entsprechend dem Länderschlüssel auf die drei Gebietskörperschaften verteilt.

3.3 Erlass des MSWKS

Am 27.12.2000 teilte das MSWKS der Region Bonn/Rhein-Sieg mit, dass sie in ein Modellvorhaben der Budgetierung der Landesmittel zur Wohnungsbauförderung eingebunden werden soll. Mit einem Erlass vom 23.01.2001 wurde zur Förderung des sozialen Wohnungsbaus im Programmjahr 2001 der Region ein Globalbudget nach Nr. 5 Wohnungsbauprogramm 2001 – Modellvorhaben "Budgetierung der Landesmittel der Wohnungsbauförderung" der Region Bonn/Rhein-Sieg und ein globales Bewilligungskontingent von 100 Mio. DM für 2001 zur gemeinsamen Bewirtschaftung zugeteilt.

Damit wurden die Aktivitäten in der Region Bonn, in der bereits verschiedene Pilotprojekte im Sinne der nachhaltigen Siedlungsentwicklung entstanden sind, nachdrücklich gewürdigt, zumal eine derartige Vorgehensweise in Nordrhein Westfalen und wohl auch in der Bundesrepublik neu war und wohl erstmalig erprobt wurde. Mit dem Angebot des Modellversuches war gleichzeitig die Herausforderung verbunden, in einer Zeit der geringeren Nachfrage nach Wohnungsbau in der Stadt Bonn selbst, aber auch in der Region – insbesondere bezüglich des Geschosswohnungsbaus – eine dem Förderungsvolumen entsprechende geeignete Wohnungsnachfrage zu initiieren.

3.4 Verwaltungsvereinbarung

Schon im Herbst 2000 vorbereitet, schlossen der Rhein-Sieg-Kreis, die Stadt Troisdorf und die Bundesstadt Bonn am 28. Februar 2001 eine Verwaltungsvereinbarung zur Budgetierung der Landesmittel zur Wohnungsbauförderung in der Region Bonn/Rhein-Sieg ab. Darin verabredet die Region auf folgende Weise zu einer Schwerpunktbildung der Wohnungsbaufördermittel zu kommen:

- Die Bewilligungsbehörden laden gemeinsam mit der Geschäftsstelle des Regionalen Arbeitskreises (*:rak*) jährlich (Vorlauf von ca. ½ Jahr) zu einem „Abstimmungsgespräch zur wohnungspolitischen Schwerpunktbildung" ein. Ziel dieses Gespräches soll es sein, im Vorlauf zur eigentlichen Bewilligung die regionalen Projekte/Maßnahmen mit mehr als 30 WE zu bestimmen, die der Schwerpunktbildung im o. g. Sinne dienen sollen und bei der Bewilligung Vorrang finden sollen.
- Darüber hinaus verabreden die Bewilligungsbehörden einen intensiven Informationsaustausch darüber, wie der Mittelabfluss in den jeweiligen Gebietskörperschaften vonstatten geht. Bei Nichtabfluss von Mitteln sollen die entsprechenden Kontingente den anderen Gebietskörperschaften bei Bedarf zur Verfügung gestellt werden.
- Die Bewilligungsbehörden verabreden darüber hinaus gemeinsam mit der Geschäftsstelle des *:rak* – ggf. unter Hinzuziehung der WohnBundBeratung – geeignete Projekte im Sinne des experimentellen Wohnungsbaus auszuwählen.

In einer Protokollnotiz zur Verwaltungsvereinbarung vom 28.02.2001 ist festgehalten, dass sich die Vertragspartner darüber einig sind, dass der „3-jährige Feldversuch" zur regionalen Budgetierung vom gegenseitigen Vertrauen getragen und bei Bedarf einvernehmlich weiterzuentwickeln sei. Sie sind sich gemeinsam mit dem MSWKS auch darüber im klaren, dass die Verwaltungsvereinbarung Eckpunkte darstellt, die durch den Prozess selbst und durch die Zeit inhaltlich ausgefüllt und soweit erforderlich präzisiert werden wird. Zur Vermeidung eines zusätzlichen Verwaltungsaufwandes werden insbesondere zu dem jährlich stattfindenden Abstimmungsgespräch ein durch das Land zu benennender Ansprechpartner eingebunden.

Zu dem jährlich stattfindenden Abstimmungsgespräch wurde gemeinsam eingeladen. Neben den Vertretern der Geschäftsstelle des Regionalen Arbeitskreises, den 3 Bewilligungsbehörden und den betreffenden Investoren, nahmen Vertreter der Städte und Gemeinden teil, die „Schwerpunktprojekte" benannt hatten. (Die Städte und Gemeinden der Region wurden durch den Regionalen Arbeitskreis mit einem einmonatigen Vorlauf vor dem Abstimmungsgespräch aufgefordert, geeignete Projekte zu benennen.)

Im übrigen verabreden die Vertragspartner, dass insbesondere die Schwerpunktbildung in der Region, die Auswahl weiterer Projekte und die Festlegung von gesonderten prozessorientierten Verfahren einvernehmlich – unter Beteiligung des MSWKS – getroffen werden soll. Dabei kann im Einzelfall die Grenze von 30 WE auch unterschritten werden, wenn es sich um ein besonders hervorzuhebendes Projekt handelt.

4. Regionaler Aktionsraum und lokale Handlungsebene

Unbestreitbar ist ein regionaler Betrachtungshorizont auch bei der Frage der Flächennutzungsplanung heute unverzichtbar, da der Aktionsraum der gesellschaftlichen Akteure über die Stadt in ihren administrativen Grenzen hinausgeht. Das Instrument der gemeinsamen Flächennutzungsplanung mag hierzu eine Antwort sein, die Stadt Bonn folgt allerdings einer anderen Strategie.

Unmittelbar nach dem Beschluss des Deutschen Bundestages vom 20. Juni 1991, das Parlament und den Kernbereich der Regierungsfunktionen von Bonn nach Berlin zu verlagern, wurde mit der Gründung des Regionalen Arbeitskreises (*:rak*) die gemeinsame, grenzüberschreitende Bewältigung des zu erwartenden Strukturwandels in der Region Bonn/Rhein-Sieg/Ahrweiler in Angriff genommen, um eine neue Entwicklungsperspektive für den Raum zu schaffen. Der *:rak* ist eine freiwillige Kooperationsform, in der 30 Gebietskörperschaften (Kreise, Städte, Gemeinden und Verbandsgemeinden) der Region Bonn/Rhein-Sieg/Ahrweiler in Aufgabenfeldern der räumlichen Planung aktiv sind. Ziel ist es, mit dem Instrument der freiwilligen Kooperation die nachhaltige Raumentwicklung in der Region zu fördern und auf die sich immer rascher ändernden gesellschaftlichen Anforderungen reagieren zu können.

Der *:rak* stellt ein Bindeglied zwischen der örtlichen Planungshoheit der Städte und Gemeinden und der Landesplanung dar, indem er im Wege des Informationsaustauschs und der Kommunikation dazu beiträgt, gemeinsam abgestimmte Projektentwicklungen auf kommunaler Ebene zu befördern.

Konkret ist diese Vorgehensweise durch nicht-förmliche Verfahren auf der Basis der freiwilligen Selbstbindung (Kommunikation, Moderation) gekennzeichnet. Der *:rak* hat eine zentrale, steuernde Funktion, indem er den Diskussionsprozess bei der Definition gemeinsamer Ziele/Qualitäten mit den regionalen Akteuren moderiert und damit die gemeinsame Basis dezentralen Handelns bildet. Neben ständigen Mitgliedern sowie Beratern (Gutachtern) werden themenbezogen Gäste eingeladen. Der *:rak* beschreitet als informeller Arbeitskreis neue Wege der Projektsteuerung und Verfahrensweisen. Er hat keine Beschlusskompetenz, spricht jedoch Empfehlungen aus, die von den entsprechenden Planungsgremien (Kreistagen, Stadt- bzw. Gemeinderäten) entschieden werden können. Seit November 2001 ist die freiwillige regionale Kooperation durch einen Kooperationsvertrag vertraglich geregelt. Danach wechselt die Geschäftsstelle alle zwei Jahre zwischen dem Kreis Ahrweiler, dem Rhein-Sieg-Kreis und der Bundesstadt Bonn.

Abbildung 12: Das „Fünf-Säulen-Modell" als strukturpolitisches Leitbild

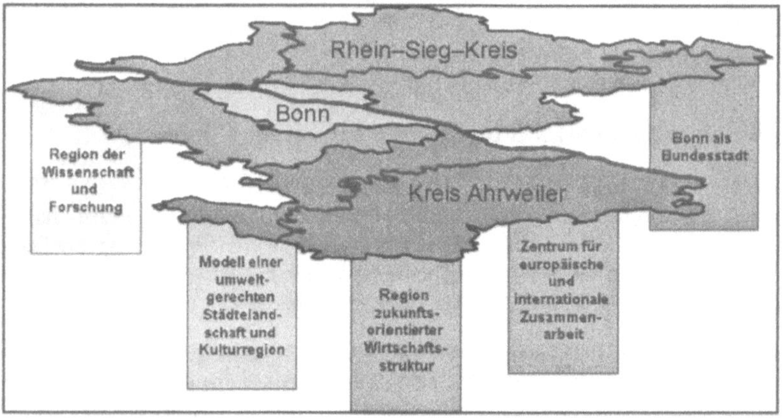

Leitbilder

Durch den Beschluss des Deutschen Bundestages vom 20. Juni 1991 erhielten die bereits begonnenen Diskussionen der regionalen Entwicklung eine neue Schubkraft. Neben der durchaus so zu bezeichnenden Schockwirkung bestand unmittelbare Einigkeit darin, rasch zu einer programmatischen Neuorientierung zu gelangen.

So wurden in nur wenigen Wochen drei Eckpfeiler regionalen Handelns entwickelt:

- das strukturpolitische Leitbild des „Fünf-Säulen-Modells" (siehe Abbildung 12),
- das raumordnerische Leitbild der „Dezentralen Konzentration" und
- das Kooperations-Leitbild des „Gegenseitigen Nutzens" (siehe Abbildung 13),

die sich aus heutiger Sicht bewährt haben.

Das strukturpolitische Leitbild des „Fünf-Säulen-Modells" beinhaltet die aus den vorhandenen Potenzialen bzw. Fähigkeiten der Region abgeleiteten Entwicklungsperspektiven. Zusammenfassend wurden fünf Aufgabenfelder festgelegt, auf die sich die Region in ihrer zukünftigen Entwicklung konzentrieren soll:

- Bonn als Bundesstadt
- Bonn als Zentrum für europäische und internationale Zusammenarbeit
- Region der Wissenschaft und Forschung
- Region zukunftsorientierter Wirtschaftsstruktur
- Modell einer umweltgerechten Städtelandschaft und Kulturregion

Diese fünf Entwicklungsziele wurden durch die Region verabschiedet, von den Landesregierungen Nordrhein-Westfalen und Rheinland-Pfalz mitgetragen und schließlich in dem Berlin/Bonn-Gesetz sowie in der Ausgleichsvereinbarung für die Region verankert.

Abbildung 13: Das Kooperations-Leitbild des Gegenseitigen Nutzens

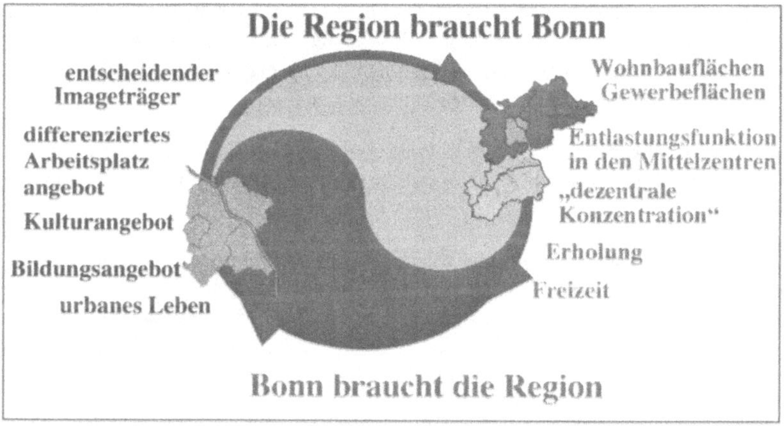

Mit dem raumordnerischen Konzept der „Dezentralen Konzentration" wird beabsichtigt, die räumliche Entwicklung von Stadt und Umland zu steuern. Es sieht eine ausgewogene Entwicklung vor, die nicht nur das Oberzentrum sondern auch die zahlreichen Mittelzentren stärken soll. Das Konzept verfolgt das Ziel, die Expansionsdynamik von Städten zu bündeln und auf bereits vorhandene Strukturen (Verkehrsachsen bzw. ÖPNV, kleinere Siedlungszentren) zu konzentrieren. Durch eine Nachverdichtung im innerstädtischen Bereich, durch den Ausbau vorhandener Zentren zu Mittelstädten im Umland und die Nutzung der bereits bestehenden Schieneninfrastruktur soll die ressourcen- und umweltschonende Fortentwicklung der Besiedlung ermöglicht werden. Gleichzeitig wird eine Mischnutzung von Wohnen und Arbeiten innerhalb der Zentren angestrebt, um die täglichen Wege zu verkürzen, die Autoabhängigkeit und somit den (Pendler-)Verkehr zu reduzieren.

Das Kooperationsleitbild des „Gegenseitigen Nutzens" schließlich greift u. a. auch die Wohnbaulandsituation Bonns auf. Entlastung für mangelnde Ressourcen in der eigenen Gemarkung kann auch in den Mittelzentren der Region gefunden werden; ebenso finden sich hier Angebote für Erholung und Freizeit – Bonn braucht die Region. Aber die Stadt Bonn hat ihrerseits Offerten zu machen; sie liefert ein differenziertes Arbeitsplatzangebot, hat vielfältige Angebote der Kultur und des Bildungswesen und ist ein entscheidender Imageträger – die Region braucht Bonn.

5. Resümee

Wie bereits dargestellt, ist zurzeit nicht beabsichtigt, den Flächennutzungsplan fortzuschreiben. Der 30 Jahre alte Flächennutzungsplan der Stadt Bonn entfaltet nach wie vor seine steuernde Wirkung. Dies zeigt sich nicht zuletzt darin, dass der 1975 unter der Prämisse des Ausbaus Bonns zur leistungsfähigen Bundeshauptstadt aufgestellte Flächennutzungsplan die Flexibilität besaß – und bis heute besitzt –, den 1991 eingeleiteten Strukturwandel Bonns und der Region (raum-)planerisch zu lenken. Anstelle einer Neuaufstellung finden vielmehr einerseits kleinräumige Änderungen und andererseits strukturelle Fortschreibungen statt.

Die regionale Abstimmung ist dabei ebenso ein unverzichtbares Element der dynamischen Fortentwicklung wie eine konsequente und kontinuierliche Akteurseinbindung.

Die wesentliche Chance im Rahmen solcher Kooperationen besteht in einem gelungenen Verfahren, das alte Projekte zum Abschluss bringt, neue Projekte initiiert, zu einer Verstetigung des Prozesses führt und die Basis für eine neue Planungskultur darstellt.

- Kooperative Verfahren gehen – über die bloße Beteiligung hinaus – von einer Stimulierung zur Mitwirkung der Akteure bereits in einem frühen Stadium aus. Unter dem Erfordernis einer hohen Einsatzbereitschaft aller Beteiligter können konfligierende Themenfelder versachlicht und Entscheidungsprozesse qualifiziert werden.

- Die Initiierung kreativer Prozesse und in Teilen auch unkonventioneller Methoden generiert neue Kooperationen und ermöglicht Synergien.

Kommunikative Planungsformen dürfen nicht den experimentellen Einzelfall darstellen, sondern müssen im Sinne verstetigter Prozesse Handlungsprinzip sein.

Zwischenzeitlich haben sich fünf Prinzipien, wenn man so will fünf „Rheinische Regeln", für die freiwillige Kooperation herausgebildet:

- Lösbare Aufgaben angehen. Hiermit ist die Strategie der „präventiven Konfliktscheu" umrissen. Die Region packt zunächst solche Themen an, die bei ihrer Lösung Erfolg versprechen. Themen mit höherem Konfliktpotenzial werden Schritt für Schritt aufgegriffen, wenn Kooperationserfahrung, Vertrauen und Offenheit gewachsen ist.
- Zuschnitt der Probleme flexibel gestalten. Projekte werden dann durchgeführt, wenn sich eine ausreichende Zahl von Kommunen beteiligt. Es kommt durchaus vor, dass einzelne Kommunen sich aufgrund anderer Prioritätensetzung zu bestimmten Fragen nicht aktiv engagieren. Dies führt nicht zum Ausschluss der Kommunen oder zum Stopp des Projekts. Der Informationsfluss bleibt erhalten.
- Konflikte produktiv bewältigen. Die Beteiligten werden ermutigt, ihre Interessen möglichst klar zu benennen. Konflikte müssen sein und manchmal auf dem Weg klassischer Planverfahren, ggf. auch im gerichtlichen Streitverfahren ausgefochten werden.
- Externe Moderation für komplexe Problemstellungen einsetzen. Unterstützung lohnt sich. Bei der Bearbeitung konfliktträchtiger Themen hilft sie, Basis für Vertrauen zu legen, zielorientiert zu arbeiten und präzise Ergebnisse für eine rasche Umsetzung zu erreichen.
- Konzertierte Eigenständigkeit wahren. Die Kommunen stellen Planungshoheit und Entscheidungsfreiheit nicht zur Disposition. Sie entscheiden sich in ausgewählten Feldern dafür, sich regionaler Rationalität als eigenständige Kommune anzuschließen.

C – Bericht aus Potsdam

Dr. Elke von Kuick-Frenz

Sehr geehrte Damen und Herren, in meinem Bericht aus Potsdam will ich Ihnen darstellen, welche Ziele die Stadt in den neunziger Jahren mit der Neuaufstellung des Flächennutzungsplanes nach dem Umbruch von 1989 verfolgt hat, ob diese erreicht wurden und welche Erfahrungen damit gemacht wurden. In einem zweiten Schritt will ich Ihnen zeigen, wie diese Erfahrungen bei der Neuaufstellung des Flächennutzungsplanes nach der Gemeindeneustrukturierung in den Jahren 2006/2007 berücksichtigt werden und welche neuen Anforderungen für die Stadt heute bestehen.

Bevor ich mit der Darstellung dieser beiden Entwicklungsschritte beginne, will ich für alle diejenigen, die Potsdam noch nicht so genau kennen, eine Kurzcharakteristik der Stadt geben.

1. Kurzcharakteristik Potsdam

Potsdam ist wesentlich geprägt durch seine Nähe zu Berlin. Die landschaftlich einmalige wald- und wasserreiche Lage veranlasste den Großen Kurfürsten Potsdam zu seiner zweiten Residenz auszubauen. Das haben alle Nachfolger beibehalten und so ist Potsdam die Stadt der Schlösser und Gärten geworden, ein Teil des UNESCO - Welterbes. Das ist für die heutige Entwicklung zu gleich Chance und Verantwortung.

Potsdams Stadtentwicklung war geprägt durch die Hof- und Garnisonsstadt, so dass es immer nur eine schwache wirtschaftliche Entwicklung auf der Ebene des produzierenden Gewerbes gab.

Potsdam ist auch schon immer ein bevorzugter Wohnstandort gewesen und ist es heute noch. Wir verzeichnen seit dem Jahr 2000 wieder Wanderungsgewinne in der Bevölkerungszahl und seit dem Jahr 2003 auch einen anhaltenden Geburtenüberschuss. Die Prognosen für die kommenden Jahre sagen einen weiteren Einwohnerzuwachs voraus, für den wir natürlich entsprechende Bedingungen / Angebote schaffen müssen.

Potsdam ist als Landeshauptstadt (vielleicht / hoffentlich bald für ein gemeinsames Land mit Berlin) ein großer Behörden- und Verwaltungsstandort.

Die wirtschaftlichen Potentiale liegen heute im Tourismus (2,31 Mio. Besucher / Jahr), der nicht nur auf die Schlösser und Gärten gerichtet ist, sondern auch auf die Gesamtstadt, den Filmpark in der Medienstadt Babelsberg und zukünftig auf den

„Integrierten Kultur- und Gewebestandort Schiffbauergasse“. An diesem Standort befinden sich eine Vielzahl unterschiedlicher kultureller und gewerblicher Einrichtungen (z.B. VW-DesignCenter / Oracle / Theater), die schon heute regional und überregional bedeutende Events veranstalten (z. B. Internationale Tanztage). Weitere Ansiedlungen sind geplant.

Potsdam hat mit 2,3 Tagen die längste durchschnittliche Aufenthaltsdauer von Touristen im Vergleich aller deutschen Landeshauptstädte.

Wirtschaftliche Potentiale liegen weiterhin:

- in der sehr hohen Zahl von Wissenschaftseinrichtungen (123 Wissenschaftler / 10.000 Einwohner) und deren Zusammenwirken mit am Ort befindlichen Biotechnologieunternehmen und der Geoinformationswirtschaft,
- in der Medienwirtschaft (hauptsächlich am ehemaligen Ufa-/Defa-Standort), an dem heute mit 3.500 Beschäftigten 1.500 Arbeitsplätze mehr vorhanden sind als zu DDR-Zeiten.

Mit diesen Branchenschwerpunkten ist Potsdam einer der 15 sogenannten „Regionalen Wachstumskerne“ im Land Brandenburg und hat damit sowohl Ausstrahlungskraft in der Region, wie auch internationale Bedeutung z.B. das Potsdamer Institut für Klimafolgenforschung → Tsunami-Frühwarnsystem).

Zur Abrundung des Bildes die Stadt in Zahlen:

- Potsdam hat einen vergleichsweise hohen Anteil von Freiflächen im Stadtgebiet. Sie sind strukturprägend und machen eine der wesentlichen Qualitäten der Stadt aus:

Gesamtfläche:	190 km^2
Bebaute Fläche:	85 km^2
Freifläche:	100 km^2
Wasserfläche:	5 km^2

Die Welterbestätte nimmt einen sehr großen Teil der innerstädtischen Flächen ein.

- Demzufolge ist die Siedlungsdichte gering:

Einwohnerzahl (2005)	146.000 Einwohner

Siedlungsdichte	850 EW je km²
Prognose (2020)	160.000 Einwohner
Durchschnittsalter (2005)	41,6 Jahre
2020	44,3 Jahre

- Die Verteilung der Arbeitsplätze in der Wirtschaft zeigt diese besondere Seite Potsdams:

  90% der sozialversicherungspflichtigen Beschäftigten arbeiten in Handel und Dienstleistung und öffentlicher Verwaltung (Vergleichswert in anderen Städten 80%).

  13,4 % Arbeitslosenquote: dies liegt deutlich unter Brandenburger und Berliner Werten, aber über dem gesamtdeutschen Schnitt von 11%.

- Trotz der Nachbarschaft zu Berlin ist Potsdam Einpendlerzentrum mit einem Überschuss von einem Viertel aller Pendler; das sind fast 14.600 Beschäftigte.
- Der größte Teil kommt aus dem Land Brandenburg, 9.000 kommen aus Berlin.

2. Der wirksame Flächennutzungsplan

2.1 Die Neuaufstellung seit 1991

Man muss sich noch einmal erinnern: ab 1990 war in den ostdeutschen Ländern alles anders. Es gab völlig neue Möglichkeiten für Grundstückseigentümer und Investoren. Es herrschte „Goldgräberstimmung" und das hatte seine Auswirkungen. Zwei Drittel der Grundstücke wechselten den Eigentümer. Die Investoren mussten geschieden werden in die soliden, ernst zu nehmenden und die, die sich selber und die Stadt ausprobierten. Aktuelle Planungen waren nicht verfügbar oder nicht brauchbar, weil deren Ziele den neuen Möglichkeiten / gesetzlichen Rahmenbedingungen nicht entsprachen.

In Potsdam lag zwar ein 1989 abgeschlossener „Generalbebauungsplan" zum Beschluss vor. 1990 wurde jedoch nach eingehender Prüfung entschieden, diesen nicht in das neue Recht zu überführen.

Welche Instrumente lagen jetzt zur Steuerung der gesamtstädtischen städtebaulichen Entwicklung vor?

Die Paragraphen 34 und 35 des Baugesetzbuches und die Möglichkeiten der Bauberatung.

Auf der Grundlage eines 1992 erarbeiteten Stadtentwicklungskonzeptes und den mit diesem beschlossenen Grundsätzen der Stadtentwicklung wurde an die Erarbeitung eines neuen Flächennutzungsplanes gegangen, um möglichst bald eine Grundlage zur Steuerung der gesamtstädtischen Entwicklung zu haben.

Die wichtigsten Aufgaben zur Neustrukturierung von Nutzungen im Stadtgebiet ergaben sich:

- aus der Aufgabe der militärischen Nutzung an zehn Standorten im Stadtgebiet;
- aus dem tatsächlichen, 1990 vorhandenen Wohnungsbedarf (10.000 Wohnungssuchende als „DDR-Überhang"), sowie dem erwarteten Bedarf späterer Jahre und
- aus der völlig neuen Verkehrssituation Potsdams durch die Öffnung zu Berlin.[1]

Die drei Hauptaufgaben Konversion, Deckung des Wohnbedarfs und Neustrukturierung der Verkehrserschließung waren die Handlungsfelder der Entwicklung der folgenden 15 Jahre. Hier für jedes dieser Handlungsfelder ein Beispiel aus dem wirksamen Flächennutzungsplan.

2.2 Konversion

Das Gebiet der räumlich zusammenhängenden sechs Kasernenstandorte am Bornstedter Feld ist mit 360 ha größer gewesen als die Potsdamer Innenstadt.

Schon 1991 wurde durch ein Angebot der Bonner BDA-Gruppe (Städtepartnerschaft) in Zusammenarbeit mit Potsdamer Planern und dem Stadtplanungsamt ein Entwicklungskonzept für den Standort erarbeitet, dass eine gemischte Entwicklung für Wohnen, Arbeiten und Erholen vorsah. Das Konzept wurde öffentlich diskutiert, modifiziert und so in den Flächennutzungsplan-Entwurf übernommen.

[1] Potsdam grenzte im Osten an Westberlin; dadurch war eine Verkehrsverbindung nach Ostberlin nur über den Umweg nach Westen oder Süden möglich. Das betraf die Straßen – wie auch die Schienenführung. Für letztere wurde in den fünfziger Jahren ein neuer Hauptbahnhof außerhalb Potsdams gebaut. Nach der Wende konnte der alte innerstädtische Bahnhofsstandort wieder aktiviert werden.

2.3 Deckung des Wohnbedarfs

Für diese dringliche Aufgabe, in möglichst kurzer Zeit Wohnraum für die 10.000 Wohnungssuchenden zu schaffen, wurde eine Planung aus DDR-Zeit aufgegriffen.

Das Wohngebiet Drewitz, das 1989 noch nicht ganz abgeschlossen war, wurde 1990 zu Ende gebaut und für die Erweiterungsfläche eine städtebauliche Rahmenplanung entworfen, die Grundlage für die Darstellung im Flächennutzungsplan-Entwurf wurde.

Das es sich hier um die Umnutzung einer landwirtschaftlichen Fläche handelte, verstieß zwar gegen den Grundsatz des Vorranges der Innenentwicklung vor der Außenentwicklung, wurde aber auch politisch als Ausnahme hingenommen, um die o. g. Aufgabe kurzfristig erfüllen zu können. Bis 1995 wurden im so genannten „Kirchsteigfeld" 2.000 Wohneinheiten geschaffen.

2.4 Verkehrserschließung

Da ab 1990 der Verkehr zwischen Berlin und Potsdam wieder auf den bis dahin geschlossenen Trassen aufgenommen werden konnte, verlagerten sich für den Schienenverkehr die Bedienmöglichkeiten wieder vom Stadtrand in die Innenstadt. An dem Standort des ehemaligen innerstädtischen Hauptbahnhofes gab es noch die Schienentrassen, aber keinen Bahnhof mehr und es gab die relativ großen, ungenutzten Flächen des ehemaligen Güterbahnhofes in unmittelbarer Nachbarschaft zum Zentrum.

Hier stand die Aufgabe einen leistungsfähigen Hauptbahnhof zu schaffen und parallel ein Flächennutzungskonzept für die brachliegende Güterbahnhofsfläche zu entwickeln.

In einem ähnlichen Verfahren wie zum Kirchsteigfeld, wurde für dieses zentrumsnahe Areal ein Konzept entwickelt, das den Bahnhof als zentralen Umsteigepunkt innerhalb der Stadt für den ÖPNV vorsah und auf dem großen Flächenpotential gewerbliche Ansiedlungen plante sowie in der Randlage zur Havel / Nuthe Wohnnutzung vorschlug.

Dieses Grundkonzept wurde, wie in den anderen Fällen, in den Flächennutzungsplan-Entwurf übernommen.

Diese drei Beispiele zeigen, wie in den Flächennutzungsplan-Arbeitsphasen Vorentwurf / Entwurf der Austausch als Gegenstromprinzip zwischen räumlichen Teilplanungen, die parallel geführt wurden, und dem FNP stattfanden.

2.5 Weitere Problemfelder

Neben diesen Aufgaben, die eine große fachliche Herausforderung darstellten, aber politisch unstrittig waren, gab es andere Vorschläge, die in den einzelnen Arbeitsphasen mit der Öffentlichkeit, der Politik und verwaltungsintern kontrovers diskutiert wurden. Das waren also die Aufgabenfelder, die die Problemlagen darstellten.

Die drei Hauptgruppen dieser Problemlagen waren:

- Umnutzung von Kleingartenflächen zu Gunsten einer Wohnnutzung.
- Störende Nutzungen im Welterbe und in der historischen Innenstadt.
- Konkurrenzen zu Aussagen des Landschaftsplanes.

Diese Problemgruppen sollen an je einem Beispiel erläutert werden.

a) Umnutzung von Kleingartenflächen zur Wohnnutzung in Babelsberg

Eine Wohnungsgenossenschaft hatte Ende der zwanziger Jahre am Rande von Babelsberg ein Einfamilienhausgebiet entwickelt. Damals schon in Nachbarschaft zu einem Kleingartengebiet. Städtebaulich wurde die Siedlung in Abstimmung mit der Stadt so angelegt, das sie in das benachbarte Gelände erweitert werden kann. Die Stadt hatte für die Fortführung der Straßen auch schon Grundstücksflächen erworben.

Der Einfamilienhausbau spielte in der DDR eine völlig untergeordnete Rolle, d. h. der Bedarf wurde nicht annähernd gedeckt. So bestand nach 1990 ein großer Nachholbedarf. Aus dem genannten Kleingartengebiet heraus gab es mehrfach den Wunsch dort Einfamilienhäuser errichten zu dürfen. Da alle Voraussetzungen für eine Entwicklung gegeben waren (Bedarf und Rahmenerschließung vorhanden) und eine Ergänzung städtebaulich sinnvoll war, wurde im Vorentwurf des FNP eine Umnutzung zum Wohnen vorgeschlagen.

Gleiche Vorschläge wurden für ähnliche Situationen an fünf anderen Standorten im Stadtgebiet gemacht.

Zur Erörterungsveranstaltung der frühzeitigen Bürgerbeteiligung kamen fast ausschließlich Kleingärtner, mehrere mit Transparenten und alle protestierten gegen eine Umnutzung von Kleingartenflächen. Die Folge war die Erarbeitung eines Kleingartenentwicklungskonzeptes gemeinsam mit dem Verband der Gärtner und

Siedler, in dem Umnutzungsflächen und Flächen für Dauerkleingärten dargestellt wurden. Diese Darstellungen wurden in den FNP übernommen.

Abbildung 14: Planungsalternative Kleingärten „Hinzenberg"

Für die o. g. Fläche bedeutete dies aber, dass sie Kleingartenfläche blieb. Es bedeutete weiterhin, dass in den ersten neunziger Jahren viele Einfamilienhausbauer in das Umland wanderten und damit für Potsdam verloren gingen. Man muss ferner wissen, dass Potsdam zu diesem Zeitpunkt mit Kleingärten zu 60% überversorgt war, wenn man 12 m² Kleingartenfläche je Einwohner als Maß zu Grunde legt. Und es ist heute festzustellen, dass in mehreren Kleingartensiedlungen erhebliche Leerstandsquoten zu verzeichnen sind.

b) Störende Nutzung im Welterbe

Unmittelbar nach der Gründung der DDR wurde in Babelsberg eine Ausbildungsstätte für Juristen im Staatsdienst eingerichtet. Für diese Hochschule wurden auch im Park Babelsberg mehrere Internats- und Lehrgebäude gebaut, einige in großer Schlossnähe. Das bedeutete für den Park einen starken Eingriff.

Hierfür schlug der Vorentwurf des Flächennutzungsplanes konsequent die völlige Herausnahme aller Gebäude aus dem Park vor. Das Land Brandenburg als Eigentümer dieser Gebäude konnte nach mehreren Gesprächen dafür gewonnen werden, dieser Darstellung zuzustimmen.

Das Ergebnis ist ein zeitlich zweistufiges Verfahren. Die Lehrgebäude (jetzt Uni Potsdam) wurden in den folgenden Jahren nach und nach entfernt und am neuen

Hauptstandort ersetzt. Die Internatsgebäude wurden 1993 saniert und sollen nach 20 - 25 Jahren abgerissen werden.

c) Konkurrenzen zum Landschaftsplan

Im Vorentwurf des Flächennutzungsplanes gab es mehrere Vorschläge für die bauliche Entwicklung von Flächen für die der Landschaftsplan andere Entwicklungen vorsah.

Von ursprünglich 70 Dissenspunkten konnten im Dialog der beiden zuständigen Bereiche 56 abgebaut werden, durch Kompromisse auf beiden Seiten. Die verbliebenen 14 Dissense wurden der Stadtverordnetenversammlung zur Entscheidung vorgelegt.

Ein Beispiel dafür ist der Kiestagebau im Landschaftsschutzgebiet der Potsdamer Heide am Templiner See. Die Kiesgrube soll demnächst stillgelegt werden.

Potsdam hat als Sport- und Erholungspotenzial die großen Wasserflächen der Havelseen, aber für die Uferbereiche bestehen zum Schutz der Natur und des Stadt- und Landschaftsbildes erhebliche Restriktionen für Bootsliegeplätze und ähnliche Einrichtungen. Im Bereich der Kiesgrube bestände die Möglichkeit ein umfassendes Angebot für alle Seiten des Wassersports zu machen, das sowohl von Vereinen genutzt werden kann, wie auch von touristischer Bedeutung sein kann. Deshalb schlug der FNP hier nicht den Rückbau in eine Waldfläche vor, sondern die Darstellung als Sondergebiet für Erholung.

Die Diskussion hierüber wurde sehr kontrovers geführt (Sport, Tourismus, Landschaftserhalt an anderer Stelle gegen Wiederaufforstung). Die Entscheidung fiel aber zu Gunsten der Wiederaufforstung.

Mit diesen Ergebnissen wurde 1997 ein Teilflächennutzungsplan für Potsdam beschlossen, der anschließend ergänzt wurde und 2000 als Flächennutzungsplan beschlossen wurde.

In den Jahren bis 1997 haben die Entwurfsfassungen des FNP sehr gute Steuerungsdienste bei der Bauberatung geleistet und als Grundlage für die Aufstellung einer Vielzahl von Bebauungsplänen gedient, die erst nach und nach zur Rechtsverbindlichkeit geführt wurden und werden.

Besonders weil er auch von Anfang an zur Bauberatung genutzt wurde ist der Plan relativ kleinteilig und sehr differenziert in seinen Aussagen angelegt worden:

- Die Darstellungsgrenze für Flächen lag bei 0,5 ha.

- Die bebaubaren Flächen wurden nach der besonderen Art ihrer Nutzung dargestellt (WR, WA, MK, GE, usw.).
- Für die Baugebiete wurden vier Dichtestufen (GFZ) ausgewiesen.

Diese differenzierten Darstellungen sind in den Jahren ab 2001 ein wesentlicher Grund für die bis heute notwendigen 30 Änderungen des Flächennutzungsplanes gewesen.

Gründe liegen in der notwendigen Darstellung als Sondergebiet für hinzukommende großflächige Einzelhandelseinrichtungen und in Verschiebungen von umzunutzenden Kleingartenflächen innerhalb eines Entwicklungsbereiches.

Ein Beispiel notwendig werdender Änderungen (Kleinteiligkeit der Darstellung) ist das Entwicklungsgebiet Bornstedter Feld.

Hier war im wirksamen Flächennutzungsplan eine kleine Einrichtung des Landes zur Weiterbildung von Erwachsenen vorgesehen und als „Sondergebiet Hochschule" dargestellt worden. Dieses Ziel hatte das Land nach einigen Jahren aufgegeben und das Bestandsgebäude (ein ehemaliger Kasernenbau) sollte zu Wohnungen umgebaut werden. Dazu wurde eine Änderung notwendig, um eine WA-Darstellung im Plan aufzunehmen.

Bei geringerer Kleinteiligkeit der Darstellung (das Sondergebiet hätte auch als Mischgebiet dargestellt sein können) wäre diese Änderung vermeidbar gewesen.

Für die nächste Gruppe „Großflächiger Einzelhandel" steht ein Beispiel aus einer Großsiedlung aus den siebziger Jahren, in deren Wohngebietszentrum eine große Gaststätte seit Jahren leer stand. Hier konnte der Grundstückseigentümer gewonnen werden einen Neubau zu errichten, auf dessen 6.000 m^2 Bruttogeschossfläche Einzelhandel, Freizeit- und Gastronomieeinrichtungen eingerichtet wurden. Das Änderungserfordernis von Mischgebiet in Sondergebiet „Handel" entstand durch die 3.000m^2 Verkaufsfläche für den Einzelhandel.

Für die dritte Gruppe steht das Beispiel aus dem Entwicklungsbereich Babelsberg, ein völlig heterogen und intern genutzter Bereich von ca. 260 ha Größe, der neu strukturiert wird und in dem auch Kleingartenflächen zu Gewerbeflächen umgenutzt werden sollen. Diese Umnutzung wurde im bereits genannten Kleingartenentwicklungskonzept dargestellt. Auf Grund der Rücksichtnahme auf bestehendes Dauerwohnen in sechs Fällen wurde eine Verschiebung der Umnutzung vorgeschlagen und dafür die Flächennutzungsplan-Änderung notwendig.

Weitere Gründe liegen in der notwendigen Darstellung als Sondergebiet für hinzukommende großflächige Einzelhandelseinrichtungen und in Verschiebungen von umzunutzenden Kleingartenflächen innerhalb eines Entwicklungsbereiches.

Probleme ergaben sich bei Änderungen, bei denen unverträgliche Benachbarungen aufeinander stießen. Ein Beispiel hierfür aus dem Bornstedter Feld, Bereich Angermannsiedlung:

An die vorhandene Wohnbebauung soll eine gewerbliche Nutzung angefügt werden. Normalerweise sind die Nutzungen Allgemeines Wohnen (WA) und Gewerbe (GE) aus Immissionsschutzgründen nicht zu benachbaren. Bei der hier beabsichtigten gewerblichen Nutzung handelte es sich um Handel und Dienstleistungsflächen, die einen Störgrad aufweisen, der den Gewerbeeinrichtungen eines Mischgebietes entspricht. In diesem Falle ist eine Benachbarung Wohnen und Gewerbe zulässig. In einem parallel aufgestellten Bebauungsplan wurde für das benachbarte Gewerbegebiet in einer textlichen Festsetzung festgelegt, dass nur solche Betriebe und Einrichtungen zulässig sind, die das Wohnen nicht wesentlich stören. Mit diesem Parallelverfahren war die Situation ausreichend gesichert und die Flächennutzungsplan-Änderung wurde so auch genehmigt.

Soviel zu den Potsdamer Anwendungen und Erfahrungen mit seinem wirksamen Flächennutzungsplan.

Im Folgenden will ich Ihnen darstellen, wie diese Erfahrungen bei der Neuaufstellung des Flächennutzungsplanes ab 2006 berücksichtigt werden.

3. Neuaufstellung des Flächennutzungsplanes nach Eingemeindungen

Mit den sieben Gemeinden die Potsdam als neue Ortsteile 2003 durch die Gemeindegebietsreform hinzubekam, vergrößerte sich das Stadtgebiet von 110 km² auf rund 190 km². Die Einwohnerzahl wuchs jedoch lediglich um ca. 12.000 Einwohner. Von diesen waren knapp 40% ehemalige Potsdamer, die hier Anfang der neunziger Jahre ihr Einfamilienhaus gebaut hatten.

Mit den neuen Ortsteilen kamen sechs wirksame Flächennutzungspläne und ein Flächennutzungsplan-Entwurf zum Potsdamer Flächennutzungsplan hinzu.

Nach Durchsicht dieser Pläne stellte sich heraus, dass mehrere über 10 Jahre alt sind, also einer grundsätzlichen Prüfung bedürfen. Ein Abgleich dieser Pläne mit den Darstellungen des Potsdamer Flächennutzungsplanes, mit dem Ziel einen zusammenhängenden Plan für das neue Stadtgebiet zu erstellen, wurde deshalb sinnvoll.

Im Jahr 2005 wurde hierfür der Aufstellungsbeschluss von der Stadtverordnetenversammlung gefasst und mit den vorbereitenden Arbeiten begonnen. Nach der Analyse der Flächenausweisungen in den vorliegenden Plänen für die Hauptnutzungen und nach einer Prognose der Einwohnerentwicklung für Potsdam auf der Grundlage der Prognose des Landesamtes konnten die Entwicklungsziele für die nächsten 15 Jahre formuliert werden.

Für die gewerbliche Entwicklung stehen im Stadtgebiet knapp 300 ha Gewerbefläche in unterschiedlichen Lagen und unterschiedlichen Größen zur Verfügung. Davon befinden sich:

- im Mischgebiet 70 ha,
- in Gewerbegebieten 140 ha,
- in Sondergebieten 90 ha

Die Stadt hat trotz einer positiven Gründer- und Ansiedlungsentwicklung auch noch große Gewerbebrachen in der Innenstadt, die einer Entwicklung harren (Speicherstadt). Mit diesem Flächenpotential ist eine ausreichende Entwicklungsmöglichkeit für die nächsten 15 Jahre gegeben.

Für den Bereich Wohnen konnte festgestellt werden, dass bei einer Bevölkerungsentwicklung bis 2020 auf ca. 160.000 Einwohner (von jetzt 146.000 EW) ein übergroßes Flächenangebot zur Verfügung steht, auch wenn man einrechnet, dass die Wohnfläche je Einwohner noch steigen wird und die Zahl der Einwohner je Haushalt weiter sinkt.

Für die neuen Ortsteile wurde festgestellt, dass in deren Flächennutzungsplänen z. T. überproportional Wohnflächenerweiterungen im Verhältnis zum vorhandenen Siedlungskörper ausgewiesen sind. Das verständliche Interesse nach Erweiterung unter dem Gesichtspunkt der Eigenständigkeit musste/konnte jetzt anders bewertet werden. Besonders unter kommunalwirtschaftlichen Gesichtspunkten und im Hinblick auf den demografischen Wandel ist es unvertretbar kleine Siedlungsflächen zwischen 400 und 1.000 Einwohnern wesentlich zu erweitern. Deshalb wurden aus diesen Gründen in mehreren Ortsteilen Reduzierungen der bisher ausgewiesenen Wohnflächen vorgenommen.

Dafür zwei Beispiele: die Ortsteile Uetz-Paaren und Marquardt.

In Uetz-Paaren haben sich um Gut und Gutskirche herum kleine ländliche Siedlungen entwickelt, die nur Zuwachs aus Eigenbedarf hatten und heute je etwa 200 Einwohner zählen. Lage und Attraktivität sind so gering, dass es auch im Bauboom der neunziger Jahre kaum Ansiedlungen gab. Hier fehlt es an jeglicher sozialer und Handels- und Dienstleistungsinfrastruktur. Deshalb wurden die Ziele für eine bauliche Entwicklung auf landwirtschaftlichen Flächen in den aktuellen Flächennutzungsplan-Vorentwurf nicht mehr aufgenommen.

Ähnlich verhält es sich in Marquardt, das zwar über 1.000 Einwohner hat und in den neunziger Jahren auch Zuzug verzeichnen konnte, aber die Erweiterungsvorstellungen waren auch hier unverhältnismäßig. Der Vorentwurf reduziert die ursprünglichen Zielvorstellungen über Erweiterung deshalb um ca. zwei Drittel der Fläche.

Die bereits genannten Erfahrungen mit dem hohen Detaillierungsgrad bei den wirksamen Flächennutzungsplänen fließen bei der Neuaufstellung ein, indem hier der Detaillierungsgrad geändert wird:

- Die Darstellungsgrenzen für Flächen liegt bei 2,0 ha statt bei 0,5 ha wie bisher.
- Die bebaubaren Flächen werden jetzt nach der allgemeinen Art ihrer Nutzung dargestellt (Wohnen, Mischgebiet, Gewerbe usw.).
- Die Zahl der Dichtestufen wurde von vier auf drei Stufen reduziert.

Abbildung 15: Detaillierungsgrad der Darstellungen

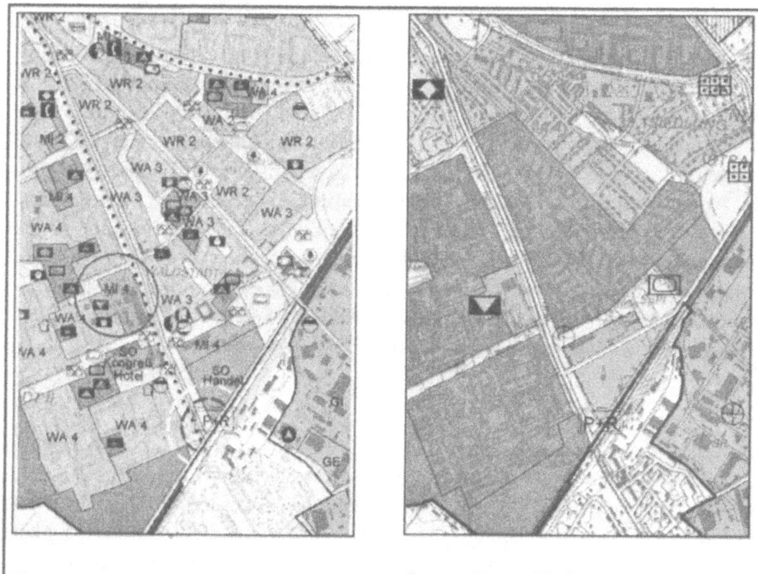

Darstellung: FNP 2001

Darstellung: FNP-Neuaufstellung

Damit fallen all die Änderungsanlässe weg, die aus der bisherigen detaillierten Darstellung resultieren. Das sind von den genannten 30 Änderungen ca. die Hälfte.

4. Entwicklung von Bebauungsplänen

Gemäß § 8 Abs. 2 BauGB sind Bebauungspläne, die die bauliche Nutzung der Grundsätze für jedermann rechtsverbindlich regeln, aus dem Flächennutzungsplan zu entwickeln. Durch ihre Festsetzungen sollen die zu Grunde liegenden Darstellungen des Flächennutzungsplanes konkreter ausgestaltet und damit zugleich verdeutlicht werden.

Der Flächennutzungsplan legt die Inhalte der Bebauungspläne nicht im Einzelnen fest, sondern lässt in seiner Beschränkung auf die Grundzüge der Planung Entwicklungsspielräume, die eine Differenzierung und Präzisierung der Planungsziele und eine Anpassung an die konkrete örtliche Situation in der verbindlichen Bauleitplanung erlauben. Im Rahmen der Konkretisierung der Darstellungen des Flächennutzungsplanes sind auch abweichende Festsetzungen in einem Bebauungsplan nicht ausgeschlossen. Solche Abweichungen sind jedoch nur insoweit zulässig, als sie sich aus dem Übergang in die konkretere Planstufe rechtfertigen und die Grundkonzeption des Flächennutzungsplanes unberührt lassen.

Der Umfang dieser Entwicklungsspielräume wird durch die einschlägige Rechtssprechung präzisiert. Er ist u. a. abhängig von der Darstellungsschärfe und der Regelungstiefe des jeweiligen Flächennutzungsplanes. Im Grundsatz legt die relativ große Darstellungsschärfe des Potsdamer Flächennutzungsplanes die nachfolgende Planungsebene auch stärker fest als eine stärker generalisierende Darstellung dies tun würde. Andererseits sollen jedoch Korrekturen und Anpassungen bei der Konkretisierung in der verbindlichen Bauleitplanung möglich bleiben, soweit das im Flächennutzungsplan in den Grundzügen festgelegte städtebauliche Gefüge nach Art und Maß der Nutzung gewahrt bleibt. Für den Flächennutzungsplan der Landeshauptstadt Potsdam sollen deshalb entsprechend der hier gewählten Darstellungssystematik die folgenden Entwicklungsgrundsätze gelten:

1. Für Teile von Baugebieten mit einer Größe unterhalb der Darstellungsschwelle des Flächennutzungsplanes (0,5 ha), wenn besondere städtebauliche Gründe dies rechtfertigen auch für Flächen bis zu einer Größe von 2 ha kann in einem Bebauungsplan eine andere als die im Flächennutzungsplan dargestellte Art der Nutzung festgesetzt werden, wenn diese nach Größe und Störungsgrad mit der Umgebung vereinbart ist und der Charakter und die Funktion des dargestellten städtebaulichen Gefüges insgesamt gewahrt bleiben.

2. Insbesondere können, wenn die im Punkt 1 genannten Voraussetzungen gegeben sind, in einem Bebauungsplan

   - in den dargestellten allgemeinen Wohngebieten reine Wohngebiete (und umgekehrt),

   - in den dargestellten besonderen Wohngebieten allgemeine Wohngebiete oder Mischgebiete,

   - in den dargestellten Mischgebieten allgemeine oder besondere Wohngebiete, Kerngebiete oder Gewerbegebiete,

   - in den dargestellten Gewerbegebieten Mischgebiete oder Industriegebiete,

   - in den dargestellten Industriegebieten Gewerbegebiete,

   - in allen dargestellten Baugebieten Teilflächen mit dienender Funktion für das jeweilige Baugebiet als Gemeinbedarfsflächen, Flächen für die Ver- und Entsorgung oder Grünflächen festgesetzt werden;

   die Abweichung soll einen Umfang von 2 ha nicht überschreiten.

3. Gebiete für großflächige Handelsbetriebe und für Einkaufszentren können in Bebauungsplänen außer in Kerngebieten nur in den im Flächennutzungsplan für sie dargestellten Sondergebieten festgesetzt werden.

4. Innerhalb der im Flächennutzungsplan dargestellten Freiflächen können in Bebauungsplänen grundsätzlich keine Baugebiete festgesetzt werden (abgesehen von untergeordneten Grenzkorrekturen).

   Abweichend davon können Teilflächen

   - als Gemeinbedarfsflächen, die der Versorgung angrenzender Wohngebiete dienen,

   - als Sondergebiete „Wassersport" bzw. „Zeltplatz", wenn im Flächennutzungsplan die entsprechende Zweckbestimmung dargestellt ist oder

   - mit einer anderen als der dargestellten Zweckbestimmung festgesetzt werden, wenn die Vereinbarkeit mit der Umgebung gewährleistet ist und der Charakter und die Funktion der dargestellten Freifläche insgesamt gewahrt bleiben.

5. Die im Flächennutzungsplan dargestellten Dichtestufen geben eine Spannbreite für das in Bebauungsplänen festzusetzende Maß der Nutzung an. Sie können in einem Bebauungsplan unterschritten werden, wenn der Charakter und die Struktur eines Baugebietes dies erfordern, und sie können für Teile eines Baugebietes mit einer Größe unter 0,5 ha, wenn besondere städtebauliche Gründe dies rechtfertigen, auch für größere Flächen überschritten werden, wenn die Vereinbarkeit mit der Umgebung gewährleistet ist und der Charakter des im Flächennutzungsplan dargestellten städtebaulichen Gefüges gewahrt bleiben.

Diese Regelungen aus dem Erläuterungsbericht zum wirksamen Flächennutzungsplan werden bei der Neuaufstellung des Flächennutzungsplanes an die großzügiger gestalteten Rahmenbedingungen angepasst.

Auch daraus resultiert, dass weniger Änderungsbedarf für den Flächennutzungsplan aus der Konkretisierung durch Bebauungspläne entsteht.

VIII Interkommunale Kooperation als Zukunftsmodell?

Martin zur Nedden

Das Thema „Interkommunale Kooperation" weist viele Facetten auf. Die nachfolgenden Ausführungen beschäftigen sich im wesentlichen mit den planerischen Aspekten der Thematik. Unberücksichtigt bleiben daher zum Beispiel Kooperationen im Ver- und Entsorgungsbereich, wie Wasser- und Abwasserverbände oder im Verkehr, wobei gerade die erstgenannten inzwischen auf eine relativ lange und erfolgreiche Geschichte zurückblicken können. Des weiteren beschränken sie sich im Wesentlichen auf Erfahrungen aus dem Ruhrgebiet.

Erste Ansätze zur Kooperation über Gemeindegrenzen hinweg im planerischen Bereich sind bereits Anfang des 20. Jahrhunderts festzustellen, ihre Erfolge sind allerdings sehr viel ambivalenter als bei den Kooperationen mit technischem Hintergrund. Erinnert sei in diesem Zusammenhang an den Zweckverband Berlin, der schon 1910 gegründet wurde, allerdings bereits nach dem 1. Weltkrieg wieder aufgelöst und durch die Vergrößerung des Stadtgebietes von Berlin ersetzt wurde ohne größere Spuren hinterlassen zu haben.

Wirkungsvoller war der 1920 durch Gesetz des preußischen Landtages gegründete Siedlungsverband Ruhrkohlenbezirk, der bis in die 60er Jahre ein nachhaltiger Faktor bei der regionalen Entwicklung des Ruhrgebietes war und insbesondere durch seine Freihaltung von Flächen für wichtige Verkehrstrassen und durch die Sicherung wichtiger Freiräume für die Region nachhaltige Akzente gesetzt hat. Die Vermutung, dass gerade diese wirkungsvolle Arbeit sowohl die Landesebene als auch die kommunale Ebene veranlasste, die Schwächung dieses Verbandes in den 70er Jahren zu betreiben, dürfte nicht unbegründet sein. Auch die vor relativ kurzer Zeit durchgeführte erneute Reform hat bisher nicht dazu geführt, dass der Verband seine frühere Wirksamkeit auch nur ansatzweise wieder zurückgewonnen hat.

Sehr viel erfolgreicher sind Entwicklungen, wie die „Region Hannover" oder „Region Stuttgart", die ganz wesentlich auch durch die kommunale Ebene getragen werden. Vor dem Hintergrund der Erkenntnis, dass zum einen die europäische Ebene (Metropolregionen) immer mehr an Bedeutung gewinnt, und zum anderen, dass eine Reihe kommunaler Probleme innerhalb der eigenen kommunalen Grenzen nicht mehr lösbar sind, steigt in den Kommunen tendenziell die Kooperationsbereitschaft. Der Deutsche Städtetag hat sich schon seit längerer Zeit immer wieder für eine stärker von den Kommunen getragene Regionalplanung eingesetzt. Auch der Wortlaut des § 5 Abs. 3 des Raumordnungsgesetzes von 1965 lässt vermuten, dass der Bundesgesetzgeber in den 60er Jahren der von den Kommunen selbst organisierten interkommunalen Planung Priorität gegenüber der von der Landesebene „verordneten" Regionalplanung zubilligen wollte.

Selbst im Ruhrgebiet haben sich immer wieder stärker informell geprägte Kooperationsformen gebildet. Als Beispiel sei die im Rahmen der internationalen Bauausstellung Emscher Park entstandene Kooperation zur Weiterentwicklung der regionalen Grünzüge oder das Projekt „Regionales Einzelhandelskonzept für das östliche Ruhrgebiet und angrenzende Bereiche" genannt. Einen neuen Impuls erhielt der Gedanke der interkommunalen Kooperation durch das Forschungsprojekt „Stadt 2030" des Bundes. Dieses war Ausgangspunkt für die 8 Kernstädte des Ruhrgebietes für eine neue Initiative zur stärkeren interkommunalen Zusammenarbeit. Zum Abschluss des Forschungsprojektes wurde ein „stadtregionaler Kontrakt" unterzeichnet, der die weitere Zusammenarbeit in Grundzügen regelt. Dieser Kontrakt ist nach wie vor Grundlage für wichtige gemeinsame Projekte.

Mühlheim und Essen kooperieren bei der Gewerbeflächenentwicklung am Flughafen Mühlheim-Essen, und Bochum, Essen und Gelsenkirchen bei der Gewerbeflächenvermarktung.

Bei dem Projekt „Stadtregionaler Masterplan" erarbeiten alle 8 beteiligten Kommunen gemeinsam eine Zielkonzeption zur Weiterentwicklung der Region als Wohnstandort. Der Entwurf dieses Masterplans ist vor kurzer Zeit mit anderen Akteuren in der Region in mehreren Veranstaltungen diskutiert worden und soll nunmehr in seine endgültige Fassung gebracht werden.

Ein weiteres Projekt von zentraler Bedeutung ist die Erarbeitung eines „Regionalen Flächennutzungsplanes" gemäß § 9 Abs. 6 Raumordnungsgesetz, zu dem sich die Städte Bochum, Essen, Gelsenkirchen, Herne, Mühlheim und Oberhausen zusammengefunden haben. Vor dem Hintergrund, dass das Ruhrgebiet nach wie vor 3 unterschiedlichen Bezirksregierungen zugeordnet ist, kann dieses Instrument für die Region eine neue Qualität bei der interkommunalen Zusammenarbeit zur Folge haben. Gerade auch bei diesem Projekt hat sich gezeigt, wie wichtig das im Laufe der vorangehenden Kooperationsphasen entstandene Vertrauen unter den maßgeblichen Akteuren der beteiligten Kommunen für einen positiven Projektverlauf ist. Der regionale Flächennutzungsplan befindet sich zurzeit in der Phase der Bestandsaufnahme.

Als letztes Projekt der Kooperation „Städteregion Ruhr 2030" sei das Projekt „Ruhrtal" kurz dargestellt. Erste wesentliche Ansätze zur Kooperation hatte es bereits Ende der 90er Jahre zwischen einigen Anliegerkommunen der Ruhr gegeben. Dieser Kern wurde 2005 um die Städte Dortmund, Essen, Mühlheim, Oberhausen und Duisburg erweitert. Die beiden wesentlichen Zielsetzungen sind zum einen die städtebauliche Weiterentwicklung der an die Ruhr grenzenden Siedlungsbereiche unter dem Motto „Stadt an den Fluss" sowie zum anderen die Entwicklung der touristischen Potentiale des Raumes. Mit einer „schlanken" organisatorischen Basis ist es gelungen, erste wichtige Akzente bei der umweltfreundlichen Erschließung der Region, bei der Entwicklung touristischer Ziele und beim Marketing zu setzen.

Auch die ersten städtebaulichen Projekte befinden sich nach der Erarbeitung eines Rahmenkonzeptes und daran anschließende vertiefender Konkretisierung für Teilbereiche in der Umsetzung.

Als Fazit ist festzustellen, dass interkommunale Kooperationen gerade angesichts der immer deutlicher werdenden Rahmenbedingungen unverzichtbar ist und sich daher vom „Zukunftsmodell" zum Regelfall entwickeln sollte. Dabei liegt es im Interesse der Kommunen, durch die entsprechende Eigeninitiative „das Heft in der Hand zu behalten". Dabei kann interkommunale Kooperation je nach Thema sowohl im Hinblick auf die räumliche Konfiguration als auch im Hinblick auf die zweckmäßige Organisationsform sehr unterschiedliche Ausprägungen haben.

IX Regionaler Flächennutzungsplan als Zukunftsmodell?

Prof. Dr. Gerd Schmidt-Eichstaedt

1. Der RegFNP – Was ist das?

1.1 Die Rechtsgrundlage: § 9 Abs. 6 ROG

§ 9 Abs. 6 ROG stellt für die Zulässigkeit und die Inhalte eines regionalen Flächennutzungsplans folgende sechs grundsätzlichen Anforderungen auf:

1. Der regionale Flächennutzungsplan kann nur von den Ländern eingeführt werden, deren Regionalplanung „durch Zusammenschlüsse von Gemeinden und Gemeindeverbänden zu regionalen Planungsgemeinschaften" erfolgt;
2. ein regionaler Flächennutzungsplan kann von den Ländern nur „in verdichteten Räumen oder bei sonstigen raumstrukturellen Verflechtungen" zugelassen werden;
3. ein regionaler Flächennutzungsplan muss „zugleich die Funktion eines Regionalplans und die eines gemeinsamen Flächennutzungsplans nach § 204 BauGB" übernehmen;
4. ein regionaler Flächennutzungsplans muss sowohl den Vorschriften des 2. Abschnitts des ROG (d. h. den §§ 6 - 17 ROG) als auch den Vorschriften des BauGB entsprechen;
5. in einem regionalen Flächennutzungsplan sind die Festlegungen im Sinne des § 7 Abs. 1 bis 4 ROG einerseits und die Darstellungen im Sinne des § 5 BauGB andererseits zu kennzeichnen;
6. § 7 Abs. 1 S. 2 ROG („Die Aufstellung sachlicher und räumlicher Teilpläne ist zulässig") ist hinsichtlich räumlicher Teilpläne nicht anzuwenden.

Der Sinngehalt dieser sechs Grundsatzanforderungen muss durch Auslegung ermittelt werden. Das ist inzwischen weitgehend geschehen. Im Ergebnis ist § 9 Abs. 6 ROG unter Berücksichtigung der Rechtsprechung des Bundesverfassungsgerichts wie folgt auszulegen:

a) Aus dem Teilraumplanungsverbot des § 9 Abs. 6 S. 3 BauGB folgt nicht, dass der räumliche Bereich eines regionalen Flächennutzungsplans stets identisch mit der landesrechtlichen Planungsregion sein müsste, innerhalb derer er aufgestellt wird. Räumliche Identität ist zulässig, aber nicht geboten. Im Gegenteil: Es ist durchaus denkbar und zulässig, dass innerhalb einer Planungsregion mehrere Regionale Flächennutzungspläne aufgestellt werden.

b) Aus dem Teilraumplanungsverbot des § 9 Abs. 6 S. 3 folgt nur,

- dass ein regionaler Flächennutzungsplan nicht als vorgehender räumlicher Teilplan zu einem im übrigen noch nicht existenten Regionalplan aufgestellt werden darf;
- dass ein regionaler Flächennutzungsplan innerhalb des Gebiets eines rechtsverbindlichen Regionalplans nicht als isolierter räumlicher Teilplan aufgestellt werden darf, sondern als reguläre Änderung des Regionalplans insgesamt zu behandeln ist, die von dem für die Regionalplanung insgesamt zuständigen Beschlussorgan beschlossen werden muss.

c) Innerhalb des regionalen Flächennutzungsplans selbst dürfen keine räumlichen Teilplanungen vorgenommen werden; insbesondere kann seine Bindungswirkung in seiner Funktion als gemeinsamer Flächennutzungsplan nicht (wie sonst nach § 204 Abs. 1 S. 3, 2. Halbsatz BauGB möglich) auf bestimmte räumliche oder sachliche Teilbereiche beschränkt werden. § 204 Abs. 1 S. 3, 2. Halbsatz BauGB ist also auf den regionalen Flächennutzungsplan nicht anwendbar. Dies folgt sowohl aus dem Sinn und Zweck der gemeinsamen Planung als auch aus dem Teilraumplanungsverbot des § 9 Abs. 6 S. 3 ROG.

d) Bei der Abgrenzung der Räume, die für einen regionalen F-Plan geeignet sind, ist sowohl eine regionalplanerische als auch eine bauleitplanerische Sichtweise anzuwenden. § 204 gibt dazu zweckdienliche Hinweise. Im Ergebnis gilt folgendes:

- Die raumstrukturellen Verflechtungen, die für einen regionalen F-Plan erforderlich sind, können zum einen auf objektiven, bereits vorhandenen Gegebenheiten wie gemeinsamer Infrastruktur, ineinandergreifenden Siedlungsräumen und/oder gemeinsamen Defiziten und Lasten beruhen;
- sie können aber auch auf einer planerisch gewollten Zielsetzung für die Zukunft beruhen – zum Beispiel auf der seitens des Landes gewollten Vorgabe einer stärkeren Koordination der Flächenbedarfe in einem Problemraum, die allein durch Regionalplanung nicht zu erreichen wäre.

e) Aus dem voluntativen Element des Raumzuschnitts folgt zugleich, dass die Räume für einen Regionalen Flächennutzungsplan, sofern sie nicht kraft freiwilliger Entschlussfassung der beteiligten Kommunen (unter Zustimmung mindestens der zuständigen regionalen Planungsversammlung oder der obersten Landesplanungsbehörde) definiert werden, nicht nur kraft objektiver Tatbestände bestimmt werden können, sondern auch kraft subjektiv geprägter hoheitlicher Zielsetzung und Entscheidung durch die übergeordnete Raumordnungsplanung. Das Gesetz gewährt dem Land insoweit einen weiten Ermessensspielraum.

f) Wenn die Beschlussfassung über den regionalen Flächennutzungsplan allein durch die zuständige regionale Planungsgemeinschaft erfolgen soll (und die Gemeinden im übrigen nur durch Initiativ- und Anhörungsrechte im Verfahren mitwirken sollen), dann muss in der Planungsversammlung unbeschadet ihrer Konstruktion im übrigen jede einzelne Gemeinde stimmberechtigt vertreten sein; dies ist gegenwärtig nur in Bayern der Fall. Im übrigen müssen die von der regionalen Flächennutzungsplanung betroffenen Gemeinden in der Planungsversammlung die Mehrheit der Stimmen besitzen, damit sie in Wahrnehmung ihrer bauleitplanerischen Aufgaben nicht von Dritten überstimmt werden können.

g) Analog zu § 9 Abs. 4 ROG, wo die Beteiligungsrechte der Kommunen am Verfahren nicht nur dadurch gewährleistet werden können, dass sie selbst Mitglied der regionalen Planungsgemeinschaft sind, sondern auch dadurch, dass sie in einem anderweitig geregelten förmlichen Verfahren beteiligt werden, ist es auch im Rahmen des § 9 Abs. 6 ROG möglich, dass die Mitwirkungsrechte der Kommunen an der Beschlussfassung über den regionalen F-Plan auf andere Weise als durch direkte Mitgliedschaft in der regionalen Planungsversammlung gewährleistet werden. Dieses kann in zweierlei Weise geschehen:

- Entweder (wie in § 8 Abs. 4 LPlG für Sachsen-Anhalt) durch einen gesetzlich geregelten Zustimmungsvorbehalt zugunsten jeder einzelnen Gemeinde (Modell § 204 BauGB) oder
- durch die Beschlussfassung in einem (weiteren) Gremium, an dem jede einzelne Gemeinde stimmberechtigt beteiligt ist (Modell § 205 BauGB - Gemeindekammer).

h) Gemäß § 9 Abs. 6 S. 1, 2. Halbsatz ROG hat der regionale Flächennutzungsplan neben seiner Funktion als Regionalplan die Funktion eines gemeinsamen Flächennutzungsplans nach § 204 BauGB zu übernehmen. Da sich die inhaltlich-funktionale Beschreibung eines gemeindeübergreifend zusammengefassten Flächennutzungsplans nur in § 204 BauGB findet – nicht aber in § 205 BauGB, der im Unterschied zu § 204 BauGB auch eine gemeindeübergreifend zusammengefasste Bebauungsplanung ermöglicht – ist die Verweisung des ROG allein auf § 204 BauGB sinnvoll und zweckentsprechend. Sie enthält aber nur eine Verweisung auf die materiellen Voraussetzungen und die üblicherweise koordinierungsbedürftigen Inhalte eines gemeinsamen Flächennutzungsplans, keine Verfahrensverweisung. Sie nötigt nicht zu der Auffassung, dass bei einem regionalen Flächennutzungsplan stets die Zustimmung jeder einzelnen Gemeindevertretung erforderlich sei (was dieses Instrument häufig unpraktikabel machen würde).

i) Vielmehr ist es kraft der Generalverweisung des § 9 Abs. 6 ROG auf die Vorschriften des BauGB zulässig, dass der regionale Flächennutzungsplan entweder nach dem Modell des § 204 BauGB (also mit Zustimmung jeder einzelnen betroffenen Gemeinde) oder nach dem Modell des § 205 BauGB (also mit Zustimmung eines Organs, das durch freiwilligen oder oktroyierten Zusammenschluss der betroffenen Gemeinden zustande gekommen ist) aufgestellt wird. Sofern das Modell nach § 205 BauGB gewählt wird, müssen die Anforderungen des Bundesverfassungsgerichts an das Verfahren und die Zusammensetzung des Abstimmungsgremiums beachtet werden.

k) Sofern mehrere Abstimmungsorgane tätig werden müssen (also insbesondere bei einer Konstruktion mit Zustimmungspflicht einer Gemeindekammer und einer regionalen Planungsgemeinschaft), sind die Kommunen vom Bundesgesetzgeber in ihrer Planungshoheit zusätzlich dadurch geschützt, dass auch das zweite Zustimmungsorgan kommunal zusammengesetzt sein muss. Es wäre mit der Planungshoheit der Kommunen nicht vereinbar, wenn ihr Organ zwar für die Erstzustimmung zuständig wäre, das Zustandekommen des Plans danach jedoch durch ein staatliches Organ ohne inhaltliche Beschränkung auf eine reine Rechtskontrolle blockiert werden könnte. Deshalb muss auch das zweite Zustimmungsorgan kommunal verfasst sein; eben dieses ordnet § 9 Abs. 6 ROG an. Dem Sinn und Zweck der Vorschrift genügt es jedoch insoweit, wenn jede beteiligte Kommune entweder selbst Mitglied der regionalen Planungsgemeinschaft ist oder durch einen Zusammenschluss vertreten wird, in dem sie ihrerseits Mitglied ist (z. B. durch ihren Landkreis). Auch die Entsendung von Abgeordneten, die durch die jeweiligen kommunalen Vertretungskörperschaften gewählt sind, dürfte genügen. Wenn man schon die mittelbare Vertretung einzelner Kommunen durch den Landkreis genügen lässt, dürfte es hier nicht darauf ankommen, ob die entsendenden Körperschaften ihren Vertretern Weisungen erteilen dürfen. Ein Weisungsrecht der einzelnen Kommunen an ihre Vertreter in der Verbandsversammlung ist also nicht erforderlich, um im Zwei-Kammer-System eine kommunal verfasste Regionalplanung i.S. des § 9 Abs. 6 ROG bejahen zu können.

1.2 Die Umsetzung der Ermächtigung des § 9 Abs. 6 ROG in den deutschen Bundesländern

1.2.1. Die landesrechtliche Umsetzung des § 9 Abs. 6 ROG in Sachsen-Anhalt

Sachsen-Anhalt war das erste Bundesland, das die Ermächtigung des § 9 Abs. 6 ROG in seinem Landesplanungsgesetz umgesetzt hat. Die landesrechtliche Regelung zur Einführung des Regionalen Flächennutzungsplans findet sich in § 8 des Landesplanungsgesetzes für das Land Sachsen-Anhalt (LSA LPlG)[1]. Dort heißt es:

> *(2) In verdichteten Räumen oder bei sonstigen raumstrukturellen Verflechtungen kann durch den Träger der Regionalplanung im Benehmen mit der obersten Landesplanungsbehörde ... ein Regionaler Teilgebietsentwicklungsplan aufgestellt werden.*
> *(3) Der Regionale Teilgebietsentwicklungsplan kann zugleich die Funktion eines gemeinsamen Flächennutzungsplans nach § 204 BauGB übernehmen, wenn alle betroffenen Gemeinden dem zugestimmt haben und wenn er den Vorschriften dieses Gesetzes und den Vorschriften des Baugesetzbuchs entspricht (Regionaler Flächennutzungsplan). Im Regionalen Flächennutzungsplan sind sowohl die Festlegungen im Sinne des § 3 Abs. 5 bis 7 als auch die Darstellungen im Sinne des § 5 des Baugesetzbuchs und der Baunutzungsverordnung zu kennzeichnen.*

Dieser Teilgebietsentwicklungsplan stellt offensichtlich einen räumlichen Teilplan zum Regionalplan dar, der vom Teilraumplanungsverbot des § 9 Abs. 5 ROG betroffen sein könnte, sobald er in einen Regionalen Flächennutzungsplan umgewandelt wird. Man wird aber die vorgesehene doppelte Beschlussfassung durch den Träger der Regionalplanung und die betroffenen Gemeinden genügen lassen können, um die materiellen Anforderungen des § 9 Abs. 6 ROG als erfüllt anzusehen.

1.2.2 Das hessische Gesetz über den Planungsverband Ballungsraum Frankfurt/Rhein-Main

Das hessische Gesetz über den Planungsverband Ballungsraum Frankfurt/Rhein-Main ist Bestandteil des Artikelgesetzes zur Stärkung der kommunalen Zusammenarbeit und Planung in der Region Rhein-Main. Art. 1 dieses Gesetzes enthält das Gesetz zur Stärkung der kommunalen Zusammenarbeit im Ballungsraum Frankfurt/Rhein-Main. Durch dieses Gesetz wird der Rat der Region gegründet. Zudem wird die (grundsätzlich nach dem Gesetz über kommunale Gemeinschaftsarbeit in Hessen) schon vorhandene Möglichkeit geschaffen, zur Erfüllung bestimmter Aufgaben im Ballungsraum Pflichtverbände zu schaffen.

[1] Landesplanungsgesetz des Landes Sachsen-Anhalt vom 28. 04. 1998, GVBl. S. 255 ff.

Art. 2 enthält das Gesetz über den Planungsverband Ballungsraum Frankfurt/Rhein-Main. Dieser, mit Wirkung zum 1. April 2001 kraft Gesetzes gegründete Pflichtverband hat zwei Aufgaben: Erstens hat er im Zusammenwirken mit der Regionalversammlung Südhessen den Regionalen Flächennutzungsplan für das (vom Gesetz definierte) Gebiet des Ballungsraums aufzustellen. Zweitens ist er für die Aufstellung und Änderung des Landschaftsplans für das Gebiet des Ballungsraums verantwortlich.

Organe des Verbands sind die Verbandskammer und der Verbandsvorstand. Die Verbandskammer trifft alle wichtigen Entscheidungen. Jede dem Verband angehörende Kommune entsendet ein Mitglied in die Verbandskammer; die Mitglieder haben jedoch eine unterschiedliche Anzahl von Stimmen, die sie bei Wahlen und Abstimmungen stets nur einheitlich zur Geltung bringen können. Die große Mehrzahl der Mitglieder (nämlich 70 von 93) hat nur eine Stimme; nur Frankfurt am Main hat 12 Stimmen, die Stadt Offenbach am Main vier Stimmen, die Stadt Hanau drei Stimmen und die Städte mit mehr als 50.000 Einwohnern je zwei Stimmen. Die Verbandsmitglieder können ihre Vertreterinnen und Vertreter anweisen, wie sie in der Verbandskammer abzustimmen haben, aber: Die Abstimmung entgegen der Weisung berührt die Gültigkeit des Beschlusses der Verbandskammer nicht.

Durch Art. 11 des Artikelgesetzes zur Stärkung der kommunalen Zusammenarbeit und Planung in der Region Rhein-Main wurde der § 9 a – Regionaler Flächennutzungsplan im Ballungsraum Frankfurt/Rhein-Main – in das Landesplanungsgesetz eingefügt. Durch Neudurchzählung anlässlich einer Neubekanntmachung wurde aus dem § 9 a der § 13. In § 13 wird festgelegt, dass der Regionalplan für die Planungsregion Südhessen für den Ballungsraum Frankfurt/Region Rhein-Main zu-gleich die Funktion eines gemeinsamen Flächennutzungsplans nach § 204 BauGB (regionaler Flächennutzungsplan) übernimmt. Im einzelnen trifft § 13 folgende Regelungen.

§ 9a

Regionaler Flächennutzungsplan im Ballungsraum Frankfurt/Rhein-Main

(1) Für den Ballungsraum Frankfurt/Rhein-Main nach § 2 Abs. 1 des Gesetzes zur Stärkung der kommunalen Zusammenarbeit im Ballungsraum Frankfurt/Rhein-Main übernimmt der Regionalplan der Planungsregion Südhessen zugleich die Funktion eines gemeinsamen Flächennutzungsplans nach § 204 des Baugesetzbuchs (regionaler Flächennutzungsplan). Der Regionalplan enthält im Ballungsraum Frankfurt/Rhein-Main neben den regionalplanerischen Festlegungen nach § 6 Abs. 3 auch die flächennutzungsplanbezogenen Darstellungen nach § 5 des Baugesetzbuchs.

(2) Die Festlegungen nach § 6 Abs. 3, die zugleich Darstellungen nach § 5 des Baugesetzbuchs sind, bedürfen übereinstimmender Beschlüsse der Regionalversammlung und der Verbandskammer des Planungsverbandes Ballungsraum Frankfurt/Rhein-Main. § 7 dieses Gesetzes bleibt im übrigen unberührt. Kommt es zu keiner übereinstimmenden

stimmenden Beschlussfassung über die Aufstellung bestimmter Planaussagen im gemeinsamen Entscheidungsbereich von Regionalversammlung und Verbandskammer nach S. 1, legt der Vermittlungsausschuss innerhalb eines Monats einen Vermittlungsvorschlag zur erneuten Beschlussfassung in der jeweils nächsten Sitzung der Regionalversammlung und der Verbandskammer vor. Führt auch dies zu keiner übereinstimmenden Beschlussfassung, entscheidet die Regionalversammlung abschließend über die regionalplanerischen Festlegungen; über die flächennutzungsplanbezogenen Darstellungen entscheidet die Verbandskammer nach Maßgabe der regionalplanerischen Festlegungen. Dies gilt auch, wenn kein Vermittlungsvorschlag zustande kommt.

(3) Der Vermittlungsausschuss besteht aus zehn Mitgliedern. Regionalversammlung und Verbandskammer entsenden jeweils fünf Mitglieder und eine gleiche Anzahl von Stellvertretungen aus ihre Mitte in den Vermittlungsausschuss. Der Ausschussvorsitz wird jährlich abwechselnd von der Verbandskammer und der Regionalversammlung benannt. Bei Stimmengleichheit entscheidet die Stimme des Ausschussvorsitzes über den Vermittlungsvorschlag.

(4) Die Kartendarstellung des Regionalplans im Ballungsraum Frankfurt am Main erfolgt ergänzend auch im Maßstab 1:50.000. Eine Aufstellung des Regionalplans im Ballungsraum Frankfurt/Rhein-Main in räumlichen Teilräumen nach § 6 Abs. 5 ist nicht zulässig.

(5) Für die Aufstellung des Regionalen Flächennutzungsplans im Ballungsraum Frankfurt/Rhein-Main sind ergänzend die Bestimmungen der §§ 2 bis 4 des Baugesetzbuchs anzuwenden. Für die Genehmigung des Plans ist § 8 maßgeblich. Eine Aufstellung flächennutzungsplanbezogener Darstellungen durch die oberste Landesplanungsbehörde nach § 8 Abs. 5 S. 3 ist nicht zulässig.

(6) Die für Raumordnung und Städtebau zuständige Ministerin oder der hierfür zuständige Minister wird ermächtigt, durch Rechtsverordnung nähere Regelungen zu treffen über Aufstellungsverfahren, Form und Inhalt des Regionalen Flächennutzungsplans.

(7) Bis zum Inkrafttreten des Regionalplans nach Abs. 1 gilt der Regionalplan Südhessen fort, Änderungen sind zulässig. § 7 Abs. 5 bleibt unberührt.

1.3 Freistaat Sachsen

Nach dem Gesetz zur Raumordnung und Landesplanung des Freistaates Sachsen (Landesplanungsgesetz) vom 24.6.1992 (GV Blatt S. 259), zuletzt geändert durch Gesetze vom 6.9.1995 (GV Blatt S. 281 und S. 285) ist der Freistaat Sachsen für die Regionalplanung in fünf Planungsregionen eingeteilt worden. Diese Planungsregionen sind:

1. der regionale Planungsverband „Oberes Elbtal/Osterzgebirge" für das Gebiet der kreisfreien Stadt Dresden sowie von vier Landkreisen;
2. der regionale Planungsverband „Oberlausitz/Niederschlesien" für das Gebiet der kreisfreien Städte Görlitz und Hoyerswerda sowie von vier Landkreisen;

3. der regionale Planungsverband „Westsachsen" für das Gebiet der kreisfreien Stadt Leipzig sowie von fünf Landkreisen;
4. der regionale Planungsverband „Chemnitz /Erzgebirge" für das Gebiet der kreisfreien Stadt Chemnitz sowie von sechs Landkreisen;
5. der regionale Planungsverband „Südwestsachsen" für das Gebiet der kreisfreien Städte Plauen und Zwickau sowie der Landkreise Aue-Schwarzenberg, Voigtland und Zwickauer Land.

Organe der regionalen Planungsverbände sind die Verbandsversammlung, der Planungsausschuss und der Verbandsvorsitzende. Die Verbandsversammlung ist das Hauptorgan des regionalen Planungsverbandes. Sie besteht aus den Landräten und den Oberbürgermeistern der kreisfreien Städte der Planungsregion sowie aus weiteren Verbandsräten. Die weiteren Verbandsräte werden von den Kreistagen und von den Stadtverordnetenversammlungen der kreisfreien Städte gewählt und zwar pro angefangene 50.000 Einwohner je ein Verbandsrat, höchstens jedoch sieben Verbandsräte.

Aus dieser Struktur ergibt sich, dass die Regionalplanung im Freistaat Sachsen zwar einerseits die Voraussetzung des § 9 Abs. 6 S. 1 ROG zur Einführung von Regionalen Flächennutzungsplänen erfüllt, wonach die Regionalplanung durch Zusammenschlüsse von Gemeinden und Gemeindeverbänden zu regionalen Planungsgemeinschaften erfolgen muss. Auf der anderen Seite reicht die Zusammensetzung der Verbandsversammlung jedoch nicht dazu aus, endgültig und allein über einen gemeinsamen Flächennutzungsplan abstimmen zu können. Nach der Rechtsprechung des Bundesverfassungsgerichts müsste in einem solchen Organ jede einzelne Gemeinde, deren Gebiet vom Flächennutzungsplan erfasst wird, im Abstimmungsorgan als Mitglied oder wie ein Mitglied vertreten sein[2]. Da die kreisangehörigen Gemeinden in Sachsen in der Verbandsversammlung nur über den Landrat und gegebenenfalls weitere Mitglieder vertreten sind, die in ihrer Vertretungsfunktion einzelnen Gemeinden nicht direkt zugeordnet sind, kann die Verbandsversammlung in Sachsen nicht als alleiniges Abstimmungsorgan über einen Regionalen Flächennutzungsplan dienen.

Ein Regionaler Flächennutzungsplan könnte vielmehr nur auf die folgende Weise zustande kommen:

- Entweder muss der Regionale Flächennutzungsplan die Zustimmung jeder einzelnen der zugehörigen Städte und Gemeinden finden (Modell § 204 BauGB) oder

[2] BVerfGE Bd. 77, S. 288 ff. (306 f.) - Stadtverband Saarbrücken.

- es muss eine Gemeindekammer oder eine Gemeindebank innerhalb der Verbandsversammlung gebildet werden, in der jede Gemeinde einzeln vertreten ist und die in gesonderter Abstimmung ihre Zustimmung zum Regionalen Flächennutzungsplan abgeben muss (Modell § 205 BauGB).

In § 5 des sächs. Gesetzes zur Raumordnung und Landesplanung des Freistaats Sachsen (Landesplanungsgesetz) hat der sächsische Gesetzgeber praktisch alle Möglichkeiten zur Einführung von Regionalen Flächennutzungsplänen eröffnet:

- Nach § 5 Abs. 1 kann die Staatsregierung es (auf Antrag der kooperationswilligen Gemeinden) durch Rechtsverordnung zulassen, dass ein regionaler Flächennutzungsplan aufgestellt wird. Sie kann dies aber auch anordnen, wenn dies zum Wohle der Allgemeinheit dringend geboten ist.
- Nach § 5 Abs. 2 wird der RegFNP von dem Regionalen Planungsverband und den betroffenen Gemeinden gemeinsam aufgestellt. Durch RVO der Landesregierung ist zu bestimmen, ob der Plan der Zustimmung jeder Gemeinde bedarf oder der eines (eigens dafür gebildeten) Verbands. Die Rechtsverordnung kann auch bestimmen, dass ein gemeinsames Gremium aus Vertretern aller betroffenen Gemeinden und des Regionalen Planungsverbands in gleicher Anzahl gebildet werden muss.

1.4 Thüringen

Das Thüringische Landesplanungsgesetz enthält nur eine sehr knappe Ermächtigung zur Einführung des regionalen Flächennutzungsplans auch in Thüringen. Praktische Folgen hat diese Ermächtigung bislang nicht gehabt.

1.5 Nordrhein-Westfalen

In Nordrhein-Westfalen stand der Gesetzgeber vor dem Problem, dass die sechs Ruhrgebietsstädte, die deutliches Interesse an der Aufstellung eines regionalen Flächennutzungsplans angemeldet hatten, drei verschiedenen Regierungsbezirken und damit drei Regionen angehören. Das Prinzip der Beschlussfassung sowohl in der zuständigen Regionalen Planungsversammlung als auch seitens der Gemeinden war hier praktisch nicht einsetzbar. Der Gesetzgeber hat in § 10 a des Landesplanungsgesetzes folgenden Ausweg gefunden:

Der Zusammenschluss von mindestens drei Gemeinden zur Erstellung eines regionalen Flächennutzungsplans ist der Landesregierung anzuzeigen und von dieser öffentlich bekannt zu machen. Die Planungsgemeinschaft hat den RegFNP sodann „als integralen Bestandteil des Gebietsentwicklungsplans" aufzustellen; nach § 10a Abs. 3 „baut er auf dessen Grundvorstellungen und Leitideen auf und übernimmt zugleich die Funktion eines Regionalplans und eines Flächennutzungsplans nach § 204 BauGB. Der regionale Flächennutzungsplan hat den Zielen der Raumordnung und Landesplanung zu entsprechen".
Der von der Planungsgemeinschaft beschlossene Plan bedarf der Genehmigung der Landesplanungsbehörde, die im Einvernehmen mit den anderen fachlich betroffenen obersten Landesbehörden entscheidet. Vor der Genehmigung ist den Regionalräten, auf die sich das Plangebiet bezieht, Gelegenheit zur Stellungnahme zu geben. Die Genehmigung ist öffentlich bekannt zu machen. „Mit der Genehmigung wird der regionale Flächennutzungsplan Ziel der Raumordnung und Landesplanung" (§ 10a Abs. 4 LPlG).

Der nordrhein-westfälische Gesetzgeber hat also ein Modell der materiellen Integration des Regionalen Flächennutzungsplans in den Gebietsentwicklungsplan entwickelt, das von der obersten Landesplanungsbehörde (und nicht durch Beschlussfassung der zuständigen Regionalen Planungsversammlungen) abgesichert wird. Auch dies dürfte den Intentionen und der Ermächtigung des § 9 Abs. 6 ROG wohl noch entsprechen.

2. Funktioniert das überhaupt? Handelt es sich möglicherweise sogar um ein Zukunftsmodell?

2.1 Der Regionale Flächennutzungsplan für den Ballungsraum Frankfurt/Rhein-Main

Der Regionale Flächennutzungsplan für den Ballungsraum Frankfurt/Rhein-Main Plan befindet sich im Aufstellungsverfahren. Es existiert ein Vorentwurf, zu dem bereits die frühzeitige Bürgerbeteiligung und die Beteiligung der Träger öffentlicher Belange (und natürlich der Verbandsgemeinden) durchgeführt wurde. Dabei wurde auch das Internet intensiv genutzt. Das Ziel der Weiterbearbeitung liegt nunmehr darin, den zur Auslage bestimmten Entwurf - wenn irgend möglich - so intensiv zwischen den Beteiligten abzustimmen, dass nur eine öffentliche Auslegung nach § 3 Abs. 2 BauGB und dem hessischen Landesplanungsgesetz erforderlich sein wird.

In aller Vorläufigkeit kann gesagt werden: Kennzeichen des Verfahrens ist eine sehr intensive und moderne Beteiligung der Öffentlichkeit und der Behörden und das Bemühen um Konsens. Alles spricht für eine volle Funktionsfähigkeit.

2.2 Der Regionale Flächennutzungsplan im Ruhrgebiet

Im Ruhrgebiet haben sich die sechs Städte Bochum, Gelsenkirchen, Herne, Essen, Mülheim an der Ruhr und Oberhausen verabredet, einen gemeinsamen Flächennutzungsplan aufzustellen. Im Oktober 2005 haben diese sechs beteiligten Städte eine öffentlich-rechtliche Erklärung unterzeichnet, in der sie ausdrücklich ihren Willen bekräftigen, sich zu einer Planungsgemeinschaft zusammenzuschließen. Der beabsichtigte Zusammenschluss wurde am 25. Oktober 2005 der nordrhein-westfälischen Landesregierung angezeigt. Durch die Bekanntmachung der Anzeige im Gesetz- und Verordnungsblatt des Landes NRW entsteht die Planungsgemeinschaft. Die am RegFNP beteiligten Städte haben eine eigene Projektgruppe gebildet, die aus Mitarbeitern der Planungsverwaltungen besteht. In dieser Gruppe wird kontinuierlich an den beabsichtigten Inhalten, Methoden und Verfahrensweisen zur Aufstellung des RegFNP gearbeitet. Als politisches Beratungs- und Beteiligungsgremium wurde ein eigener Ausschuss gebildet, der erstmals am 3. Mai 2006 in Essen getagt hat.

Die Zusammenarbeit der sechs Städte wurde von diesen durch eine Reihe von Veranstaltungen und Foren zur Installation der „Städteregion Ruhr 2030" vorbereitet und angeschoben. Auch hier zeigt sich der hohe Wirkungsgrad des RegFNP als Instrument einer öffentlichen und sehr partizipativen Zusammenarbeit.

2.3 Zur Anwendbarkeit des Regionalen Flächennutzungsplans auch in anderen Bundesländern

Der Flächennutzungsplan ist keineswegs so erfolgreich wie von manchen behauptet. Zumindest in Verdichtungsräumen lässt die Steuerungskraft der kommunalen Flächennutzungsplanung sehr zu wünschen übrig. Wirkliche Erfolge erzielt sie nur bei der Binnensteuerung der Flächennutzung in den einzelnen Städten und Gemeinden – die Außenkoordination mit den Nachbargemeinden funktioniert schon nicht mehr. Dadurch werden die Potentiale der Region nicht optimal genutzt. Es bleibt beim Kirchturmdenken und dem Bürgermeisterwettbewerb gegeneinander.

Die Regionalplanung war – jedenfalls bisher – nicht in der Lage, das übergemeindliche Koordinationsdefizit aufzufüllen. Ihre Wirkung ist negativ schlichtend – sie löst aber keine positiven Impulse zur Zusammenarbeit aus.

Gemeinsame Flächennutzungspläne nach § 204 oder § 205 BauGB vergrößern nur den Maßstab der Binnenkoordination, ohne regionale Impulse zu geben.

Nur der RegFNP kann diese Lücke schließen, weil er zu einem Prozess der notwendigen Zusammenarbeit führt, der mit dem Wegfall der „negativen Schlichtung" belohnt wird. Die beiden ersten Anwendungsfälle (Frankfurt/Rhein-Main und die sechs Städte im Ruhrgebiet – „die Ruhrverschworenen") belegen diese Behauptung.

Könnte es weitere sinnvolle Anwendungsfälle geben? Zum Beispiel in Berlin-Brandenburg? Zumindest im Großraum Berlin? Die derzeitige Situation im Raum Berlin-Umland sieht wie folgt aus: Die F-Planung findet gemeindeweise getrennt statt, mit sehr unterschiedlichen Größenordnungen, kontrolliert und in Maßen koordiniert über die Gemeinsame Landesplanungsabteilung der Länder und Brandenburg anhand des Landesentwicklungsplans für den engeren Verflechtungsraum Berlin/Brandenburg (LEPeV) als Teilplan der Landesplanung. Das Instrument des LEPeV soll jedoch aufgegeben werden – zugleich ist man auf der Suche nach einem neuen Steuerungsinstrument für den Verflechtungsraum.

Eignet sich der RegFNP dafür? Bei der Antwort muss man in Rechnung stellen, dass der Stadtstaat Berlin de facto schon einen Regionalen Flächennutzungsplan hat – nämlich seinen F-Plan, der gemäß § 8 Abs. 1 S. 2 ROG zugleich die Funktionen eines Regionalplans erfüllt und in dem die regionalplanerischen Festsetzungen gekennzeichnet sind. Berlin dürfte nur sehr maßvoll daran interessiert sein, seine Planungshoheit für den F-Plan zugunsten eines regionalen F-Plans aufzugeben.

Für die brandenburgischen Nachbargemeinden könnte es dagegen von Interesse sein, sich in einen RegFNP einzubringen. Sie gewinnen dadurch mehr Einfluss, sparen Geld und entledigen sich der Regionalplanung. Aber Berlin wird nicht mittun. Es wird bei der Koordination durch die Landesplanung bleiben.

In Ansehung der geringen Bevölkerungszahlen Brandenburgs könnte man aber zu der Auffassung kommen, dass ganz Brandenburg über Regionale Flächennutzungspläne beplant werden könnte, und zwar am einfachsten auf der Ebene der Landkreise wie in Niedersachsen. Damit würde der Brandenburgische Gesetzgeber seinen Anlauf wiederholen, die F-Planung hochzuzonen (was am Brandenburgischen Landesverfassungsgericht gescheitert ist) und die Kreise würden aufgewertet. Auf die fünf Planungsregionen in Brandenburg und die regionalen Planungsstellen könnte man dann institutionell verzichten, wobei das Personal der Planungsstellen in die Kreisverwaltungen einzugliedern wäre.

Weitergedacht: Könnte die Einführung der RegFNP mit den vorhandenen Kreisen als Regionen (nach dem Modell Niedersachsen) für alle Bundesländer ein Schritt in die richtige Richtung sein? Warum muss es neben den Kreisen noch „Planungsregionen" geben? Könnte man nicht überall die Kreise dafür nutzen? Allerdings unter Ergänzung der Kreistage durch eine Gemeindekammer als zweite Kammer mit der Anforderung der doppelten Mehrheit, sofern der Regionale F-Plan beschlossen werden soll. Dann gäbe es nur noch maximal 323 (Regionale) F-Pläne in der Bundesrepublik Deutschland (zuzüglich der F-Pläne der Stadtstaaten) – denn dies ist die Anzahl der Landkreise. Die Zahl der Regionalen Flächennutzungspläne würde darunter liegen, weil es sich sehr schnell als notwendig erweisen würde, in den Ballungsräumen einschließlich von deren Kernstädten größer geschnittene

Regionale Flächennutzungspläne nach dem Vorbild der Region Frankfurt/Rhein-Main aufzustellen.

Die Städte und Gemeinden könnten nach Abgabe der Flächennutzungsplanung mit den Plänen weiterarbeiten, mit denen sie ohnehin lieber arbeiten – nämlich mit informellen Entwicklungsplänen, INSEKS und STEPS und Fachplänen, aus denen dann die B-Pläne entwickelt werden. Das Instrument B-Plan kann durchaus noch weiterentwickelt werden in Richtung Generalbebauungspläne als einfache, entfeinerte B-Pläne, in denen nur die Art der baulichen Nutzung und die Obergrenzen der baulichen Nutzung ausgewiesen sind. Alle weitere kann über vorhabenbezogene Bebauungspläne ablaufen. Tendenziell könnten die Städte und Gemeinden auf der Ebene der rechtsverbindlichen Planung mit dem Instrument „B-Plan" mit allen seinen Varianten auskommen.

Für die Flächennutzungsplanung könnte als Zukunftsmodell die Vorstellung dienen: Ein Kreis = eine Region = ein Regionaler Flächennutzungsplan.

X Rechtsschutz bei Flächennutzungsplänen?

Prof. Hans-Georg Gierke

Der Veranstalter hat hinter der Formulierung meines Themas ein Fragezeichen angefügt und damit wohl zum Ausdruck bringen wollen, dass insoweit Zweifel bestehen. Vielleicht wollte er auch provozieren.

Unstreitig ist, dass der Flächennutzungsplan inzident kontrolliert werden kann, z. B. bei der Überprüfung von Bebauungsplänen bzw. bei Anfechtungs- oder Verpflichtungsklagen. Daneben lässt die Rechtsprechung auch eine Feststellungsklage zu, wenn ein aus dem Flächennutzungsplan resultierendes konkretes Rechtsverhältnis feststellungsbedürftig ist. Ein minimaler Rechtsschutz ist also gewährleistet.

Das Thema zielt offensichtlich auf die Frage, ob und gegebenenfalls in welchen Fällen und in welchem Umfange ein weiter gehender Rechtsschutz, insbesondere im Wege der Normenkontrolle möglich ist oder doch zumindest erwägenswert erscheint. Das Problem stellt sich, da der Flächennutzungsplan im Laufe der Zeit zum einen zusätzliche Funktionen übernommen und zum anderen auch sonst an Bedeutung gewonnen hat, z. B. im Hinblick auf die im Rahmen der Umweltprüfung gebotene Prüfung der in Betracht kommenden Alternativen. Die für die Entwicklung einer Gemeinde wesentlichen Entscheidungen, z. B. über Standorte von städtebaulichen Projekten sowie über Trassen der wichtigen Hauptverkehrszüge werden bereits auf der Ebene der Flächennutzungsplanung getroffen.

Die Vorzüge einer prinzipalen Normenkontrolle liegen demgegenüber auf der Hand. Das BVerwG hat sie wie folgt beschrieben:

> *„Das Normenkontrollverfahren nach § 47 VwGO verbindet Elemente eines objektiven Beanstandungsverfahrens mit solchen der Gewährung individuellen Rechtsschutzes (...). Es dient der Rechtsklarheit und der ökonomischen Gestaltung des Prozessrechts, indem es zahlreichen Einzelprozessen vorbeugt. Durch die Möglichkeit einer allgemeinverbindlichen gerichtlichen Entscheidung über die Gültigkeit einer im Range unter dem Landesgesetz stehenden Rechtsvorschrift verbessert und beschleunigt es den Rechtsschutz des Bürgers, da der Betroffene nicht gezwungen ist, eine Entscheidung über die Gültigkeit der Rechtsnorm inzidenter in einem Klageverfahren gegen eine auf die Norm gestützte konkrete Verwaltungsentscheidung herbeizuführen; zugleich werden dadurch die Verwaltungsgerichte entlastet."*[1]

Wer über Jahrzehnte mit dem Bauplanungsrecht befasst war, fühlt sich an lange zurückliegende Diskussionen erinnert, bei denen es darum ging, ob gegen den Bebauungsplan eine unmittelbare Normenkontrolle zugelassen werden sollte. Die Mehrheit der Planer und Juristen standen der unmittelbaren Rechtskontrolle ablehnend gegenüber. Man fürchtete, dass Fehler der Planung aufgedeckt und damit für notwendig gehaltene städtebauliche Entwicklungen und Investitionen „un-

---

[1] BVerwG 15.9.1987 – 7 N 1/87 – DVBl 1988, 790 = NVwZ 1988, 1119 = JuS 1989, 240; ebenso BVerwG 16.1.2003 – 4 CN 8/01 – E 117, 313 = DVBl. 2003, 804 = NVwZ 2003, 730.

nötig" verzögert würden[2]. Erst nach und nach wurde beim Bebauungsplan die Normenkontrolle nach § 47 VwGO ermöglicht, zuerst nur nach Maßgabe des jeweiligen Landesrechts, seit dem 1.1.1977 generell aufgrund einer bundesrechtlichen Ergänzung des § 47 Abs. 1 VwGO.

Eine vergleichbare Entwicklung war beim Regionalplan zu beobachten. Auch hier wurde mehr als 30 Jahre lang Widerstand gegen eine prinzipale Rechtskontrolle geleistet. Erst vor wenigen Jahren hat die Rechtsprechung die letzten Zweifel ausgeräumt und die Normenkontrolle zugelassen.

Im Hinblick auf den Flächennutzungsplan stehen wir möglicherweise am Anfang einer vergleichbaren Diskussion. Die noch immer h. M. ist jedoch erkennbar von dem Bestreben gekennzeichnet, das Instrument des Flächennutzungsplans flexibel zu halten und jede rechtliche „Versteinerung" und damit auch eine prinzipale Kontrolle zu vermeiden, im Interesse der „Rechtssicherheit". Auch heute besteht wiederum die Furcht, jede Erweiterung des Rechtsschutzes könnte notwendige Investitionen verhindern. Der von Planungen betroffene Bürger, der im konkreten Fall eine Verletzung des vom Staat gesetzten Planungsrechts geltend macht, wird offensichtlich als „lästiger Störenfried" empfunden. Dabei sollte man eigentlich dafür dankbar sein, dass betroffene Bürger und sonstige Kreise der Öffentlichkeit darauf achten, dass Recht und Gesetze noch ernst genommen und eingehalten werden. Die personell immer mehr ausgedünnte Verwaltung kann auf die Rechtsprüfung immer weniger Sorgfalt verwenden; sie steht häufig auch unter politischem Druck.

Im Moment scheint die Zeit aber noch nicht reif zu sein für eine generelle Erweiterung des Rechtsschutzes beim Flächennutzungsplan; die Gegenkräfte sind noch stark. Vielleicht ergeben sich in der Zukunft dahin gehende Anstöße aus dem EG-Recht und der Rechtsprechung des EuGH. Die deutsche Gesetzgebung und Rechtsprechung neigt zur „nationalstaatlichen Introvertiertheit"[3]. Gegenwärtig soll nur geprüft werden, ob in besonderen Fällen, die aber mehr am Rande des Funktionsbereichs der Flächennutzungsplanung liegen, schon heute eine Normenkontrolle gem. § 47 VwGO in Betracht gezogen werden darf. Möglicherweise gelingt es auf lange Sicht, die herrschende Position gleichsam von den Rändern her nach und nach aufzuweichen.

[2] Zur „Politisierung" des Rechtsschutzes gegen Planungen Schulze-Fielitz, Verwaltungsgerichtliche Kontrolle der Planung im Wandel, in Festschr. f. Hoppe [2000] S. 997.

[3] So mit Recht Schulze-Fielitz, Verwaltungsgerichtliche Kontrolle der Planung im Wandel, in Festschr. f. Hoppe [2000] S. 997.

1. Rechtscharakter des Flächennutzungsplans

1.1 Keine Festlegung durch Bundesrecht

Ob eine Normenkontrolle nach § 47 Abs. 1 VwGO statthaft ist, hängt vom Rechtscharakter des Flächennutzungsplans ab. Denn nur untergesetzliche Rechtsvorschriften kommen als Gegenstand eines Normenkontrollantrages in Betracht.

Die Rechtsnatur des Flächennutzungsplans ist bundesgesetzlich nicht festgelegt. Sie war von Anfang an umstritten. Teils wurde der Flächennutzungsplan als Rechtsnorm, teils als öffentlich-rechtlicher Vertrag, teils als (gebündelter) Verwaltungsakt und teils als bloßes Verwaltungsinternum angesehen[4].

Ob der Landesgesetzgeber den durch Bundesrecht nicht ausdrücklich festgelegten Rechtscharakter des Flächennutzungsplans festlegen könnte, ist offen. Bisher haben einige Länder lediglich bestimmt, dass die für Satzungen maßgebenden Verfahrensbestimmungen auf den Flächennutzungsplan entsprechend anzuwenden sind (so z. B. § 6 Abs. 5 NdsGO). Eine gesetzliche Festlegung der Rechtsform erfolgte nicht, vermutlich sah man das „beredte Schweigen" des BBauG/BauGB zu dieser Frage als abschließende Regelung an. Ob der durch die Föderalismusreform geänderte Art. 84 Abs. 1 GG eine landesrechtliche Regelung zulässt, hängt davon ab, ob man die gesetzliche Festlegung der Rechtsform des gemeindlichen Feststellungsbeschlusses beim Flächennutzungsplan als Angelegenheit des Verfahrensrechts ansieht. Wenn ja, wäre weiter zu prüfen, ob ein Ausnahmefall nach Art. 84 Abs. 1 S. 4 GG vorliegt.

1.2 Herkömmliche Auffassung in Rechtsprechung und Schrifttum

In der Rechtsprechung und im Schrifttum hatte sich über Jahre hinweg die Meinung verfestigt, wonach der Flächennutzungsplan als „hoheitliche Maßnahme eigener Art", als „Verwaltungsprogramm" oder als „qualifizierter Sachverhalt" anzusehen sei, aus der bzw. aus dem das Gesetz für bestimmte Fälle rechtliche Folgerungen ziehe[5]. Unmittelbare Rechtswirkungen nach außen, d. h. Dritten gegenüber hat der Flächennutzungsplan nach dieser Auffassung nicht.

---

[4] Vgl. Löhr, Die kommunale Flächennutzungsplanung (1977), 133 ff.; VGH Mannheim 22.3.1973 – VIII 508/70 – E 23, 188 = BRS 27 Nr.17; Reidt in Gelzer/Bracher/Reidt, Bauplanungsrecht 7. Aufl. [2005] Rn. 112; Rinsdorf, Der Flächennutzungsplan als Steuerungsinstrument der Gemeinde [2004] S. 87 f.

[5] So OVG Lüneburg 4.11.1970 – 1 A 132/70 – E 27, 328 = DVBl. 1971, 320 = DÖV 1971, 492; VGH Kassel 26.2.1969 – IV N 8/67 – BRS 22 Nr. 14; OVG Lüneburg 11.9.1970 – 1 A 145/69 – BRS 23 Nr. 11; VGH München 28.11.1969 – 93 I 69 – BRS 22 Nr. 95; ebenso die h. M. in der Literatur: vgl. Reidt in Gelzer/Bracher/Reidt, Bauplanungsrecht 7. Aufl. [2005] Rn. 113; Söfker in Ernst/Zinkahn/Bielenberg/Krautzberger, BauGB § 5 [76. Lfg.] Rn. 7, 8.

In seiner Entscheidung v. 20.7.1990[6] hat das BVerwG die bisher dahin h. M. wie folgt zusammengefasst:

> *„Der Flächennutzungsplan hat keinen förmlichen Normcharakter. Hierfür reicht es – entgegen der Auffassung des vorlegenden Normenkontrollgerichts – nicht aus, dass er „in einem förmlichen Verfahren ergeht, an dessen Ende die Bekanntmachung einer aufsichtsbehördlichen Genehmigung steht". Der Flächennutzungsplan wird nicht als Satzung erlassen. Einer Beschlussfassung in dieser Form steht der eindeutige Regelungswille des Gesetzgebers entgegen, der die Satzungsform in § 10 BauGB ausdrücklich nur für Bebauungspläne vorgeschrieben hat (...). Der Flächennutzungsplan kann auch materiellrechtlich nicht als Rechtsnorm oder Rechtssatz angesehen werden. Denn unabhängig davon, wie diese Begriffe im einzelnen zu definieren bzw. untereinander sowie gegenüber dem Begriff der Rechtsvorschrift abzugrenzen sind, erfordern sie jedenfalls in materieller Hinsicht, dass es sich um eine (abstrakt-generelle) Regelung mit dem Anspruch auf Verbindlichkeit handelt (...). Der Flächennutzungsplan enthält jedoch keine verbindlichen „Regelungen". Im Unterschied zum Bebauungsplan ist er kein allgemein rechtsverbindlicher, sondern nur ein „vorbereitender" Bauleitplan. Dies bringt das Baugesetzbuch bereits in seinem § 1 Abs. 2 sowie in den Überschriften des Zweiten und des Dritten Abschnitts, ferner auch in § 8 Abs. 1 deutlich zum Ausdruck. Danach ist verbindlicher Bauleitplan (nur) der Bebauungsplan. Nur er enthält „Festsetzungen", der Flächennutzungsplan dagegen lediglich „Darstellungen" (§ 5 BauGB). Darstellungen sind „grobmaschiger" als Festsetzungen; das Fehlen der Parzellenschärfe verleiht ihnen schon in räumlicher Hinsicht einen geringeren Grad an Verlässlichkeit (...). Nach der ständigen Rechtsprechung des Bundesverwaltungsgerichts hat der Flächennutzungsplan deshalb weder Normcharakter (...) noch darf er wie ein Rechtssatz gehandhabt werden (...). Eine rechtssatzmäßige Verbindlichkeit kommt den Darstellungen des Flächennutzungsplans auch nicht im Verhältnis zur Gemeinde (vgl. § 8 Abs. 2 S. 1 BauGB) und gegenüber den öffentlichen Planungsträgern zu, welche bei der Aufstellung des Plans beteiligt waren und diesem nicht widersprochen haben (§ 7 BauGB). Die insoweit kraft ausdrücklicher gesetzlicher Anordnung gegebene Bindungswirkung ist nicht im Sinne einer rechtssatzmäßigen Anwendung („Vollzug") der einzelnen Darstellungen des Flächennutzungsplans, sondern als planerische Fortentwicklung der im Flächennutzungsplan dargestellten Grundkonzeption der Gemeinde zu verstehen (...); dies gilt nicht nur für die Bindung der Gemeinde nach § 8 Abs. 2 S. 1 BauGB, sondern auch für die Bindung der nicht widersprechenden Planungsträger nach § 7 S. 1 BauGB."*

Von dieser strikten Auffassung ist das BVerwG aber spätestens seit seiner Entscheidung v. 20.11.2003[7] zumindest im Hinblick auf die Darstellungen im Flächennutzungsplan mit den Rechtswirkungen des § 35 Abs. 3 S. 3 abgerückt. Dabei konnte es sich auf die zum 1.1.1997 in Kraft getretene Änderung des § 35 Abs. 3 S. 3 berufen; es brauchte also nicht grundsätzlich von seiner früheren Rechtsprechung abzurücken. Hierauf ist in anderem Zusammenhang zurückzukommen.

---

[6] BVerwG 20.7.1990 – 4 N 3/88 – DÖV 1991, 113 = DVBl. 1990, 1352 = BRS 50 Nr. 36.
[7] BVerwG 20.11.2003 – 4 CN 6/03 – DVBl 2004, 629 = ZfBR 2004, 272 = NVwZ 2004, 614.

1.3 Überprüfung der bisherigen Betrachtungsweise

Nachdem zumindest für Darstellungen mit den Rechtswirkungen des § 35 Abs. 3 S. 3 gleichsam eine Bresche in die bis dahin gefestigte Meinung geschlagen ist, stellt sich die Frage, inwieweit die bisherige Argumentation des BVerwG und der h. M. – auch im Lichte sonstiger Entscheidungen – überhaupt noch schlüssig ist.

Im Wesentlichen sind es folgende Argumente, die das BVerwG bisher gegen eine Rechtssatzqualität des Flächennutzungsplans angeführt hat und die auf den Prüfstand zu stellen sind:

- der fehlende Charakter des Flächennutzungsplans als „abstrakt-generelle" Regelung,
- die fehlende Außenrechtsverbindlichkeit,
- die „Grobmaschigkeit" des Planinhalts,
- die Ausfüllungsbedürftigkeit der Darstellungen durch nachgelagerte Planungen und planungsrechtliche Abwägungen,
- Erforderlichkeit einer nachvollziehenden Abwägung in den Fällen des § 35.

2. Funktion und Rechtswirkungen des Flächennutzungsplans in besonderen Fällen

2.1 Übernahme von Funktionen der Raumordnung

a) Originär städtebaulicher Charakter des Flächennutzungsplans

Der Flächennutzungsplan ist nach der ursprünglichen Konzeption des BBauG und des BauGB primär ein städtebaulicher Plan der Gemeinden. Er ist nicht zu den raumordnungsrechtlichen oder landesplanerischen Planungen zu rechnen[8]. Früheren Vorstellungen, wonach der Flächennutzungsplan ein Plan der Raumordnung auf örtlicher Ebene sei[9], hat der Bundesgesetzgeber bereits mit dem BBauG eine Absage erteilt. Der Flächennutzungsplan behält seinen Charakter als städtebaulicher Plan auch dort, wenn gem. § 204 Abs. 1 ein gemeinsamer Flächennutzungsplan aufgestellt wird oder die Befugnis zur Flächennutzungsplanung gem. § 203 Abs. 1 oder Abs. 2, § 205 Abs. 1 oder 2 bzw. § 205 Abs. 6 auf einen anderen Planungsträger übertragen ist.

---

[8] VGH Kassel 4.10.1984 – 11 UE 86/84 – DÖV 1985, 732, 733.

[9] Vgl. Umlauf, Wesen und Organisation der Landesplanung (1958) S. 177 ff.; Schmidt-Aßmann, Grundfragen des Städtebaurechts [1972] S. 113 ff.

b) Regionaler Flächennutzungsplan

In verdichteten Räumen oder bei sonstigen raumstrukturellen Verflechtungen kann auf Grund von § 9 Abs. 6 ROG zugelassen werden, dass ein Plan zugleich die Funktion eines Regionalplans und eines gemeinsamen Flächennutzungsplans nach § 204 Abs. 1 übernimmt, wenn er den auf Grund der Vorschriften in §§ 6 bis 17 ROG erlassenen Vorschriften der Länder und den Vorschriften des BauGB entspricht (regionaler Flächennutzungsplan)[10]. Diese Bestimmung ist mit dem BauROG 1998 in das ROG eingeführt worden. Von der Option zur Einführung eines regionalen Flächennutzungsplans haben – soweit ersichtlich – die Länder Hessen (§ 13 HessLPG) für den Ballungsraum Frankfurt/Rhein-Main, Nordrhein-Westfalen (§§ 25 ff. NWLPlG 2005) und Thüringen (§ 13 ThürLPlG) Gebrauch gemacht.

Im regionalen Flächennutzungsplan werden neben den städtebaulichen Darstellungen i. S. von § 5 auch raumordnerische Festlegungen i. S. des § 7 Abs. 1 bis 4 ROG bzw. nach den entsprechenden Bestimmungen des Landesrechts aufgenommen. Letztere können die Qualität von Zielen der Raumordnung haben, so dass sie nach § 1 Abs. 4 von den betroffenen Gemeinden zu beachten sind. Diese Zielbindung tritt neben die Bindungswirkung nach § 8 Abs. 2 S. 1[11].

Soweit der Flächennutzungsplan als regionaler Flächennutzungsplan zugleich Funktionen eines Regionalplans übernimmt und dabei Ziele der Raumordnung festlegt, entfaltet er insoweit die gleichen Rechtswirkungen wie ein Regionalplan. Dieser besitzt nach heute h. M. eine materiell-rechtliche Außenwirkung gegenüber den in seinem Geltungsbereich liegenden Gemeinden und nach Maßgabe von § 4 Abs. 3 ROG auch gegenüber bestimmten Personen des Privatrechts[12]. In einer Reihe von Ländern ist die Normqualität des Regionalplans (z. B. Verordnung oder Satzung) ausdrücklich bestimmt[13]. Aber auch dort, wo das Landesrecht die Rechts-

---

[10] Zum regionalen Flächennutzungsplan: Schmitz, Regionaler Flächennutzungsplan – Ein neuer Planungstyp (1998); Müller/Mahlburg DVBl. 1998, 1110; Goedecke in Akademie für Raumforschung und Landesplanung (Hrsg.), Zur Novellierung des Landesplanungsrechts aus Anlass des Raumordnungsgesetzes 1998 (1998) S. 86; Spannowsky in Spannowsky/Mitschang (Hrsg.), Flächennutzungsplanung im Umbruch? (1999), S. 34; Spannowsky, Der „Regionale Flächennutzungsplan" als neues Instrument der räumlichen Ordnung des örtlichen und überörtlichen Raumes, UPR 1999, 409; Akademie für Raumforschung und Landesplanung [Hrsg.] Regionaler Flächennutzungsplan – Rechtlicher Rahmen und Empfehlungen zur Umsetzung Bd. 213; Schmidt-Eichstaedt/Reitzig LKV 2000, 273; Runkel in Ernst/Zinkahn/Bielenberg/Krautzberger, BauGB § 204 [67. Lfg.] Rn. 62 ff.; Mitschang, Der Flächennutzungsplan [2003] Rn. 693 ff.; Kreibohm/Zülka, Der regionale Flächennutzungsplan in Nordrhein-Westfalen, NWVBl. 2003, 334; Hendler, Regionaler Flächennutzungsplan, ZfBR 2005, 229.

[11] Hierzu Bunse, Der Flächennutzungsplan als Instrument der Landesplanung, DVBl. 1984, 420.

[12] Ebenso Mitschang, Der Flächennutzungsplan [2003] Rn. 700.

[13] So z. B. in Bayern, Baden-Württemberg, Brandenburg, Niedersachsen, Mecklenburg-Vorpommern, Saarland, Sachsen.

form nicht festlegt, ist der Regionalplan zumindest im Hinblick auf § 47 Abs. 1 Nr. 2 VwGO als Rechtsvorschrift im materiellen Sinne anzusehen[14].

Auf die materiellen Wirkungen hat das BVerfG bereits in der Wilhelmshaven-Entscheidung v. 23.6.1987[15] abgestellt. Die Entscheidung betraf Teil II des Raumordnungsprogramms des Landes Niedersachsen 1982, der seinerzeit ohne förmlichen Rechtssetzungsakt erlassen und nur im NdsMBl. bekannt gemacht wurde[16]. In dem Raumordnungsprogramm war in der Stadt Wilhelmshaven ein Vorrangstandort für großindustrielle Anlagen am seeschifftiefen Fahrwasser festgelegt. Das BVerfG war der Meinung, dass auch dieser Teil des Raumordnungsprogramms gegenüber den Gemeinden „Wirkungen wie ein Gesetz" entfaltet[17]:

> *„Als „Gesetz" im Sinne dieser Vorschriften sind alle vom Staat erlassenen Rechtsnormen anzusehen, die Außenwirkung gegenüber einer Kommune entfalten. Dies ist für Rechtsverordnungen bereits in den Entscheidungen BVerfGE 26, 228 (236); 56, 298 (309); 71, 25 (34) ausdrücklich ausgesprochen worden. Es gilt gleichermaßen auch für alle anderen Arten vom Staat erlassener Rechtsnormen, weil auch bei ihnen der maßgebliche Gesichtspunkt zutrifft, dass andernfalls eine mit der Rechtsschutzfunktion der Kommunalverfassungsbeschwerde unvereinbare Lücke entstünde (...). Die Regelungen des Teils II des Raumordnungsprogramms sind in diesem Sinne – mit der Kommunalverfassungsbeschwerde angreifbare – untergesetzliche Rechtsnormen. Dieser Qualifizierung steht ihre Bekanntmachung im Ministerialblatt nicht entgegen; Teil II ist als Beschluss der Landesregierung generell – ohne konkret-individuelle Bekanntgabe an die einzelnen Betroffenen – bekannt gemacht worden. Inhaltlich weisen die Regelungen neben Elementen eines Einzelakts auch normative Elemente auf. Insofern sind sie sonstigen baurechtlichen und raumbezogenen Regelungen, insbesondere Bauleitplänen, vergleichbar; letztere hat der Bundesgesetzgeber von Gesetzes wegen als Satzungen und damit als Rechtsnormen qualifiziert (...). Die Beschwerdeführerin ist durch die von ihr angegriffenen Regelungen des Teils II des Raumordnungsprogramms auch selbst, gegenwärtig und unmittelbar betroffen. Zweifel daran, dass die Regelungen sie selbst und gegenwärtig betreffen, sind nicht ersichtlich. Aber auch das Unmittelbarkeits-Erfordernis (...) ist erfüllt: Die Ausweisung von Vorrangstandorten für großindustrielle Anlagen auf dem Gebiet der Beschwerdeführerin bedarf – anders als die abstrakteren Regelungen des Teils I (...) – weder rechtsnotwendig noch nach der tatsächlichen Verwaltungspraxis einer weiteren Umsetzung oder sonstigen Konkretisierung durch andere Rechtsnormen. Ob hingegen eine weitere Umsetzung durch Einzelakte noch aussteht, bedarf keiner Prüfung; denn ein solcher Gesichtspunkt könnte der Zulässigkeit der Kommunalverfassungsbeschwerde nicht entgegengehalten werden."*

Trotz der klaren Worte des BVerfG dauerte es noch etwa 15 Jahre bis sich die Anerkennung der Normenkontrolle bei Raumordnungsplänen durchsetzte. Noch am 16.8.2002 lehnte der VGH Kassel mit großem juristischen Aufwand den Rechtssatzcharakter des Regionalplans Südhessen ab[18]. Dieser Auffassung ist das BVerwG

[14] Zum Meinungsstand vgl. Koch/Hendler Baurecht, Raumordnungs- und Landesplanungsrecht, 4. Aufl. (2004) § 9.

[15] BVerfG 23.6.1987 – 2 BvR 826.83 – E 76, 107 = DVBl. 1988, 41 = DÖV 1988, 122.

[16] Beschluss des Landesministeriums, Bekanntmachung des Ministers des Innern v.16.61982 – Nds.MBl. S. 717.

[17] Im Ergebnis ebenso im Hinblick auf die Gebietsentwicklungspläne in Nordrhein-Westfalen NWVerfGH 15.12.1989 – VerfGH 5/88 – E 40, 310 = DVBl. 1990, 417 = NVwZ 1990, 456.

[18] VGH Kassel 16.8.2002 – 4 N 3272/01 – E 53, 39 = RdL 2003, 25 = NuR 2003, 115.

in der nachgehenden Entscheidung v. 20.11.2003[19] entgegen getreten, wobei es maßgeblich auf die durch das BauROG 1998 eingeführte Definition der Ziele der Raumordnung in § 3 Nr. 2 ROG abstellte, was jedoch inhaltlich nicht erforderlich war, da sich die Bindungswirkung schon aus § 1 Abs. 4 ergab[20]. Bereits in seiner Entscheidung v. 7.3.2002 hatte das BVerwG den Landesentwicklungsplan für den engeren Verflechtungsraum Brandenburg-Berlin als Rechtsvorschrift i. S. v. § 47 Abs. 1 Nr. 2 VwGO anerkannt[21].

Die neuere Rspr. des BVerwG sieht also in dem Umstand, dass die Ziele der Raumordnung durch nachgelagerte Planungen und Abwägungen weiter konkretisierungsfähig sind, kein Hindernis für die Anerkennung einer unmittelbaren Außenwirkung, jedenfalls soweit es um den durch die Zielsetzung festgelegten äußeren Rahmen geht. In der vorgenannten Entscheidung v. 20.11.2003 weist das BVerwG darauf hin, dass der abstrakt-generelle Charakter von Normen gewahrt werde, da in den betreffenden Planungen ein „lediglich nach Gattungsmerkmalen bezeichneter Adressatenkreis für eine unbestimmte Vielzahl eigener Planungsentscheidungen Bindungen unterworfen wird." Bereits in den Entscheidungen v. 20.12.1988[22] und 18.12.1990[23] hatte das BVerwG einen durch Rechtsverordnung für verbindlich erklärten Abfallentsorgungsplan als Rechtsvorschrift i.S. von § 47 Abs. 1 Nr. 2 VwGO angesehen und einen Normenkontrollantrag von Grundstückseigentümern zugelassen.

Der Regionalplan kann auch Außenwirkung gegenüber dem Bürger entfalten; dies ist insbesondere dort der Fall, wo er Festlegungen enthält, die über § 35 Abs. 3 S. 3 wirksam werden. Hierzu führt das OVG Lüneburg in seiner Entscheidung v. 28.10.2004[24] Folgendes aus:

> *„Die Raumplanung hat sich über eine „Planung der Planung" hinausentwickelt. Zu der grobmaschigen Planung der Planung hinzugetreten ist die u. U. detailscharfe Planung raumbedeutsamer Einzelvorhaben insbesondere im Außenbereich. Das führt zu einer Vorverlagerung eigentumsschützender Abwägungen aus der Bauleitplanung in die Raumplanung. Dieser Vorverlagerung muss auch eine Vorverlagerung des Rechtsschutzes folgen (...). Die Wirkung von Zielen der Raumordnung gegenüber Privaten über § 35 Abs. 3 BauGB ist geeignet, eine mittelbare Rechtsverletzung in subjektiv-öffentlichen Rechten herbeizuführen. Eine Verletzung in subjektiven öffentlichen Rechten kann auch durch eine mittelbare Normwirkung eintreten. So verhält es sich, wenn zwischen die Norm und das subjektive Recht noch ein weiteres Verwaltungsverfahren tritt. In diesen Fällen kann eine Antragsbefugnis bestehen, wenn die mögliche Rechtsverletzung der Norm zugerechnet*

---

[19] BVerwG 20.11.2003 – 4 CN 6/03 – DVBl. 2004, 629 = NVwZ 2004, 614 = BauR 2004, 807; hierzu Hendler, Verwaltungsgerichtliche Normenkontrolle Privater gegen Raumordnungs- und Flächennutzungspläne, NuR 2004, 484.

[20] BVerwG20.8.1992 – 4 NB 20/91 – E 90, 329 = DÖV 1993, 118 = DVBl. 1992, 1438; hierzu auch Gierke in Brügelmann, BauGB § 1 [43. Lfg.] Rn. 417 ff. m. w. N.

[21] BVerwG 7.3.2002 – 4 BN 60/01 – NVwZ 2002, 869 = BRS 65 Ne. 51 = ZfBR 2002, 487; vgl. auch BVerwG 17.6.2004 – 4 BN 5/04 – Buchholz 310 § 47 VwGO Ne. 166 = Juris.

[22] BVerwG 20.12.1988 – 7 NB 2/88 – E 81, 128 = DVBl. 1989, 512 = DÖV 1989, 1089.

[23] BVerwG 18.12.1990 – 7 NB 4/90 – DVBl. 1991, 399.

[24] OVG Lüneburg 28.10.2004 – 1 KN 155/03 – NVwZ-RR 2005, 162 = NdsRPfl. 2005, 98.

> *werden kann. Das ist der Fall, wenn der Normgeber die indirekte Auswirkung der Norm mitbedacht hat (...), wenn zwischen Norm und Rechtsberührung ein „handgreiflich-praktischer Zusammenhang" besteht (...). Eine solche Konstellation liegt jedenfalls bei der indirekten Wirkung der Raumordnungsziele über § 35 Abs. 3 S. 3 BauGB vor."*

Soweit es um die Ziele der Raumordnung in einem regionalen Flächennutzungsplan geht, steht bereits nach der vorliegenden Rspr. des BVerwG fest, dass der Plan in seiner Funktion als Regionalplan eine begrenzte Außenwirkung entfaltet und als untergesetzliche Rechtsvorschrift der Normenkontrolle nach Maßgabe des § 47 Abs. 1 Nr. 2 VwGO unterliegt.

Fraglich könnte sein, ob dies auch für die städtebaurechtlichen Darstellungen gilt. Verneint man dies, hätten die Inhalte des regionalen Flächennutzungsplans einen jeweils unterschiedlichen Charakter. Das BVerwG scheint dies für möglich zu halten. Im Hinblick auf die Situation bei Regionalplänen heißt es in der Entscheidung v. 20.11.2003[25]:

> *„§ 47 Abs. 1 Nr. 2 VwGO setzt nicht voraus, dass alle in einem Plan oder sonstigen Rechtsakt enthaltenen Einzelregelungen ein und dieselbe rechtliche Qualität aufweisen. Vielmehr ist für jede Regelung gesondert zu prüfen, ob sie den Kriterien genügt, die für eine Rechtsvorschrift unabdingbar sind. Insoweit unterscheiden sich Raumordnungspläne nicht von sonstigen Normzusammenhängen, bei denen es ebenfalls Regelungen mit unterschiedlichem Rechtscharakter geben kann."*

Es sind jedoch Zweifel angebracht, ob eine theoretisch begründbare Aufspaltung von Planinhalten der Praxis gerecht wird, zumal wenn für den Erlass von Rechtsnormen besondere Verfahrensvorschriften gelten[26]. Zu fragen ist auch, ob sich die Planaussagen jeweils genau zuordnen lassen, da z. B. Darstellungen mit den Wirkungen nach § 35 Abs. 3 S. 3 sowohl im Regionalplan als auch im Flächennutzungsplan möglich sind. Einigkeit besteht darüber, dass es für den materiellen Rechtscharakter von Planinhalten auf die bloße Deklaration nicht ankommt.

c) Flächennutzungsplan der Stadtstaaten

In den Ländern Berlin, Bremen und Hamburg kann gem. § 8 Abs. 1 S. 2 ROG der Flächennutzungsplan (neben seiner städtebaulichen Aufgabe) zugleich die Funktion eines Raumordnungsplans für das Landesgebiet „übernehmen". Soweit die Länder Berlin, Bremen und Hamburg ein Bedürfnis für Raumordnungspläne außerhalb von FPlänen bejahen, sind sie befugt, diese unter Beachtung des ROG in der nach der Landesverfassung geforderten Qualität zu erlassen[27].

---

[25] BVerwG 20.11.2003 – 4 CN 6/03 – DVBl. 2004, 629 = NVwZ 2004, 614 = BauR 2004, 807.

[26] Für eine einheitliche Rechtsnatur Mitschang, Der Flächennutzungsplan Rn. 700.

[27] StGH Bremen 22.8.1983 – St 1/82 – E BR 4, 57 = DÖV 1983, 976 = DVBl. 1983, 1144; krit. hierzu Bunse, Der Flächennutzungsplan als Instrument der Landesplanung, DVBl. 1984, 420.

Macht ein Stadtstaat von der Option des § 8 Abs. 1 S. 2 ROG Gebrauch, gilt § 7 ROG hinsichtlich all seiner formellen und materiellen Vorgaben entsprechend; im Flächennutzungsplan können auch raumordnerische Festlegungen aufgenommen werden. Insoweit kann § 8 Abs. 1 S. 2 ROG dem Grunde nach als ein spezialgesetzlicher Unterfall des regionalen Flächennutzungsplans nach § 9 Abs. 6 ROG angesehen werden[28].

Hinsichtlich seines Rechtscharakters ergeben sich damit für den Flächennutzungsplan i. S. von § 8 Abs. 1 S. 2 ROG die gleichen Folgerungen wie beim regionalen Flächennutzungsplan. Allerdings liegt im Hinblick auf die Bebauungspläne eine Wirkung nach außen nicht vor, da der Stadtstaat sich nur intern bindet. Noch nicht gerichtlich entschieden ist, ob benachbarte Länder wegen fehlender Abstimmung den Plan im Wege der Normenkontrolle anfechten könnten. Eine Außenwirkung kann jedoch im Verhältnis zu den Bürgern in Betracht kommen, z. B. bei der Ausweisung von „Konzentrationszonen" gem. § 35 Abs. 3 S. 3.

d) Flächennutzungsplan der kreisfreien Städte in Niedersachsen

Bei den kreisfreien Städten in Niedersachsen „ersetzt" der Flächennutzungsplan das Regionale Raumordnungsprogramm (§ 8 Abs. 1 S. 3 NdsROG). In Nds. sind – mit Ausnahme des Bereichs der Region Hannover und des Zweckverbandes Großraum Braunschweig – die Landkreise Träger der Regionalplanung, so dass in den kreisfreien Städten die Zuständigkeit für die Regionalplanung mit der für die Flächennutzungsplanung zusammenfallen würde. Der Flächennutzungsplan der kreisfreien Städte unterliegt, da er den Regionalplan ersetzt, auch besonderen Beteiligungsanforderungen des Raumordnungsrechts[29]. Die Flächennutzungspläne der kreisfreien Städte bleiben städtebauliche Pläne, da sie den Regionalplan nur „ersetzen", so dass keine Besonderheiten bestehen.

2.2 Verhältnis des Flächennutzungsplans zur Bebauungsplanung

a) Entwicklungsgebot des § 8 Abs. 2 S. 1

Der Flächennutzungsplan nach § 1 Abs. 2 ist im Hinblick auf den nachgelagerten verbindlichen Bebauungsplan ein „vorbereitender" Bauleitplan. Als solcher ist er final auf die zukünftige Entwicklung der Bodennutzung ausgerichtet; in ihm ist die sich aus der „beabsichtigten" städtebaulichen Entwicklung ergebende Art der Bo-

---

[28] So Dallhammer in Cholewa/Dyong/von der Heide/Arenz, Raumordnung in Bund und Ländern ROG § 8 Rn. 6, 37.

[29] Näher geregelt in § 8 der Nds. VO über die Aufstellung der Regionalen Raumordnungsprogramme – Nds. VerfVO–RROP.

dennutzung nach den „voraussehbaren Bedürfnissen" der Gemeinde darzustellen (§ 5 Abs. 1 S. 1).

Die Darstellungen des Flächennutzungsplans setzen der Bebauungsplanung einen verbindlichen Rahmen. Denn Bebauungspläne sind gem. § 8 Abs. 2 S. 1 aus dem Flächennutzungsplan zu „entwickeln". Der Flächennutzungsplan fungiert insoweit als „Planung der Planung".

Der Rahmen für das Entwickeln kann im Einzelfall unterschiedlich weit ausgestaltet werden, so dass auf der Ebene der Bebauungsplanung ein gewisser Spielraum verbleibt. Diesen Spielraum hat das BVerwG in ständiger Rechtsprechung, u. a. auch in seiner Entscheidung v. 26.2.1999[30] wie folgt umrissen:

> *„Flächennutzungspläne sind nach § 8 Abs. 2 S. 1 BauGB aus den Flächennutzungsplänen in der Weise „zu entwickeln", dass durch ihre Festsetzungen die zugrunde liegenden Darstellungen des Flächennutzungsplans konkreter ausgestaltet und damit zugleich verdeutlicht werden. Dieser Vorgang der Konkretisierung schließt nicht aus, dass die in einem Bebauungsplan zu treffenden Festsetzungen von den vorgegebenen Darstellungen des Flächennutzungsplans abweichen. Derartige Abweichungen sind jedoch nur zulässig, wenn sie sich aus dem Übergang in eine konkretere Planungsstufe rechtfertigen und die Grundkonzeption des Flächennutzungsplans unberührt lassen".*

Den maßgeblichen Umfang und Detaillierungsgrad der Darstellungen kann die Gemeinde unterschiedlich bestimmen; sie ist hierbei weder durch den Begriff „Grundzüge" noch durch den Begriff des „Entwickelns" eingeschränkt. Dies hat das BVerwG in seiner für den Inhalt des Flächennutzungsplans bedeutsamen Entscheidung v. 18.8.2005[31] klargestellt:

> *„Welche Darstellungen zu den Grundzügen der Art der Bodennutzung gehören, hängt nicht von dem Grad ihrer Bestimmtheit, sondern davon ab, ob sie den Bezug zur jeweiligen städtebaulichen Konzeption „für das ganze Gemeindegebiet" (§ 5 Abs. 1 S. 1 BauGB) wahren."*

Soweit begründbar, können Darstellungen im Einzelfall sogar die Dichte von Festsetzungen eines Bebauungsplans annehmen. Da der Flächennutzungsplan mangels einer weitergehenden Ermächtigung nur Grundzüge darstellen darf – dies stellt die Entscheidung v. 18.8.2005 ebenfalls klar – haben auch detaillierte Darstellungen Grundzugscharakter. Entsprechend eng ist in diesem Falle der Raum für das „Entwickeln." Hierauf ist im Zusammenhang mit § 35 Abs. 3 S. 1 zurückzukommen.

Der durch Darstellungen im Flächennutzungsplan gesetzte Rahmen ist hinsichtlich seiner äußeren Grenzen rechtlich verbindlich; er kann durch Abwägung auf Bebauungsplan-Ebene nicht überwunden werden. Folgerichtig ist ein Bebauungsplan, der § 8 Abs. 2 S. 1 verletzt, fehlerhaft[32]. Der Flächennutzungsplan hat, soweit sein

---

[30] BVerwG 26.2.1999 – 4 CN 6/98 – DÖV 1999, 733 = NVwZ 2000, 197 = BRS 62 Nr. 48; zuvor schon BVerwG 28.2.1975 – 4 C 74/72 – E 48, 70 = DVBl. 1975, 661 = BRS 29 Nr. 8; ebenso BVerwG 30.6.2003 – 4 BN 31/03 – BRS 66 Nr. 44; BVerwG 11.2.2004 – 4 BN 1/01 – BauR 2004, 1264.

[31] BVerwG 18.8.2005 – 4 C 13/04 – DVBl. 2005, 1583 = NVwZ 2006, 87 = BauR 2006, 52.

[32] Nachweise aus der Rspr. bei Gierke in Brügelmann, BauGB § 8 [54. Lfg.] Rn. 105 ff.

Rahmen verbindlich ist, abschichtende Wirkung. Dies ist z. B. für die Entscheidung über die Standortalternativen von Bedeutung, denn für eine Alternativenprüfung ist auf der Ebene des Bebauungsplans nur noch begrenzt Raum.

Nicht auszuschließen ist daher, dass der EuGH den Flächennutzungsplan nach deutschem Recht als Bestandteil einer gestuften Entscheidung ansehen und insoweit weitergehende Anforderungen stellen könnte. Im Hinblick auf die Umweltverträglichkeitsprüfung bei „Genehmigungen" vertritt der EuGH jedenfalls in neueren Entscheidungen[33] den Standpunkt, dass dann, wenn das nationale Recht ein mehrstufiges Genehmigungsverfahren vorsieht, in dem zunächst eine Grundsatzentscheidung ergeht und dann eine Durchführungsentscheidung getroffen wird, die nicht über die in der Grundsatzentscheidung festgelegten Vorgaben hinausgehen darf, die Auswirkungen, die ein Projekt möglicherweise auf die Umwelt hat, im Verfahren des Erlasses der Grundsatzentscheidung zu ermitteln und zu prüfen sind, was gerichtlich auch überprüft werden könne. Nur wenn diese Auswirkungen erst im Verfahren des Erlasses der Durchführungsentscheidung ermittelt werden können, müsse die Prüfung im Rahmen dieses Verfahrens vorgenommen werden. Diese Entscheidungen sind für die vorliegende Problematik unmittelbar nicht einschlägig, eröffnen jedoch allgemein eine neue Sichtweise.

b) Keine Außenwirkung des „autonomen Flächennutzungsplans"

Liegt die Zuständigkeit für die Flächennutzungsplanung und die Bebauungsplanung jeweils in der Hand einer einheitlichen Gemeinde, entfaltet das Entwicklungsgebot des § 8 Abs. 2 S. 1 keine Außenwirkung. Es liegt lediglich eine interne Selbstbindung der Gemeinde vor.

---

[33] Vgl. EuGH 5. Kammer 7.1.2004 – C 201/02 – Wells-Entscheidung – DVBl. 2004,370; EuGH 1. Kammer 4.5.2006 – C 508/03 – NVwZ 2006, 803; EuGH 1. Kammer 4.5.2006 – C-290/03 – NVwZ 2006, 806.

c) Bindungswirkung des „heteronomen Flächennutzungsplans"

Auf Grund der §§ 203 ff. kann die Zuständigkeit für die Flächennutzungsplanung übertragen werden[34]:

- gem. § 203 Abs. 2 auf Verbandsgemeinden, Verwaltungsgemeinschaften oder vergleichbare gesetzliche Zusammenschlüsse von Gemeinden, denen nach Landesrecht örtliche Selbstverwaltungsaufgaben der Gemeinde obliegen;
- gem. § 205 Abs. 1 oder 2 auf Planungsverbände, zu denen sich Gemeinden und sonstige Planungsträger entweder freiwillig zusammengeschlossen haben oder die zwangsweise zusammengeschlossen sind;
- gem. § 205 Abs. 6 auf Zusammenschlüsse nach dem Zweckverbandsrecht oder nach besonderen Landesgesetzen.

Bei Übertragung der Kompetenz für die Flächennutzungsplanung kann festgelegt werden, dass die Befugnis zur Bebauungsplanung bei den Mitgliedsgemeinden verbleibt.

Eine solche Konstellation liegt z. B. bei den Samtgemeinden des Landes Niedersachsen (vgl. § 67 ff. NdsGO) vor, die mehr als die Hälfte des Landesgebiets abdecken. Hier ist für den Flächennutzungsplan (vgl. § 72 NdsGO) die Samtgemeinde, die jeweilige Mitgliedsgemeinde aber für die Bebauungsplanung zuständig. Dabei kann offen bleiben, ob es sich bei den niedersächsischen Samtgemeinden um Zusammenschlüsse nach § 203 Abs. 2[35] oder um Planungsverbände nach § 205 Abs. 1 handelt[36]. Bei den Samtgemeinden in Niedersachsen und möglicherweise auch bei vergleichbaren Körperschaften in anderen Ländern haben die Mitgliedsgemeinden weiterhin die Rechtsstellung einer Gemeinde mit einem eigenen Selbstverwaltungsrecht. Der Gesamtgemeinderat wird gem. § 75 Abs. 2 NdsGO unmittelbar durch die Samtgemeindebürger gewählt. Eine verbandsmäßige

[34] Zu den Voraussetzungen und Grenzen für eine von § 2 Abs. 1 abweichende Zuständigkeitsregelung nach § 203 ff.: BVerfG 9.12.1987 – 2 BvL 16/84 – E 77, 288 = DÖV 1988, 465 = DVBl. 1988, 482 = NVwZ 1988, 619; VfG Brandbg 21.3.2002 – 19/01 – LKV 2002, 516 = NJ 2002, 417; ; OVG Koblenz 28.10.2003 – 8 C 10303/03 – DÖV 2004, 168 = DVBl. 2004, 261 = BauR 2004, 1119; Schmidt-Eichstaedt, Gemeinsame Flächennutzungsplanung nach Bundes- und Landesrecht, NVwZ 1997, 846.

[35] So Gaentzsch in Berl. Komm. 3. Aufl. § [1. Lfg.] 203 Rn. 13.

[36] So Kalb in Ernst/Zinkahn/Bielenberg/Krautzberger, BauGB § 203 [Lfg. 68] Rn. 29 mit Hinweis auf die Entstehungsgeschichte; vgl. auch BrandbgVerfG 21.3.2002 – VfGBbg 19/01 – LKV 2002, 516 = MitStGB 2002, 200; OVG Koblenz 9.8.2001 – 8 C 11352/00 – BauR 2000, 273 = NVwZ-RR 2002, 102 = ZfBR 2002, 72.

Mitwirkung der Mitgliedsgemeinde an der Willensbildung der Samtgemeinde liegt daher nicht vor[37]. Im Verhältnis der Samtgemeinde zu ihren Mitgliedsgemeinden liegt kein innergemeindliches Verhältnis, sondern eine Außenrechtsbeziehung vor. Der von der Samtgemeinde aufgestellte Flächennutzungsplan kann daher das Selbstverwaltungsrecht der Mitgliedsgemeinde berühren oder verletzen, wenn z. B. deren städtebaulich relevanten Belange nicht berücksichtigt oder durch Mehrheitsbeschluss des Samtgemeinderats in unverhältnismäßiger Weise zurückgestellt werden[38].

Die Mitgliedsgemeinde ist nach Maßgabe des § 8 Abs. 2 S. 1 an die rahmenhaften Vorgaben des heteronomen Flächennutzungsplans gebunden. Diese Vorgaben des Flächennutzungsplans können, soweit sie verbindlich sind, von der Mitgliedsgemeinde bei der Bebauungsplanung durch Abwägung nicht überwunden, sondern nur im Rahmen des „Entwickelns" je nach Aussageschärfe der Darstellungen konkretisiert und verdeutlicht werden. Der Flächennutzungsplan hat hinsichtlich des verbindlichen Rahmens gegenüber der Mitgliedsgemeinde „Wirkungen wie ein Gesetz"[39]. Diese Wirkung unterscheidet sich in ihrer Reichweite nicht wesentlich von der Anpassungspflicht nach § 1 Abs. 4 im Hinblick auf die Ziele der Raumordnung.

Verletzt der heteronome Flächennutzungsplan das Selbstverwaltungsrecht der Mitgliedsgemeinde, muss ein Rechtsschutz möglich sein. Die Mitgliedsgemeinde kann nicht auf die Inzident-Kontrolle verwiesen werden, denn dann müsste sie zuerst einen vom Flächennutzungsplan abweichenden Bebauungsplan aufstellen und bei dessen Überprüfung die Unwirksamkeit von Darstellungen des Flächennutzungsplans geltend machen. Brohm[40] schlägt vor, in diesen Fällen eine Feststellungsklage zuzulassen, die in ihrer Wirkung aber auch nicht ausreicht, wenn es z. B. um die Zuweisung des Standortes für eine bedeutsame Einrichtung geht. Die Feststellung, dass die Benachteiligung einer Mitgliedsgemeinde fehlerhaft ist, würde die begünstigte Mitgliedsgemeinde zunächst nicht hindern, die Darstellung im Flächennutzungsplan auszunutzen und den Standort in ihrem Bebauungsplan auszuweisen.

2.3 Bindung anderer Planungsträger gem. § 7 BauGB

Nach Maßgabe des § 7 S. 1 haben öffentliche Planungsträger ihre Planungen dem Flächennutzungsplan insoweit anzupassen, als sie diesem Plan nicht widersprochen haben. Unter den Voraussetzungen des § 7 Sätze 3 bis 5 ist auch ein nachträglicher Widerspruch möglich.

---

[37] vgl. OVG Lüneburg 12.9.2003 – 1 ME 212/03 – NVwZ-RR 2004, 91 = NuR 2004, 119 = KommJur 2004, 106.
[38] So auch Brohm, Öffentliches Baurecht 3. Aufl. [2002] § 6 Rn.17.
[39] BVerfG 23.6.1987 – 2 BvR 826/83 – Wilhelmshaven-Beschluss – E 76, 107 = DÖV 1988, 122 = DVBl. 1988, 41.
[40] Brohm, Öffentliches Baurecht 3. Aufl. [2002] § 6 Rn. 17.

Bei den hier bestehenden Beziehungen der Gemeinde zu den anderen Planungsträgern handelt es sich zweifelsfrei um Außenrechtsverhältnisse.

Umstritten ist allerdings, ob und ggf. inwieweit die Anpassungspflicht nach § 7 eine Rechtspflicht ist. Geht man vom Wortlaut der Bestimmung („haben … anzupassen") aus, können hieran kaum Zweifel bestehen, nachdem das Anpassungsgebot des § 1 Abs. 4 als Rechtspflicht anerkannt ist. Die Darstellungen im Flächennutzungsplan entfalten in gleicher Weise wie die Ziele der Raumordnung in Plänen der Raumordnung materielle Außenrechtswirkungen gegenüber den anderen Planungsträgern[41]. Dem steht nicht entgegen, dass der Flächennutzungsplan auch im Verhältnis zum anderen Planungsträger nur Rahmencharakter hat, denn auch die Pläne der Raumordnung setzen nur einen Rahmen, denen sich die nachgelagerten Planungen „anzupassen" haben.

In seiner Entscheidung v. 20.7.1990[42] hat das BVerwG aber noch die Auffassung vertreten, dass eine rechtssatzmäßige Bindung nicht vorliege, da die in § 7 angeordnete Bindungswirkung – ebenso wie in den Fällen des § 8 Abs. 2 S. 1 – „nicht im Sinne einer rechtssatzmäßigen Anwendung („Vollzug") der einzelnen Darstellungen des Flächennutzungsplans, sondern als planerische Fortentwicklung der im Flächennutzungsplan dargestellten Grundkonzeption der Gemeinde" zu verstehen sei. Dieser Standpunkt dürfte im Lichte der Rechtsprechung zur Regionalplanung nicht mehr haltbar sein. Folgerichtig hat das BVerwG in der Entscheidung v. 7.3.2002[43] die von ihm als Rechtssätze anerkannten Zielsetzungen der Raumordnung wie folgt charakterisiert:

> *„Dabei ist nach der Rechtsprechung des Senats (…) freilich zu berücksichtigen, dass Raumordnung und Landesplanung durch Besonderheiten gekennzeichnet sind. Einerseits müssen die Zielaussagen bestimmt genug sein, damit die betroffenen Gemeinden erkennen können, woran sie ihre Bauleitplanung auszurichten haben (…). Andererseits sind Raumordnung und Landesplanung nicht auf einen Normvollzug im sonst üblichen Sinne angelegt. In Richtung auf die örtliche Planung schaffen sie, wie dies typisch für Planungen ist, denen weitere Planungsstufen nachgeordnet sind, Rahmenbedingungen, die Raum für eine weitere Konkretisierung lassen. Diese Zweckbestimmung verbietet es, aus dem Gebot der Normklarheit ein Höchstmaß an Aussageschärfe und Detailtreue abzuleiten. Zeichnen sich Ziele durch eine gewisse Grobmaschigkeit aus, so ist dies kein verfassungsrechtlicher Mangel, sondern eher im Gegenteil Ausdruck der Zurückhaltung, die das Grundgesetz im Interesse der Wahrung der gemeindlichen Planungshoheit gebietet."*

Bei der Anpassungspflicht nach § 7 S. 1 geht es also – ebenso wie bei der Anpassungspflicht nach § 1 Abs. 4 – nicht um den „Vollzug", sondern um die Berücksichtigung des mehr oder weniger weit gesetzten verbindlichen Rahmens. Insoweit kann zwischen der rechtssatzmäßigen Anpassungspflicht nach § 1 Abs. 4 und der Anpassungspflicht nach § 7 S. 1 – sofern sie besteht und der Planungsträger sich

---

[41] A. A. Jäde in Jäde/Dirnberger/Weiss, BauGB 4. Aufl. § 5 Rn. 2, wonach es sich bei dem in § 7 geregelten Verfahren nur um einen „Mechanismus der Plankoordination" handeln soll.
[42] BVerwG 20.1990 – 4 N 3/88 – DÖV 1991, 113 = DVBl. 1990, 1352 = BRS 50 Nr. 36.
[43] BVerwG 7.3.2002 – 4 BN 60/01 – NVwZ 2002, 869 = BRS 65 Ne. 51 = BauR 2002, 1061 = ZfBR 2002, 487.

nicht durch einen Widerspruch befreit hat – kein rechtlich signifikanter Unterschied ausgemacht werden.

2.4 Auswirkungen des Flächennutzungsplans auf Nachbargemeinden

Der Flächennutzungsplan kann unmittelbare Auswirkungen gewichtiger Art auf benachbarte Gemeinden haben[44]. § 2 Abs. 2 fordert deshalb eine interkommunale Abstimmung. Eine unmittelbar wirkende rechtliche Bindung der Nachbargemeinde wird jedoch nach h. M. nicht erzeugt. Die Auswirkungen des Flächennutzungsplans auf die Nachbargemeinde werden als solche tatsächlicher Art angesehen. Wird der Flächennutzungsplan wirksam, so hat die Nachbargemeinde bei ihren Planungen nach Maßgabe des § 2 Abs. 2 aber auf ihn Rücksicht zu nehmen. Insoweit kann die Nachbargemeinde ein Interesse an der Klärung der Frage haben, ob § 2 Abs. 2 eingehalten ist.

2.5 Wirkung von Darstellungen im Flächennutzungsplan auf die Zulässigkeit von Vorhaben im Außenbereich

a) Allgemeines

Der Flächennutzungsplan dient heute nicht nur als „Planung der Planung". Er wird zunehmend auch zur detailscharfen Festlegung und Verteilung von Standorten für Vorhaben im Außenbereich eingesetzt, ohne Zwischenschaltung eines Bebauungsplans. In ihm können, soweit die Funktion des Flächennutzungsplans im Übrigen gewahrt bleibt, einzelne Aspekte der Art der Bodennutzung auch sehr detailliert, erforderlichenfalls wie im Bebauungsplan festgelegt werden.

Die Darstellungen im Flächennutzungsplan sind bei der Zulassung von Vorhaben im Außenbereich als öffentliche Belange in zweifacher Hinsicht von Bedeutung:

- gem. § 35 Abs. 3 S. 1 Nr. 1, wenn das Vorhaben zu Darstellungen im Flächennutzungsplan im Widerspruch steht;
- gem. § 35 Abs. 3 S. 3, wenn für die betreffenden Vorhaben Standorte „an anderer Stelle" ausgewiesen sind und damit ein Ausschluss für den übrigen Außenbereich verbunden ist; diese Regelung ist auf privilegierte Vorhaben nach § 35 Abs. 1 Nr. 2 bis 6 beschränkt.

[44] BVerwG 9.1.1995 – 4 NB 42/94 – DÖV 1995, 820 = NVwZ 1995, 694 = BRS 57 Nr. 5.

Beide Möglichkeiten sind nebeneinander anwendbar[45].

Dass namentlich privilegierte Vorhaben im Außenbereich durch Darstellungen im Flächennutzungsplan ausgeschlossen oder in ihrer Zulässigkeit beschränkt werden können, war nicht selbstverständlich. Erst nach und nach haben Rspr. und Gesetzgebung dem Flächennutzungsplan seine Funktion zur Steuerung von Außenbereichsvorhaben zuerkannt[46].

Das BVerwG hatte allerdings noch 1967 angenommen, dass den privilegierten Vorhaben Aussagen im Flächennutzungsplan überhaupt nicht entgegengesetzt werden könnten[47]. Es ging davon aus, dass diese Vorhaben vom Gesetzgeber dem Außenbereich zugewiesen und damit gleichsam „sozusagen generell geplant" seien und demgemäß eine „der Regelung des § 30 BBauG nahe kommende rechtliche Stellung" hätten, die von Darstellungen in Flächennutzungsplänen nicht berührt werden könnten, weil Pläne in der Art und Qualität ihrer Aussage unmittelbar der Ebene angehörten, in der die („planerische") Aussage des § 35 Abs. 1 BBauG selbst liege. 1975 räumte das BVerwG jedoch ein, dass der Flächennutzungsplan als „Unterstützung und einleuchtende Fortschreibung bestimmter tatsächlicher Gegebenheiten" geeignet sei, zum Vorliegen eines beeinträchtigten öffentlichen Belanges beizutragen[48]. Erst in seiner Entscheidung vom 22.05.1987 zum Kiesabbau[49] löste sich das BVerwG dann völlig von seiner ursprünglichen Auffassung, indem es der Darstellung von Abgrabungsflächen an einem bestimmten Ort Ausschlusswirkung für die übrigen Flächen beimaß. Es heißt in dieser Entscheidung:

> *„Der Flächennutzungsplan soll gerade auch Entwicklungen, die negative städtebauliche Auswirkungen haben, in eine andere Richtung lenken oder umkehren. Deshalb ist das vom Senat wiederholt verwendete Bild der „Unterstützung und einleuchtenden Fortschreibung tatsächlicher Gegebenheiten" im Sinne von „städtebaulich einleuchtender Fortschreibung tatsächlicher Gegebenheiten" oder von „städtebaulich einleuchtenden Folgerungen aus tatsächlichen Gegebenheiten" zu verstehen, hier aus der Gegebenheit, dass weitere planlose Abgrabungen im ganzen Außenbereich städtebaulich nicht mehr vertretbar sind."*

Das Windenergieprivilegierungsgesetz v. 30.7.1996 (BGBl. I S. 1189) hat in § 35 Abs. 3 S. 3 den sog. Planvorbehalt eingeführt[50] und damit diese Fälle von denen

---

[45] Vgl. BVerwG 3.6.1998 – 4 B 6/98 – DÖV 1998, 927 = NVwZ 1998, 960 = BauR 1998, 991; BVerwG 17.12.2002 – 4 C 15/01 – E 117, 287 = DVBl. 2003, 797 = NVwZ 2003, 733; BVerwG 18.8.2005 – 4 C 13/04 – DVBl. 2005, 1583 = NVwZ 2006, 87 = BauR 2006, 52.

[46] Zur Rechtsentwicklung Taegen, Die Bedeutung des Flächennutzungsplans für die Zulässigkeit von Vorhaben, in Festschr. f. Schlichter [1995] S. 247.

[47] So BVerwG 25.10.1967 – 4 C 86/66 – E 28, 148 = DVBl. 1968, 385 = DÖV 1968, 579.

[48] BVerwG 28.2.1975 – IV C 30/73 – E 48, 81 = DVBl 1975, 516 = BauR 1975, 404.

[49] BVerwG 22.5.1987 – 4 C 57/84 – E 77, 300 = DÖV 1987, 1015 = DVBl. 1987, 1008; kritisch Hoppe, Die Rechtswirkungen eines Flächennutzungsplans gegenüber nach § 35 Abs. 1 BauGB privilegierten Außenbereichsvorhaben in der Rechtsprechung des Bundesverwaltungsgerichts, DVBl. 1991, 1277.

[50] Hierzu Wagner, Privilegierung von Windkraftanlagen im Außenbereich und ihre planerische Steuerung durch die Gemeinde, UPR 1996, 370; Stüer/Vildomec, Planungsrechtliche Zulässigkeit

nach § 35 Abs. 3 S. 1 Nr. 1 abgekoppelt. Durch das BauROG 1998 wurde der Planvorbehalt auf Betriebe der gartenbaulichen Erzeugung i. S. von § 35 Abs. 1 Nr. 2 erweitert[51]. Einen weiteren Schritt in die gleiche Richtung geht das EAG Bau 2004 mit der Einführung des Teil-Flächennutzungsplans in § 5 Abs. 2b. Zum ersten Mal wird nun in § 5 auf die Rechtswirkungen nach § 35 Abs. 3 S. 3 Bezug genommen. Das BVerwG hat dem in § 35 Abs. 3 S. 3 gesetzlich geregelten Planvorbehalt in seinen Entscheidungen v. 17.12.2002[52], 13.3.2003[53] und 21.10.2004[54] weitere rechtliche Konturen gegeben und sich dabei weitgehend von seinen ursprünglichen Vorstellungen gelöst.

Dagegen schimmert in Entscheidungen zu § 35 Abs. 3 S. 1 bis in die jüngste Zeit noch immer die archaisch anmutende Formel von der „einleuchtenden Fortschreibung der tatsächlichen Verhältnisse" durch[55].

b) „Planvorbehalt" des § 35 Abs. 3 S. 3

Die am weitesten gehende Steuerungsmöglichkeit bietet der Planvorbehalt in § 35 Abs. 3 S. 3. Hiernach stehen einem privilegierten Vorhaben nach § 35 Abs. 1 Nr. 2 bis 6 in der Regel öffentliche Belange entgegen, wenn

- die Darstellungen auf bestimmte Vorhaben i. S. von § 35 Abs. 1 Nr. 2 - 6 bezogen werden,
- für diese Vorhaben Standorte „an anderer Stelle" ausgewiesen werden und
- mit der Standortzuweisung zugleich ein Ausschluss solcher Vorhaben für den übrigen Außenbereich verbunden ist.

---

von Windkraftanlagen, BauR 1998, 427; Runkel, Steuerung von Vorhaben der Windenergienutzung im Außenbereich durch Raumordnungspläne, DVBl. 1997, 275.

[51] Hierzu Röhl, Planungsrechtliche Aspekte der Ansiedlung von Windenergieanlagen, UPR 2001, 413; Ecker, Die Zulässigkeit von Windenergieanlagen nach dem Bau- und Naturschutzrecht, VBlBW 2001, 173; Schidlowski, Standortsteuerung von Windenergieanlagen durch Flächennutzungspläne, NVwZ 2001, 388; Mitschang, Standortkonzeption für Windenergieanlagen auf örtlicher Ebene, ZfBR 2003, 431; Greiving/Schröder, Neue Herausforderungen bei der planerischen Steuerung von Windenergieanlagen, UPR 2003, 13.

[52] BVerwG 17.12.2002 – 4 C 15/01 – E 117, 287 = DVBl. 2003, 797 = NVwZ 2003, 733.

[53] BVerwG 13.3.2003 – 4 C 3/02 – ZfBR 2003, 469 = NVwZ 2003, 1261BRS 66 Nr. 11; BVerwG 13.3.2003 – 4 C 4/02 – E 118, 33 = NVwZ 2003, 738 = BRS 66 Nr. 10.

[54] BVerwG 21.10.2004 – 4 C 2/04 – E 122, 109 = NVwZ 2005, 211 = DVBl. 2005, 379; BVerwG 21.10.2004 – 4 C 3/04 – E 122, 117 = DVBI. 2005, 382 = NVwZ 2005, 208.

[55] Vgl. BVerwG 18.8.2005 – 4 C 13/04 – DVBl. 2005, 1583 = NVwZ 2006, 87 = BauR 2006, 52.

Darstellungen mit den Wirkungen nach § 35 Abs. 3 S. 3 können sowohl in einem gesamträumlichen Flächennutzungsplan i. S. von § 5 Abs. 1 als auch in einem Teil-Flächennutzungsplan nach § 5 Abs. 2b getroffen werden, dessen alleiniger Zweck ja in der Steuerung nach § 35 Abs. 3 S. 3 besteht.

Der Planvorbehalt in § 35 Abs. 3 S. 3 erlaubt den Gemeinden, bestimmte Vorhaben auf bestimmte Flächen oder Standorte zu beschränken („konzentrieren") und im übrigen Außenbereich auszuschließen. Er eröffnet somit die Möglichkeiten einer „planerischen Kontingentierung"[56]. Will die Gemeinde von der Ausschlussmöglichkeit nach § 35 Abs. 3 S. 3 Gebrauch machen, muss sie für die betreffenden Vorhaben im Flächennutzungsplan bzw. im Teil-Flächennutzungsplan Flächen bzw. Standorte „an anderer Stelle" im Gemeindegebiet vorsehen. „Der Ausschluss der Anlagen auf Teilen des Plangebiets lässt sich nach der Wertung des Gesetzgebers nur rechtfertigen, wenn der Plan sicherstellt, dass sich die betroffenen Vorhaben an anderer Stelle gegenüber konkurrierenden Belangen durchsetzen."[57]. Ein Flächennutzungsplan, der keinen Standort für die betreffenden Anlagen ausweist, erzeugt keine Ausschlusswirkung nach § 35 Abs. 3 S. 3[58].

Die positive Standortausweisung „an anderer Stelle" nach Maßgabe von § 35 Abs. 3 S. 3 hat „in der Regel" ausschließende Wirkung für gleichartige Vorhaben im übrigen Außenbereich. Für eine „nachvollziehende Abwägung" ist kein Raum mehr, soweit die Gemeinde öffentliche und private Belange bei der Flächennutzungsplanung abgewogen hat. Die Verwendung der Worte „in der Regel" in § 35 Abs. 3 S. 3 macht deutlich, dass Abweichungen nur in atypischen Fällen möglich sind. Der solchermaßen „qualifizierte Flächennutzungsplan"[59] unterscheidet sich von dem über § 35 Abs. 3 S. 1 wirkenden Flächennutzungsplan:

> *„§ 35 Abs. 3 S. 3 BauGB liegt demgegenüber ein anderes Modell zugrunde. Der Gesetzgeber versteht diese Vorschrift als ein die Privilegierung flankierendes Instrument, durch das die Gemeinde in die Lage versetzt wird, die bauliche Entwicklung im Außenbereich planerisch zu steuern (...). Durch § 35 Abs. 3 S. 3 BauGB erhalten bestimmte Darstellungen des Flächennutzungsplans über die in Abs. 3 S. 1 Nr. 1 getroffene Regelung hinaus bauplanerische Bedeutung. Die Gemeinde bekommt ein Instrument an die Hand, das es ihr ermöglicht, durch eine Kanalisierung der in § 35 Abs. 1 Nrn. 2 bis 6 BauGB aufgeführten Vorhaben, die städtebauliche Entwicklung in ihrem Gemeindegebiet in geordnete Bahnen zu lenken. Dieses gesetzgeberische Modell trägt sowohl dem gebotenen Außenbereichsschutz als auch der durch Art. 28 Abs. 2 GG gewährleisteten Planungshoheit Rechnung. Es entspricht damit der Grundkonzeption des § 1 BauGB, wonach es zu den Aufgaben der Gemeinde gehört, nach Maßgabe ihrer städtebaulichen Vorstellungen die bauliche und die sonstige Nutzung der Grundstücke im Gemeindegebiet vorzubereiten und zu leiten (...). § 35 Abs. 3 S. 3 BauGB richtet kein absolutes Zulassungshindernis auf. Die Ausschlusswirkung*

---

[56] So BVerwG 17.12.2002 – 4 C 15/01 – E 117, 287 = DVBl. 2003, 797 = NVwZ 2003, 733.
[57] BVerwG 13.3.2003 – 4 C 3/02 – NVwZ 2003, 261 = ZfBR 2003, 469 = BauR 2003, 1172; BVerwG 13.3.2003 – 4 C 4/02 – DVBl. 2003, 1064 = NVwZ 2003, 738 = ZfBR 2003, 464.
[58] OVG Lüneburg 20.12.2001 – 1 MA 3579/01 – DVBl. 2002, 717 = NVwZ-RR 2002, 332 = BauR 2002, 592; OVG Lüneburg 17.1.2002 – 1 L 2504/00 – ZfBR 2002, 362 = BauR 2002, 895.
[59] So bezeichnet von Berkemann in Berkemann/Halama, Erstkommentierungen zum BauGB 2004 § 5 Rn. 20.

tritt „in der Regel" ein. In Ausnahmefällen kommt eine Zulassung auch im sonstigen Außenbereich in Betracht (...). Die „Regel" Formulierung ermöglicht die Feindifferenzierung, für die das Abwägungsmodell auf der Stufe der Flächennutzungsplanung naturgemäß keinen Raum lässt. Sie verlangt, dass unter Berücksichtigung der konkreten Gegebenheiten das private Interesse an der Errichtung einer Windkraftanlage den öffentlichen Belangen der Nutzungskonzentration an anderer Stelle gegenübergestellt wird. Dies läuft, in ähnlicher Weise wie bei § 35 Abs. 1 BauGB, auf eine nachvollziehende Abwägung hinaus, freilich unter umgekehrten Vorzeichen. Während der Gesetzgeber mit dem Tatbestandsmerkmal „entgegenstehen" die besondere Bedeutung der Privilegierung hervorhebt, die tendenziell zu Gunsten des Vorhabens zu Buche schlägt, bringt er mit der Regel-Ausnahme-Formel in § 35 Abs. 3 S. 3 BauGB zum Ausdruck, dass außerhalb der Konzentrationsflächen dem Freihalteinteresse grundsätzlich Vorrang gebührt."[60].

Die Darstellungen eines solchermaßen qualifizierten Flächennutzungsplans entfalten rechtssatzmäßige Wirkungen gegenüber dem Bürger. „Er erlangt über die mittelbaren Wirkungen des § 35 Abs. 3 S. 1 BauGB hinaus unmittelbare Außenwirkungen. Insoweit weist er, ähnlich wie § 35 Abs. 3 S. 2 Halbsatz 1 BauGB (...), die Merkmale einer Inhalts- und Schrankenbestimmung im Sinne des Art. 14 Abs. 1 S. 2 GG auf, die den Gewährleistungsgehalt des Art. 14 Abs. 1 S. 1 GG zu wahren sowie dem Gleichheitssatz und dem Verhältnismäßigkeitsprinzip zu genügen hat."[61]. Diese Bestimmung von Inhalt und Schranken des Eigentums erfolgt unmittelbar durch den Flächennutzungsplan und nicht erst aus § 35 Abs. 3 S. 3[62].

Hieraus ergeben sich Folgerungen für die Rechtsnatur der betreffenden Darstellungen im „qualifizierten Flächennutzungsplan"[63]. Dies hat das BVerwG in seiner Entscheidung v. 20.11.2003[64] zunächst nur mehr beiläufig wie folgt angedeutet:

„Nach der Rechtsprechung des Senats sind die Darstellungen des Flächennutzungsplans keine Rechtsvorschriften, die nach § 47 Abs. 1 Nr. 2 VwGO zum Gegenstand einer Normenkontrolle gemacht werden können. Diese Aussage beruht auf der Erkenntnis, dass der Flächennutzungsplan vom Gesetzgeber im Unterschied zum Bebauungsplan lediglich als ein vorbereitender Plan konzipiert worden ist, dessen unmittelbar rechtliche Wirkungen sich auf den innergemeindlichen Bereich beschränken und inhaltlich im Anpassungsgebot des § 8 Abs. 2 BauGB erschöpfen. Indessen trifft diese Charakterisierung, so allgemein formuliert, heute nicht mehr einschränkungslos zu. Der Gesetzgeber hat mit § 35 Abs. 3 S. 3 BauGB eine Regelung geschaffen, die zur Folge hat, dass die Darstellungen des Flächennutzungsplans unter den dort genannten Voraussetzungen unmittelbar auf die Vorhabenzulassung durchschlagen. Im Anwendungsbereich dieser Vorschrift erfüllt der Flächennutzungsplan mithin eine dem Bebauungsplan vergleichbare Funktion (...). Auch wenn der Gedanke, für die Ausweisung von Konzentrationsflächen auf der Grundlage des § 35 Abs. 3 S. 3 BauGB die Möglichkeit einer Normenkontrolle zu eröffnen, nicht fern liegen mag, gilt für sonstige Darstellungen des Flächennutzungsplans unverändert, dass es am Tatbestand einer verbindlichen Regelung gegenüber dem Bürger fehlt."

---

[60] BVerwG 17.12.2002 – 4 C 15/01 – E 117, 287 = DVBl. 2003, 797 = NVwZ 2003, 733.

[61] BVerwG 13.3.2003 – 4 C 3/02 – NVwZ 2003, 261 = ZfBR 2003, 469 = BauR 2003, 1172.

[62] So aber Stüer, Planerische Steuerung von privilegierten Vorhaben im Außenbereich. Werden Flächennutzungspläne und Raumordnungspläne zu Rechtssätzen?, NuR 2004, 341.

[63] So bezeichnet von Berkemann in Berkemann/Halama, Erstkommentierungen zum BauGB 2004 § 5 Rn. 20.

[64] BVerwG 20.11.2003 – 4 CN 6/03 – DVBl 2004, 629 = ZfBR 2004, 272 = NVwZ 2004, 614.

Im Urteil v. 21.10.2004[65] betrachtete das BVerwG die Änderung eines Flächennutzungsplans als „eine im Revisionsverfahren beachtliche Rechtsänderung". Der Teil-Flächennutzungsplan nach § 5 Abs. 2b wäre, da er nur Darstellungen i.S. von § 35 Abs. 3 S. 3 enthält, insgesamt als Rechtsvorschrift anzusehen.

Auch in der Literatur wird zunehmend die Auffassung vertreten, dass die „qualifizierten Flächennutzungspläne" zumindest hinsichtlich ihrer Darstellungen mit den Rechtswirkungen nach § 35 Abs. 3 S. 3 als Rechtsvorschriften zu behandeln seien[66].

c) Steuerungsfunktion nach Maßgabe von § 35 Abs. 3 S. 1 Nr. 1

Nach § 35 Abs. 3 S. 1 Nr. 1 liegt eine Beeinträchtigung öffentlicher Belange vor, wenn das Vorhaben den Darstellungen im Flächennutzungsplan widerspricht. Diese Regelung erfasst alle Vorhaben nach § 35 Abs. 1 und 2 im Außenbereich, im Unterschied zu § 35 Abs. 3 S. 3 also auch privilegierte Vorhaben i. S. von § 35 Abs. 1 Nr. 1 und Nr. 7[67].

Voraussetzung für die Anwendung von § 35 Abs. 3 S. 1 ist, dass der Flächennutzungsplan den für das Vorhaben vorgesehenen Standort durch sachlich (vorhabenbezogene) und räumlich (standortbezogene) hinreichend konkrete qualifizierte Darstellungen mit positivem Darstellungsinhalt „anderweitig verplant"[68]. Es ist für die Anwendung von § 35 Abs. 3 S. 1 – anders als in den Fällen des § 35 Abs. 3 S. 3 – aber nicht erforderlich, dass für die nicht gewollten Vorhaben an anderer Stelle im Außenbereich ein Standort ausgewiesen wird. Eine bloß ausschließende Darstellung reicht nicht aus; das bloße Freihaltungsinteresse einer Gemeinde ist kein relevanter öffentlicher Belang i. S. von § 35 Abs. 3 S. 1.

Wird der Flächennutzungsplan gem. § 35 Abs. 3 S. 1 zur Festlegung bzw. zum Ausschluss von Standorten für Vorhaben im Außenbereich eingesetzt, findet eine Um-

[65] BVerwG 21.10.2004 – 4 C 2/04 – E 122, 109 = NVwZ 2005, 211 = DVBl. 2005, 379.
[66] Kment, Die unmittelbaren Auswirkungen des Flächennutzungsplans, NVwZ 2004, 314; Berkemann, Windenergie – Planvolle Konzentration, aktuelle Probleme, BauGB 2004 – Skript zum vhw-Seminar 19.10.2004 in Hannover, S. 364; Hendler, Verwaltungsgerichtliche Normenkontrolle Privater gegen Raumordnungs- und Flächennutzungspläne, NuR 2004, 484; Battis, Öffentliches Baurecht und Raumordnungsrecht 5. Aufl. [2006].
[67] Vgl. BVerwG 20.1.1984 – 4 C 43/81 – E 68, 311 = DÖV 1984, 846 = DVBl. 1984, 627; BVerwG 3.6.1998 – 4 B 6/98 – DÖV 1998, 927 = NVwZ 1998, 960 = BauR 1998, 991.
[68] Hierzu BVerwG 20.1.1984 – 4 C 43/81 – E 68, 311 = DÖV 1984, 846 = DVBl 1984, 627 = NVwZ 1984, 367; BVerwG 22.5.1987 – 4 C 57/84 – E 77, 300 = DÖV 1987, 1015 = BRS 47 Nr. 5; BVerwG 3.6.1998 – 4 B 6/98 – DÖV 1998, 927 = NVwZ 1998, 960 = BauR 1998, 991; BVerwG 6.10.1989 – 4 C 28/86 – NVwZ 1991, 161 = BRS 50 Nr. 98 = ZfBR 1990, 41; BVerwG 20.7.1990 – 4 N 3/88 – DÖV 1991, 113 = DVBl. 1990, 1352 = BRS 50 Nr. 36; BVerwG 6.9.1993 – 4 B 32/93 – Juris; BVerwG 18.8.2005 – 4 C 13/04 – DVBl. 2005, 1583 = NVwZ 2006, 87 = BauR 2006, 52).

setzung durch verbindliche BPläne nicht statt, vielmehr werden die Darstellungen des Flächennutzungsplans selbst für die Beurteilung von konkreten Vorhaben herangezogen. Es kann daher zweckmäßig und erforderlich sein, dass der Flächennutzungsplan vorhabenbezogene Darstellungen mit etwa gleicher Inhaltsdichte wie ein Bebauungsplan festlegt.

Eine abweichende Auffassung vertrat das OVG Lüneburg in seiner Entscheidung v. 18.6.2003[69]. In dem Verfahren ging es u. a. um die Änderung des Flächennutzungsplans einer Kurortgemeinde an der Nordseeküste in Niedersachsen. Diese Änderung erfasst einen Streifen entlang der Küste. Ziel der Darstellungen war es, die Kur- und Erholungseinrichtungen vor negativen Einflüssen der Massentierhaltungseinrichtungen zu schützen. Aus diesem Grund wurde das Planänderungsgebiet in drei Zonen unterschiedlicher Schutzwürdigkeit aufgeteilt und textlich unter anderem bestimmt:

> *„1. Fremdenverkehrliche Schutzzone*
> *Das Plangebiet (Zone I – III) dient als Fläche für Erholungs-, Kur- und Freizeitzwecke (fremdenverkehrliche Schwerpunktzone).*
> *1.1 Zone I*
> *In der Zone I müssen vorhandene Betriebe (Gewerbebetriebe und landwirtschaftliche Betriebe) folgende Nutzungsbeschränkungen einhalten:*
> - *In 200 m Entfernung zum Emissionsschwerpunkt des Betriebes darf die Geruchsschwelle von (1 Geruchseinheit/cbm Luft) nur in maximal 3 % der Jahresstunden (Gesamtbelastung) überschritten werden.*
> - *In 50 m Entfernung zum Emissionsschwerpunkt des Betriebes darf der 1-h-Mittelwert der Schwebstaubkonzentration von maximal 500 Mikrogramm/cbm Luft (MIK-Wert gemäß VDI 2310 Blatt 19) nicht überschritten werden.*
>
> *1.2 Zone II*
> *In der Zone II müssen vorhandene Betriebe (Gewerbebetriebe und landwirtschaftliche Betriebe) folgende Nutzungsbeschränkungen einhalten:*
> - *In 200 m Entfernung zum Emissionsschwerpunkt des Betriebes darf die Geruchsschwelle von (1 Geruchseinheit/cbm Luft) nur in maximal 8 % der Jahresstunden (Gesamtbelastung) überschritten werden.*
> - *In 50 m Entfernung zum Emissionsschwerpunkt des Betriebes darf der 1-h-Mittelwert der Schwebstaubkonzentration von maximal 500 Mikrogramm/cbm (MIK-Wert gemäß VDI 2310 Blatt 19) nicht überschritten werden.*
>
> *1.3 Zone III*
> *In der Zone III müssen vorhandene Betriebe (Gewerbebetriebe und landwirtschaftliche Betriebe) folgende Nutzungsbeschränkungen einhalten:*
> - *In 200 m Entfernung zum Emissionsschwerpunkt des Betriebes darf die Geruchsschwelle von (1 Geruchseinheit/cbm Luft) nur in maximal 10 % der Jahresstunden (Gesamtbelastung) überschritten werden.*
> - *In 50 m Entfernung zum Emissionsschwerpunkt des Betriebes darf der 1-h-Mittelwert der Schwebstaubkonzentration von maximal 500 Mikrogramm/cbm (MIK-Wert gemäß VDI 2310 Blatt 19) nicht überschritten werden.*
>
> *1.4 Neuansiedlung von Betrieben*
> *Betriebe (Gewerbebetriebe und landwirtschaftliche Betriebe), die sich nach dem 18.06.2002 erstmalig im Plangebiet ansiedeln, haben folgende Nutzungsbeschränkungen einzuhalten:*
> - *In 50 m Entfernung zum Emissionsschwerpunkt des Betriebes darf die Geruchsschwelle des (1 Geruchseinheit/cbm Luft) nur in maximal 3 % der Jahresstunden (Gesamtbelastung) überschritten werden.*

[69] OVG Lüneburg 18.6.2003 – 1 LB 143/02 – Juris.

- *Durch die Neuansiedlung von Betrieben dürfen keine relevanten Veränderungen der Staubbelastung eintreten. Von relevanten Staubemissionen ist dann auszugehen, wenn von einem Betrieb ein Emissionsmassenstrom von mehr als 0,1 kg/ h Staub ausgeht. Die Ermittlung ist unter den für die Luftreinhaltung ungünstigen Betriebsbedingungen vorzunehmen.“*

Das OVG Lüneburg war der Auffassung, dass derart detaillierte Darstellungen dem Gebot des § 5 Abs. 1 widersprächen, wonach im FNP die beabsichtigte städtebauliche Entwicklung nur in den Grundzügen darzustellen sei. Darüber hinaus hielt es die hier vorgenommenen Darstellungen im Sinne des Entwicklungsgebots nach § 8 Abs. 2 S. 1 weder für entwicklungsfähig noch für entwicklungsbedürftig.

Beiden Argumenten des OVG Lüneburg ist das BVerwG in seinem nachgehenden Urteil v. 18.8.2005[70] wie folgt entgegen getreten:

- *„Aus dem Begriff der Grundzüge ergeben sich jedoch entgegen der Auffassung des Oberverwaltungsgerichts keine starren, von der jeweiligen planerischen Konzeption der Gemeinde unabhängigen Grenzen für Inhalt, Regelungstiefe und Parzellenschärfe des Flächennutzungsplans. So können parzellenscharfe Darstellungen, z. B. von Flächenbegrenzungen oder Trassenverläufen, erforderlich sein, um die Grundzüge der Planung überhaupt mit der gebotenen Bestimmtheit darzustellen. Auch konkrete inhaltliche Planaussagen können zu den „Grundzügen“ gehören. Das gilt auch für die Festlegung von Werten, die - wie hier - die Emissionen bestimmter Betriebe begrenzen sollen und auf diese Weise die zulässige Art der Bodennutzung im Plangebiet regeln. Die Befugnis der Gemeinde, in den Flächennutzungsplan aus ins Einzelne gehende Darstellungen aufzunehmen, ergibt sich bereits aus dem Katalog des § 5 Abs. 2 BauGB. Zulässig sind hiernach auch Planaussagen, die nicht oder jedenfalls nicht wesentlich weniger detailliert und konkret als Festsetzungen in einem Bebauungsplan sind. So ist die Gemeinde beispielsweise gemäß § 5 Abs. 2 Nr. 1 BauGB bei der Darstellung der für die Bebauung vorgesehenen Flächen nicht auf die Ausweisung von Bauflächen (§ 1 Abs. 1 BauNVO) und Baugebieten (§ 1 Abs. 2 BauNVO) beschränkt; dargestellt werden kann auch das allgemeine Maß der baulichen Nutzung. Bereits im Flächennutzungsplan können z. B. die Grund- und Geschossflächenzahl, die Zahl der Vollgeschosse und die Höhe baulicher Anlagen dargestellt werden. Gemäß § 5 Abs. 2 Nr. 6 BauGB kann die Gemeinde „Flächen für Nutzungsbeschränkungen oder für Vorkehrungen zum Schutz gegen schädliche Umwelteinwirkungen im Sinne des Bundesimmissionsschutzgesetzes“ darstellen. Emissions- und Immissionsgrenzwerte sind zwar keine Vorkehrungen, weder im Sinne von § 9 Abs. 1 Nr. 24 BauGB (…) noch von § 5 Abs. 2 Nr. 6 BauGB. Flächen, auf denen die Emissionen von Betrieben bestimmte Grenzwerte nicht überschreiten dürfen, können jedoch als „Flächen für Nutzungsbeschränkungen“, d. h. als Flächen, auf denen Nutzungsbeschränkungen notwendig sind (…), dargestellt werden (…).“*

- *„Das Oberverwaltungsgericht hat die Darstellungen des Flächennutzungsplans in der Fassung der 52. Änderung auch deshalb für unwirksam gehalten, weil sie nicht mehr entwicklungsfähig und -bedürftig seien (…). Das Entwicklungsgebot und die hierzu ergangene Rechtsprechung des Senats setzen voraus, dass die Gemeinde einen Bebauungsplan erlässt. Der Außenbereich liegt definitionsgemäß außerhalb des räumlichen Geltungsbereichs eines Bebauungsplans im Sinne des § 30 Abs. 1 BauGB und außerhalb der im Zusammenhang bebauten Ortsteile (…). Im Außenbereich darf sich die Gemeinde grundsätzlich darauf beschränken, die städtebauliche Entwicklung planerisch durch den Flächennutzungsplan zu steuern. Das in § 35 BauGB vorgesehene Entscheidungsprogramm erweist sich in aller Regel als ausreichend, um eine städtebauliche Konfliktlage im Außenbereich angemessen beurteilen zu können und diese Beurteilung dem behördlichen Entscheidungsverfahren zuzuweisen (…). Das gilt insbesondere, wenn – wie hier – über den*

[70] BVerwG 18.8.2005 – 4 C 13/04 – DVBl. 2005, 1583 = NVwZ 2006, 87 = BauR 2006, 52.

konkreten Standort von im Außenbereich gemäß § 35 Abs. 1 BauGB grundsätzlich zulässigen Vorhaben zu entscheiden ist. Die Gemeinde ist insoweit nicht darauf verwiesen, ihre planerischen Vorstellungen durch Erlass eines weite Teile des Außenbereichs erfassenden Bebauungsplans zur Geltung zu bringen (...). Da der Gesetzgeber die in § 35 Abs. 1 BauGB genannten Vorhaben im Außenbereich allgemein für zulässig erklärt hat, ohne jedoch eine Entscheidung über den konkreten Standort zu treffen, können einem privilegierten Vorhaben nur konkrete standortbezogene Aussagen im Flächennutzungsplan als öffentlicher Belang entgegenstehen (...). Darstellungen des Flächennutzungsplans für den Außenbereich müssen mithin, um öffentliche Belange qualifizieren zu können, eine im Wege der Bebauungsplanung nicht weiter konkretisierungsbedürftige Standortentscheidung enthalten. Auch für den Außenbereich darf die Gemeinde ihre planerischen Vorstellungen jedoch nur mit den allgemein im Flächennutzungsplan zulässigen Darstellungen zum Ausdruck bringen. Der Flächennutzungsplan darf für den Außenbereich nicht aufgrund des Bestimmtheitsgrades seiner Darstellungen faktisch an die Stelle eines Bebauungsplans treten. Er muss sich sowohl für die mit Bebauungsplänen überplanten als auch für die nicht überplanten und auch nicht für eine Überplanung vorgesehenen Teile des Gemeindegebiets darauf beschränken, die Art der Bodennutzung in den Grundzügen darzustellen. Das schließt - wie bereits dargelegt - detaillierte und nicht weiter konkretisierungsbedürftige Darstellungen nicht aus. Der Flächennutzungsplan darf die Art der Bodennutzung jedoch nicht insgesamt mit einer Detailliert- und Konkretheit, wie sie für einen Bebauungsplan typisch ist, darstellen. Solche Darstellungen dürfen nur einzelne Aspekte der Art der Bodennutzung betreffen. Im Übrigen muss sich der Flächennutzungsplan darauf beschränken, einen Rahmen für die beabsichtigte städtebauliche Entwicklung des Gemeindegebiets zu setzen (...).“

Widerspricht ein Vorhaben den Darstellungen im Flächennutzungsplan, werden öffentliche Belange beeinträchtigt. Soweit es um privilegierte Vorhaben geht, muss grundsätzlich im Wege einer nachvollziehenden Abwägung geprüft werden, ob dem in der Darstellung verkörperten öffentlichen Belang oder aber dem privaten Interesse an der Durchführung des Vorhabens der Vorrang gebührt[71]. Allerdings räumt das BVerwG in seiner Entscheidung v. 18.8.2005[72] ein, dass konkrete Darstellungen im Flächennutzungsplan den Spielraum der nachvollziehenden Abwägung einschränken können. „Soweit die Gemeinde die betroffenen Belange bereits bei Aufstellung des Flächennutzungsplans fehlerfrei ermittelt und abgewogen hat, können diese im Rahmen der nachvollziehenden Abwägung nicht anders gewichtet werden.“

Im Hinblick auf die nachvollziehende Abwägung hat das BVerwG für die Fälle nach § 35 Abs. 3 S. 1 bisher keine unmittelbaren Rechtswirkungen der Dar-

---

[71] BVerwG 18.8.2005 – 4 C 13/04 – DVBl. 2005, 1583 = NVwZ 2006, 87 = BauR 2006, 53; zur „nachvollziehenden Abwägung“ vgl. auch Weyreuther, Bauen im Außenbereich [1979] S. 18 f.; BVerwG 25.10.1967 – 4 C 86/66 – E 28, 148 = DVBl. 1968, 385 = DÖV 1968, 579; BVerwG 10.4.1968 – IV C 3/67 – E 29, 286 = DVBl. 1969, 267; BVerwG 24.8.1979 – 4 C 3/77 – DÖV 1979, 905 = BRS 35 Nr. 60 = BauR 1979, 481; BVerwG 20.1.1984 – 4 C 43/81 – E 68.311 = DÖV 1984, 846 = DVBl 1984, 627; BVerwG 22.5.1987 – 4 C 57/84 – E 77, 300 = DÖV 1987, 1015 = DVBl. 1987, 1008; BVerwG 6.10.1989 – 4 C 28/86 – NVwZ 1991, 161 = BRS 50 Nr. 98 = ZfBR 1990, 41; BVerwG 18.8.2005 – 4 C 13/04 – DVBl. 2005, 1583 = NVwZ 2006, 87 = BauR 2006, 52

[72] BVerwG 18.8.2005 – 4 C 13/04 – DVBl. 2005, 1583 = NVwZ 2006, 87 = BauR 2006, 52

stellungen im Flächennutzungsplan angenommen, sondern sich auf den bereits in der Entscheidung v. 20.7.1990[73] formulierten Standpunkt gestellt:

> *„Aus sich selbst heraus entfalten die Darstellungen des Flächennutzungsplans (...) keine rechtlichen Wirkungen. Dies geschieht vielmehr immer nur durch Vermittlung bestimmter Tatbestandsmerkmale in anderen Normen, für deren Anwendung die Darstellungen des Flächennutzungsplans als Tatsachen eine Rolle spielen können. So enthalten die Darstellungen des Flächennutzungsplans bei der Beurteilung der bodenrechtlichen Zulässigkeit eines Bauvorhabens im Außenbereich nach § 35 Abs. 3 BauGB zwar einen wesentlichen Anhaltspunkt für die Feststellung, ob das Vorhaben öffentliche Belange beeinträchtigt oder nicht (...). Als Ausdruck der in ihnen niedergelegten planerischen Vorstellungen der Gemeinde können sie – wie auch andere faktische Gegebenheiten – im Einzelfall die Zulässigkeit eines Vorhabens nach § 35 BauGB (...) hindern (...). Flächennutzungspläne sind aber andererseits – in wesentlich stärkerem Maße als Bebauungspläne – von der tatsächlichen Entwicklung abhängig. Diese kann dazu führen, dass sich das Gewicht ihrer Aussagen bis hin zum Verlust der Aussagekraft abschwächt, wodurch der Flächennutzungsplan auch seine Bedeutung als Konkretisierung öffentlicher Belange und einer geordneten städtebaulichen Entwicklung verliert (...). Die Darstellungen des Flächennutzungsplans sind also - wie der Senat wiederholt entschieden hat – nur „Unterstützung und einleuchtende Fortschreibung bestimmter tatsächlicher Gegebenheiten."*

An dieser Auffassung hat das BVerwG auch in seiner Entscheidung v. 18.8.2005[74] festgehalten. Hierzu führt das BVerwG aus:

> *„Soweit die Gemeinde die betroffenen Belange bereits bei Aufstellung des Flächennutzungsplans fehlerfrei ermittelt und abgewogen hat, können diese im Rahmen der nachvollziehenden Abwägung nicht anders gewichtet werden. Es ist jedoch zu prüfen, ob das Vorhaben von den der grobmaschigeren planerischen Abwägung zugrunde liegenden tatsächlichen Annahmen in wesentlichen Punkten abweicht, insofern also atypisch ist, und ob sonstige Umstände vorliegen, die nicht Gegenstand der planerischen Abwägung waren und das Gewicht der gemeindlichen Planungsvorstellungen mindern. Insoweit ist insbesondere zu berücksichtigen, dass Flächennutzungspläne - in wesentlich stärkerem Maße als Bebauungspläne - von der tatsächlichen städtebaulichen Entwicklung abhängig sind. Dies kann dazu führen, dass sich das Gewicht ihrer Aussagen bis hin zum Verlust der Aussagekraft abschwächt (...). Liegen diese Voraussetzungen vor, können im Rahmen der nachvollziehenden Abwägung auch im Flächennutzungsplan genau festgelegte Immissionsgrenzwerte ihre Bedeutung als entgegenstehender öffentlicher Belang einbüßen. Die für den Flächennutzungsplan kennzeichnende relative Wirkungsschwäche unterscheidet diese Grenzwerte von solchen Immissionsgrenzwerten, die in Konkretisierung des Begriffs „schädliche Umwelteinwirkungen" (§ 3 Abs. 1 BImSchG) durch Rechtssatz, etwa durch Verordnungen auf der Grundlage des Bundes-Immissionsschutzgesetzes, festgelegt sind. Ruft ein privilegiertes Vorhaben derartige schädliche Umwelteinwirkungen hervor oder wird es ihnen ausgesetzt, muss sich dieser entgegenstehende öffentliche Belang (§ 35 Abs. 3 S. 1 Nr. 3 BauGB) wegen seiner Qualität als Rechtssatz bei der Abwägung mit den Interessen des Bauherrn immer durchsetzen."*

Diese Argumentation vermag nicht zu überzeugen, wenn der Flächennutzungsplan bereits Darstellungen mit hoher Dichte aufweist, die bereits das Ergebnis einer entsprechend stärker differenzierenden Abwägung auf der Flächennutzungsplan-Ebene sind. Für diese Fälle hat das BVerwG erkennbar Mühe, die Notwendigkeit

[73] BVerwG 20.7.1990 – 4 N 3/88 – DÖV 1991, 113 = DVBl. 1990, 1352 = BRS 50 Nr. 36; ebenso BVerwG 18.8.2005 – 4 C 13/04 – DVBl. 2005, 1583 = NVwZ 2006, 87 = BauR 2006, 52.
[74] BVerwG 18.8.2005 – 4 C 13/04 – DVBl. 2005, 1583 = NVwZ 2006, 87 = BauR 2006, 52.

und den Sinn einer nachvollziehenden Abwägung – für atypische Fallgestaltungen und Entwicklungen – zu begründen. Im Ergebnis liegt hier kein wesentlicher Unterschied zu den Fällen des § 35 Abs. 3 S. 3 vor. Daher liegt es nahe, auch hier eine rechtssatzmäßige Wirkung gegenüber dem Bürger anzunehmen.

3. Rechtsschutz gegenüber dem Flächennutzungsplan oder einzelner Darstellungen

3.1 Normenkontrolle nach § 47 VwGO

a) Kontrolleröffnung

Die verwaltungsgerichtliche Normenkontrolle ist in zwei Fällen möglich:

- nach § 47 Abs. 1 Nr. 1 VwGO bei Satzungen, die nach den Vorschriften des BauGB erlassen worden sind sowie bei Rechtsverordnungen nach § 246 Abs. 2 BauGB (§ 47 Abs. 1 Nr. 1 VwGO) sowie
- nach § 47 Abs. 1 Nr. 2 VwGO bei anderen im Rang unter dem Landesgesetz stehenden Rechtsvorschriften, sofern Landesrecht dies bestimmt.

Die zuerst genannte Alternative scheidet bei Flächennutzungsplänen von vornherein aus, so dass nur § 47 Abs. 1 Nr. 2 VwGO in Betracht zu ziehen ist.

Das verwaltungsgerichtliche Normenkontrollverfahren gem. § 47 Abs. 1 Nr. 2 VwGO ist in 13 Ländern zugelassen, und zwar in:

- Baden-Württemberg (§ 5 BaWü AGVwGO);
- Bayern (Art. 5 BayAGVwGO);
- Brandenburg (§ 4 Abs. 1 BrdbgVwGG);
- Bremen (Art. 7 Abs. 1 BremAGVwGO);
- Hessen (§ 11 Abs. 1 HessAGVwGO);
- Mecklenburg-Vorpommern (§ 13 MVGOrgG);
- Niedersachsen (§ 7 NdsAGVwGO);
- Rheinland-Pfalz (§ 4 RhPfAGVwGO);

- Saarland (§ 16 SaarAGVwGO);
- Sachsen (§ 24 Abs. 1 SächsJG);
- Sachsen-Anhalt (§ 10 LSAAGVwGO);
- Schleswig-Holstein (§ 5 SchlHAGVwGO);
- Thüringen (§ 4 ThAGVwGO).

b) Gegenstand der Normenkontrolle nach § 47 Abs. 1 Nr. 2 VwGO

Gegenstand der Normenkontrolle nach § 47 Abs. 1 Nr. 2 VwGO sind Rechtsvorschriften, die im Rang unter dem Landesgesetz stehen. Der hier verwendete Begriff der „Rechtsvorschrift" ist in der VwGO gesetzlich nicht näher erläutert.

Im Allgemeinen werden dazu Rechtsverordnungen, Satzungen und rechtsetzende Vereinbarungen, teilweise auch gewohnheitsrechtliche Normen gerechnet. Maßgebend für den Charakter einer Rechtsvorschrift ist deren materieller Charakter; auf die förmliche Deklaration kommt es nicht an[75]. Dies hat das BVerwG in seiner bereits genannten Entscheidung v. 20.11.2003[76] im Hinblick auf den Regionalplan Süd-Hessen klargestellt:

> *„Der Bundesgesetzgeber sieht davon ab, den Begriff der Rechtsvorschrift über die in § 47 Abs. 1 Nr. 2 VwGO genannten Merkmale hinaus zu definieren. Danach kommen als Gegenstand einer Normenkontrolle nur landesrechtliche Vorschriften in Betracht, die im Range unter dem Landesgesetz stehen. Dazu gehören zweifelsfrei Satzungen und Rechtsverordnungen. Dem stehen Vorschriften gleich, die dadurch Rechtsnormqualität erlangt haben, dass sie unabhängig von ihrem materiellen Gehalt durch Satzung oder Rechtsverordnung für verbindlich erklärt worden sind (...). Ob zum Kreis der Rechtsvorschriften auch Regelungen gehören können, die nicht förmlich als Norm erlassen worden sind, lässt der Gesetzgeber offen. Sinn und Zweck des § 47 Abs. 1 Nr. 2 VwGO legen indes ein weites Verständnis nahe (...). Das Bundesverwaltungsgericht trägt der Grundtendenz, die in § 47 Abs. 1 VwGO zum Ausdruck kommt, dadurch Rechnung, dass es auch Regelungen, die anhand formeller Kriterien nicht oder nicht eindeutig als Rechtsnormen zu qualifizieren sind, vom Kreis der Rechtsvorschriften nicht von vornherein ausschließt (...)."*

In seiner bereits erwähnten Entscheidung v. 20.7.1990[77] hatte das BVerwG im Einklang mit der bis dahin h. M.[78] den Flächennutzungsplan aus dem Kreis der nach § 47 Abs. 1 Nr. 2 VwGO kontrollierbaren Rechtsvorschriften ausgeschlossen und zur Begründung Folgendes ausgeführt:

---

[75] BVerwG 16.1.2003 – 4 CN 8/01 – E 117, 313 = DVBl. 2003, 804 = NVwZ 2003, 730.
[76] BVerwG 20.11.2003 – 4 CN 6/03 – DVBl 2004, 629 = ZfBR 2004, 272 = NVwZ 2004, 614.
[77] BVerwG 20.7.1990 – 4 N 3/88 – DÖV 1991, 113 = DVBl. 1990, 1352 = BRS 50 Nr. 36.
[78] So VGH Kassel 26.2.1969 – IV N 8/67 – BRS 22 Nr. 14; OVG Lüneburg 11.9.1970 – 1 A 145/69 – BRS 23 Nr. 11; BVerwG 20.7.1990 – 4 N 3/88 – DÖV 1991, 113 = DVBl. 1990, 1352 = BRS 50 Nr. 36; ebenso Reidt/Bracher in Gelzer/Bracher/Reidt, Bauplanungsrecht 7. Aufl. [2005] Rn. 1011.

„Zwar schließt der reine Gesetzeswortlaut die Interpretation durch das Normenkontrollgericht nicht aus: Wenn nach § 47 Abs. 1 Nr. 1 VwGO nur Satzungen nach dem Baugesetzbuch und dem Städtebauförderungsgesetz (sowie die gemäß § 246 Abs. 2 BauGB in Hamburg und Berlin an deren Stelle tretenden Rechtsverordnungen), zu denen der Flächennutzungsplan nach der Terminologie des Baugesetzbuches nicht gehört, der Normenkontrolle unterliegen, so könnte der Flächennutzungsplan, wäre er eine Rechtsvorschrift, zwar über Nr. 2 der Vorschrift als Gegenstand eines Normenkontrollverfahrens in Betracht gezogen werden. Eine solche Auslegung wäre jedoch mit Sinn und Zweck der im Jahre 1976 (durch Art. 1 § 1 des Gesetzes zur Änderung verwaltungsprozessualer Vorschriften vom 24. August 1976 - BGBl. I S. 2437 -) vorgenommenen Änderung des § 47 Abs. 1 VwGO, ein bundeseinheitliches Normenkontrollverfahren für das Städtebaurecht zu schaffen, nicht vereinbar. Bis zur Neufassung der Vorschrift hing die Überprüfung aller landesrechtlichen Verordnungen und aller anderen im Range unter dem Landesgesetz stehenden Vorschriften im Normenkontrollverfahren von einer besonderen landesrechtlichen Bestimmung ab (vgl. jetzt § 47 Abs. 1 Nr. 2 VwGO). Entsprechende Regelungen hatten jedoch nur einige Länder getroffen, so dass dem Bürger in den einzelnen Bundesländern in unterschiedlichem Maße die Möglichkeit gewährt wurde, Rechtsschutz zu suchen. Diese Rechtslage wurde vom (Bundes-)Gesetzgeber als unbefriedigend angesehen. Er hat ein Bedürfnis für eine Verbesserung des Rechtsschutzes durch ein bundeseinheitliches Normenkontrollverfahren insbesondere bei Bebauungsplänen bejaht. Diesem Ziel diente die Schaffung der neuen Nr. 1 des § 47 Abs. 1 VwGO (vgl. BT-Drucks. 7/4324, S. 6 f.; BT-Drucks. 7/5492, S. 3). Indem diese Vorschrift nur Satzungen (bzw. Rechtsverordnungen in den Stadtstaaten) erwähnt, folgt sie der schon im Zeitpunkt der Novellierung des § 47 VwGO nahezu einhelligen und durch die Rechtsprechung (...) bestätigten Auffassung, dass ein Normenkontrollverfahren im Städtebaurecht gegen andere Regelungen als Satzungen, insbesondere gegen den Flächennutzungsplan, nicht möglich sei. Angesichts dieser bundeseinheitlichen Neuregelung kann nicht angenommen werden, dass der Bundesgesetzgeber dem Landesrecht die Möglichkeit offenlassen wollte, den Flächennutzungsplan durch die allgemeine landesrechtliche Normenkontrolle nach § 47 Abs. 1 Nr. 2 VwGO gleichwohl einer Überprüfung im Normenkontrollverfahren zuzuführen. Denn damit wäre das Ziel, den Rechtsschutz auf dem Gebiete des Städtebaurechts möglichst einheitlich auszugestalten, erneut verfehlt worden. Vielmehr legt die Beschränkung der Normenkontrolle auf Satzungen nach dem Bundesbaugesetz/Baugesetzbuch und dem Städtebauförderungsgesetz in Nr. 1 den Gegenschluss nahe, dass eine landesrechtliche Erweiterung auf den Flächennutzungsplan kraft Bundesrechts ausgeschlossen sein soll."

Von dieser Auffassung ist das BVerwG aber – wie bereits erörtert – seit seiner Entscheidung v. 20.11.2003[79] abgerückt, soweit es um Darstellungen mit den Rechtswirkungen des § 35 Abs. 3 S. 3 geht. Es hat, wenn auch mehr beiläufig erklärt, dass der Gedanke, die „Möglichkeit einer Normenkontrolle zu eröffnen, nicht fern liegen mag." Damit sind im Ergebnis die Würfel gefallen, auch wenn noch keine ausdrückliche Bestätigung vorliegt.

Auch im Schrifttum wird zumindest in den genannten Fällen des „qualifizierten Flächennutzungsplans" eine Normenkontrolle für zulässig gehalten[80]. Das OVG

---

[79] BVerwG 20.11.2003 – 4 CN 6/03 – E 119, 217 = DVBl 2004, 629 = NVwZ 2004, 614.

[80] Vgl. Hoppe, Zur planakzessorischen Zulassung von Außenbereichsvorhaben durch Raumordnungs- und Flächennutzungspläne – zugleich Anmerkungen zur Rechtsprechung des BVerwG zur raumordnungsrechtlichen Zielbindung nach § 35 Abs. 3 BauGB -, DVBl. 2004, 1345; Gerhardt/Bier in Schoch/Schmidt-Aßmann/Pietzcker, VwGO § 47 Rn. 30; Kment, Die unmittelbaren Auswirkungen des Flächennutzungsplans, NVwZ 2004, 314; Hendler, Verwaltungsgerichtliche Kontrolle Privater gegen Raumordnungs- und Flächennutzungspläne, NuR 2004, 485.

Koblenz hat in seiner Entscheidung v. 8.12.2005[81] und in einer weiteren Entscheidung v. 20.7.2006[82] die Normenkontrolle von Flächennutzungsplänen bei großflächigem Nutzungsausschluss zugelassen. Die zugelassene Revision ist jedoch im zuerst genannten Fall zurückgenommen, im zweiten Fall aber noch anhängig. Es bleibt abzuwarten, ob es zu einer Entscheidung des BVerwG kommen wird.

Nach der hier vertretenen, insoweit aber (noch) nicht gefestigten Auffassung, kommt eine Normenkontrolle nach § 47 Abs. 1 Nr. 2 VwGO auch in Betracht bei

- gesamträumlichen Flächennutzungsplänen i. S. von § 5 Abs. 1 soweit sie als „qualifizierte Flächennutzungspläne" Darstellungen mit den Rechtswirkungen nach § 35 Abs. 3 S. 3 enthalten;
- Teilflächennutzungsplänen i.S. von § 5 Abs. 2b;
- Flächennutzungsplänen mit konkreten, auf Vorhaben bezogene und insoweit endgültig abgewogenen Darstellungen nach § 35 Abs. 3 S. 1 Nr. 1;
- regionalen Flächennutzungsplänen, jedenfalls soweit es um die in ihnen festgelegten Ziele der Raumordnung geht;
- „heteronomen Flächennutzungsplänen", soweit ihre Darstellungen der Bebauungsplanung der Mitgliedsgemeinden einen bindenden Rahmen vorgeben;
- allen Flächennutzungsplänen, soweit die Darstellungen der Planung anderer Planungsträger einen bindenden Rahmen vorgeben und insoweit eine Anpassungspflicht nach § 7 auslösen.

c) Antragsbefugnis

Hinsichtlich der Antragsbefugnis nach § 47 Abs. 2 S. 1 VwGO bestehen in den Fällen des § 47 Abs. 1 Nr. 2 VwGO keine höheren Anforderungen als in den Fällen des § 47 Abs. 1 Nr. VwGO.

Antragsbefugt ist nach § 47 Abs. 2 S. 1 VwGO, wer eine Rechtsverletzung geltend machen kann. Zu den verletzbaren Rechten gehört bei der Bauleitplanung auch das „Recht auf Abwägung"[83]. Das Recht auf Abwägung bezieht sich nicht nur auf sub-

[81] OVG Koblenz 8.12.2005 – 1 C 10065/05 – ZNER 2005, 336.
[82] – 1 C 10052/06 –.
[83] So BVerwG 24.9.1998 – 4 CN 2/98 – E 107, 215 = DÖV 1999, 208 = DVBl 1999, 100; seitdem ständige Rspr. vgl. u. a. BVerwG 22.8.2000 – 4 BN 38/00 – NVwZ 2000, 1413 = ZfBR 2000, 564 = BRS 63 Nr. 45; BVerwG 6.12.2000 – 4 BN 59/00 – NVwZ 2001, 431 = BRS 63 Nr. 47 = ZfBR 2001, 202 ; BVerwG 11.12.2003 – 4 CN 10/02 – E 119, 312 = DVBl 2004, 635 = NVwZ 2004, 729; kritisch hierzu Schütz, NVwZ 1999, 929.

jektiv-öffentliche Rechte des Betroffenen, sondern umfasst auch abwägungserhebliche Belange unterhalb der Rechtsschwelle. Im Hinblick auf einen Flächennutzungsplan sind private Belange abwägungserheblich, soweit sie auf dieser Planungsstufe erkennbar und i.S. von § 2 Abs. 3 für die Abwägung von Bedeutung waren.

Die Gemeinden sind antragsbefugt, soweit es um ihre Befugnis zur Selbstverwaltung geht. Dieses Recht kann durch die Festlegung von Zielen der Raumordnung in einem regionalen Flächennutzungsplan berührt sein. Die Rechtsverletzung besteht bereits darin, dass sie im Hinblick auf die Bindungswirkung der Raumordnungspläne über § 1 Abs. 4 in der Ausübung ihrer Planungsbefugnis beeinträchtigt ist. Eine konkrete Planung der Gemeinde, die von Zielen der Raumordnung betroffen wäre, braucht nicht vorzuliegen[84].

Aus vergleichbaren Gründen kann z. B. eine Mitgliedsgemeinde durch die Flächennutzungsplanung einer Samtgemeinde betroffen sein. Eine Gemeinde kann geltend machen, dass der Flächennutzungsplan einer Nachbargemeinde mit ihr nicht hinreichend gem. § 2 Abs. 2 abgestimmt ist und sie deshalb in ihren Rechten verletzt.

Das OVG Bautzen[85] und der VGH München[86] haben gegen Raumordnungspläne die Normenkontrolle zugelassen und auch eine Antragsbefugnis Privater bejaht. Diese Argumentation lässt sich problemlos auf die Fälle des regionalen Flächennutzungsplans übertragen.

In den Fällen des § 7 ist eine Antragsbefugnis der betroffenen Behörden gegeben, da sie den Flächennutzungsplan bei ihren Planungen zu beachten haben[87].

d) Einstweilige Anordnung

Kommt ein Normenkontrollantrag in Betracht, kann das Gericht nach Maßgabe des § 47 Abs. 6 VwGO auf Antrag eine einstweilige Anordnung erlassen, wenn dies zur Abwehr schwerer Nachteile oder aus anderen wichtigen Gründen dringend geboten ist. Inhaltlich ginge die einstweilige Anordnung dahin, den Flächennutzungsplan außer Vollzug zu setzen.

---

[84] BVerwG 15.3.1989 – 4 NB 10/88 – E 81, 307 = DÖV 1989, 859 = DVBl. 1989, 662.
[85] OVG Bautzen 26.11.2002 – 1 D 36/01 – SächsVBl 2003, 84 = LKV 2003, 333.
[86] VGH München 8.12.2003 – 20 N 01.2612 – BayVBl 2004, 272 = ZfBR 2004, 276 = BRS 66 Nr. 12.
[87] BVerwG 11.8.1989 – 4 NB 23/89 – NVwZ 1990, 57 = BRS 49 Nr. 40 = ZfBR 1989, 272.

4.2 Kommunalverfassungsbeschwerde

Soweit sich eine Gemeinde durch die Darstellungen eines nicht von ihr erlassenen Flächennutzungsplans beschwert fühlt, stellt sich auch die Frage nach der Zulässigkeit einer Kommunalverfassungsbeschwerde. Dies ist besonders in den Ländern von Bedeutung, die eine Normenkontrolle nach § 47 Abs. 1 Nr. 2 VwGO nicht zulassen wie z. B. Nordrhein-Westfalen[88].

Angriffsgegenstand einer Kommunalverfassungsbeschwerde nach Art. 93 Abs. 1 Nr. 4 b GG und § 92 BVerfGG können alle Arten der vom Staat erlassenen Rechtsnormen sein, die Außenwirkung gegenüber Gemeinden entfalten, weil – wie das BVerfG in der Wilhelmshaven-Entscheidung[89] klargestellt hat – auch bei ihnen der maßgebliche Gesichtspunkt zutrifft, dass andernfalls eine mit der Rechtsschutzfunktion der Kommunalverfassungsbeschwerde unvereinbare Lücke entstünde. Satzungen können dem BVerfG dagegen nicht vorgelegt werden.

Antragsberechtigt sind nur Gemeinden, nicht Private. Geprüft wird auch nur die Vereinbarkeit mit dem Verfassungsrecht.

Die Kommunalverfassungsbeschwerde beim BVerfG ist subsidiär. Sie ist ausgeschlossen, soweit die Gemeinde nach dem jeweiligen Landesrecht das Landesverfassungsgericht anrufen kann (§ 91 BVerfGG). Eine Klage bzw. Beschwerde von Gemeinden beim Landesverfassungsgericht ist eröffnet in:

- Baden-Württemberg (vgl. Art. 76 BaWüLVerf i. V. m. §§ 8 Abs. 1 Nr. 8, 54, 48, 50 BaWüStGHG);
- Bayern (Art. 98 S. 4 BayLVerf i.V.m. Art. 2 Nr. 7, 53 BayVerfGHG);
- Hessen (Art. 131 Abs. 1 HessVerf i.V.m. § 46 HessStGHG);
- Niedersachsen (Art. 54 Nr. 5 NdsVerf);
- Nordrhein-Westfalen (Art. 75 Nr. 4 NWVerf i.V.m. § 52 NWVerfGHG);
- Rheinland-Pfalz (Art. 130 Abs. 1 Buchst. a RhPfLVerf i.V.m. § 23 RhPfVerfGHG).

In Baden-Württemberg, Niedersachsen und Rheinland-Pfalz ist die Beschwerdemöglichkeit allerdings auf formelle Gesetze beschränkt.

---

[88] Hierzu Betrams, Die verfassungsgerichtliche Kontrolle der Planung, in Festschr. f. Hoppe [2000] S. 975.

[89] BVerfG 23.6.1987 – 2 BvR 826/83 – Wilhelmshaven Beschluss – E 76, 107 = DÖV 1988, 122 = DVBl. 1988, 41.

In Bayern und Nordrhein-Westfalen ist die Beschwerde gegen „Landesrecht" eröffnet. Dieser Begriff umfasst nicht allein Gesetze im förmlichen Sinne, sondern auch untergesetzliche Rechtsnormen. Insoweit kommt hier, sofern die übrigen Voraussetzungen vorliegen und der Rechtsweg erschöpft ist, eine Kommunalverfassungsbeschwerde gegen Regionalpläne[90] und damit auch gegen einen regionalen Flächennutzungsplan in Betracht, sofern das Verhältnis zwischen dem regionalen Planungsträger und den Gemeinden als Außenrechtsverhältnis ausgestaltet ist.

4.3 Feststellungsklage

Durch Feststellungsklage nach § 43 VwGO kann die Feststellung des Bestehens oder Nichtbestehens eines konkreten Rechtsverhältnisses begehrt werden, wenn der Kläger ein berechtigtes Interesse an der baldigen Feststellung hat. Feststellungsfähig ist aber nur konkretes Rechtsverhältnis; es muss sich also um rechtliche Beziehungen handeln, die sich aus einem konkreten Sachverhalt aufgrund einer öffentlich-rechtlichen Norm für das Verhältnis von Personen untereinander oder einer Person zu einer Sache ergeben, kraft deren eine der betroffenen Personen etwas Bestimmtes tun muss, kann oder darf oder nicht zu tun braucht[91]. Die Feststellungsklage würde demnach nicht den Flächennutzungsplan unmittelbar betreffen.

Ein konkretes Rechtsverhältnis kann in folgenden Fällen in Betracht gezogen werden:

- Der regionale Flächennutzungsplan bindet – ebenso wie der Regionalplan – die Gemeinden gem. § 1 Abs. 4. Diese Anpassungspflicht begründet jedenfalls ein konkretes Rechtsverhältnis, wenn Zielfestlegungen hinreichend konkret sind, so dass der Planungsspielraum der Gemeinde spürbar eingeschränkt ist[92].
- Das interkommunale Abstimmungsgebot nach § 2 Abs. 2 begründet nach Auffassung des BVerwG Pflichten und Ansprüche im Verhältnis zwischen den jeweils beteiligten Gemeinden. Deshalb könne sich eine Nachbargemeinde gegen Darstellungen im Flächennutzungsplan wegen Verletzung

[90] Vgl. NWVerfGH 15.12.1989 – VerfGH 5/88 – E 40, 310 = DVBl. 1990, 417 = NVwZ 1990, 456; NWVerfGH 18.6.1991 – VerfGH 5/90 – E 42, 297 = NVwZ 1991, 1173 = UPR 1991, 449; NWVerfGH 9.2.1993 – VerfGH 18/91 und 2/92 – E 43, 245 = NVwZ-RR 1993, 542 = BRS 55 Nr. 43; NWVerfGH 25.6.2002 – 25.6.2002 – 42/00 – NWVBl 2002, 376 = NVwZ 2003, 202 = BRS 65 Nr. 1OVGE.

[91] Hierzu BVerwG 26.1.1996 – 8 C 19/94 – E 100, 262 = DVBl 1996, 993 = DÖV 1996, 741.

[92] Zum Raumordnungsplan Koch/Hendler Baurecht, Raumordnungs- und Landesplanungsrecht, 4. Aufl. (2004) § 9 Rn. 20.

ihres in Art. 28 Abs. 2 GG gewährleisteten Selbstverwaltungsrechts (Planungshoheit) mit der Feststellungsklage wehren, weil sie bei ihrer Bauleitplanung nach § 2 Abs. 2 wiederum auf diesen Flächennutzungsplan Rücksicht nehmen müsse[93]. Dieser Rechtsschutz sei vorbeugender Art, denn die Nachbargemeinde will verhindern, dass sich der Fehler bei der Aufstellung eines Bebauungsplanes wiederholt und infolge der Wiederholung verfestigt.

- Eine Feststellungsklage müsste nach h. M. auch gegen einen regionalen Flächennutzungsplan in Betracht kommen, wenn bei einem Regionalplan weder eine Normenkontrolle nach § 47 VwGO noch der Rechtsweg zum Verfassungsgericht des Landes eröffnet ist[94].
- Brohm[95] hält gegen den „heteronomen Flächennutzungsplanung" eine Feststellungsklage für erforderlich. Nach der hier vertretenen Auffassung kommt in diesen Fällen wegen der Außenwirkung des Flächennutzungsplans eine Normenkontrolle in Betracht.

4.4 Anfechtungsklage gegen den Flächennutzungsplan?

Nach h. M. kann der von den Darstellungen eines Flächennutzungsplans Betroffene den Flächennutzungsplan weder insgesamt noch einzelne seiner Darstellungen mit der Anfechtungsklage nach § 42 VwGO angreifen[96], da es sich bei den Darstellungen des Flächennutzungsplans nicht um Verwaltungsakte handelt.

Gleichwohl schlägt Bönker im Lehrbuch Hoppe/Bönker/Grotefels „Öffentliches Baurecht"[97] bei Darstellungen mit den Rechtswirkungen des § 35 Abs. 3 S. 3 eine Anfechtungsklage vor:

> *„Nach der neueren Rechtsprechung des BVerwG spricht einiges dafür, dass künftig der unmittelbare Rechtsschutz gegen Flächennutzungspläne in weitergehendem Umfang anerkannt wird. Im Zusammenhang mit § 35 Abs. 3 S. 3 BauGB hat das BVerwG dem Flächennutzungsplan ausdrücklich Außenwirksamkeit beigemessen (...). Bei Zugrundelegung dieser Rechtsauffassung ist es*

[93] So im Hinblick auf die früher in § 2 Abs. 4 BBauG enthaltene Regelung BVerwG 8.9.1972 – 4 C 17/71 – Krabbenkamp-Urteil – E 40, 328 = DÖV 1973, 200 = DVBl. 1973, 34; ebenso Söfker in E/Z/B BauGB Lfg. 76 [2005] § 5 Rn. 9; Gaentzsch in Berl.Komm. 3. Aufl. 1. Lfg. [2002] § 5 Rn. 4; Bönker in Hoppe/Bönker/Grotefels Öffentliches Baurecht 3. Aufl. [2004] § 17 Rn. 6.

[94] So Löhr DVBl. 1980, 13; Erbguth/Schoeneberg, Raumordnungs- und Landesplanungsrecht 2. Aufl. [1992], Rn. 180; Koch/Hendler, Baurecht, Raumordnungs- und Landesplanungsrecht 2. Aufl. [1995] 1. Teil IX Rn. 18 ff.; Halama, Durchsetzung und Abwehr von Zielen der Raumordnung und Landesplanung auf der Gemeindeebene, in Festschr. f. Schlichter [1995], 201, 208 f.; Runkel in Bielenberg/Erbguth/Runkel, Raumordnungs- und Landesplanungsrecht des Bundes und der Länder [40. Lfg. 1999] K § 4 Rn. 430 f.

[95] Brohm, Öffentliches Baurecht 3. Aufl. [2002] § 6 Rn.17.

[96] VGH München 29.7.1992 – 20 N 91.2692 – BRS 54 Nr. 42 = NuR 1993, 328 = BayVBl. 1993, 721; ebenso Brohm, Öffentliches Baurecht 3. Aufl. [2002] § 6 Rn. 15.

[97] § 17 Rn. 7.

konsequent, etwa betroffenen Grundeigentümern frühzeitige Rechtsbehelfsmöglichkeiten einzuräumen (...). Da der Flächennutzungsplan nicht als Satzung beschlossen wird, bieten sich insbesondere die Anfechtungsklage gegen individuelle Letztentscheidungen zur Zulässigkeit von Vorhaben oder die Feststellungsklage an. Die Alternative kann lediglich darin bestehen, die Inzidentprüfung von Flächennutzungsplänen auszuweiten; im Interesse der Rechtssicherheit kann dies aber kaum wünschenswert sein.“

4.5 Inzidentkontrolle

Bei einer Inzidentprüfung ist die Rechtmäßigkeit des Flächennutzungsplans oder einzelner Darstellungen nur Vorfrage bei der Kontrolle eines Bebauungsplans oder einer Verwaltungsentscheidung. Die Besonderheit einer Inzidententscheidung besteht darin, dass sie nur die am konkreten Verwaltungsverhältnis Beteiligten bindet. Eine allgemeine Wirkung (gegenüber jedermann) wird nicht erzeugt. Bei einer Inzidentverwerfung werden also der Flächennutzungsplan oder seine Darstellungen in seiner Wirksamkeit nicht generell in Frage gestellt oder beseitigt, sondern lediglich im konkreten Fall nicht beachtet. Die Inzidentprüfung erfolgt im Rahmen des jeweils anhängigen Verfahrens.

Der Flächennutzungsplan kann inzident überprüft werden, soweit es auf seine Wirksamkeit bei der Entscheidung ankommt[98]. Dem Umstand, dass der Flächennutzungsplan als Vorstufe der verbindlichen gemeindlichen Planung nach h. M. nicht eigenständig angreifbar ist, kommt insofern keine maßgebliche Bedeutung zu[99]. Eine Prüfung des Flächennutzungsplans als Vorfrage kann u. a. in Betracht kommen bei:

- Normenkontrollen gem. § 47 VwGO gegen einen Bebauungsplan;
- Anfechtungsklagen der Gemeinde gegen Maßnahmen der Kommunalaufsicht, die eine Änderung des Flächennutzungsplans anordnen oder ersatzweise durchführen;
- Anfechtungsklagen der Gemeinde gegen die Planfeststellung eines öffentlichen Planungsträgers wegen fehlender Übereinstimmung mit dem Flächennutzungsplan und damit wegen Verletzung von § 7;
- Anfechtung von Verwaltungsakten (z. B. Baugenehmigungen) auf der Grundlage von § 30, wenn die Gültigkeit des Bebauungsplans wiederum

[98] Vgl. Beenken, Zur Überprüfbarkeit von Bauleitplänen (1967) S. 171; Meyer DVBl. 1968, 492.
[99] OVG Lüneburg 24.3.2003 – 1 LB 3571/01 – RdL 2003, 234 = ZNER 2003, 344 = BRS 66 Nr. 14; mit Hinweis auf BVerwG 17.12.2002 – 4 C 15/01 – E 117, 287 = DVBl. 2003, 797 = NVwZ 2003, 733; vgl. auch Hendler, Verwaltungsgerichtliche Kontrolle Privater gegen Raumordnungs- und Flächennutzungspläne, NuR 2004, 485; Kment, NVwZ 2004, 314.

von der Wirksamkeit des Flächennutzungsplans abhängt oder in den Fällen des § 35 Abs. 3;

- Verpflichtungsklagen auf Erteilung einer Baugenehmigung auf der Grundlage von § 30, wenn die Gültigkeit des Bebauungsplans wiederum von der Wirksamkeit des Flächennutzungsplans abhängt, oder bei Versagung einer Baugenehmigung aus Gründen des § 35 Abs. 3.

Berliner Schriften zur Stadt- und Regionalplanung

Herausgegeben von Prof. Dr. Stephan Mitschang

Band 1 Stephan Mitschang (Hrsg.): Umweltprüfverfahren in der Stadt- und Regionalplanung. 2006.

Band 2 Stephan Mitschang (Hrsg.): Stadt- und Regionalplanung vor neuen Herausforderungen. 2007.

Band 3 Stephan Mitschang (Hrsg.): Flächennutzungsplanung – Aufgabenwandel und Perspektiven. 2007.

www.peterlang.de

FSC
www.fsc.org
MIX
Papier | Fördert gute Waldnutzung
FSC® C083411

Kolibri 360 GmbH
Ferdinand-Jühlke-Straße 7
99095 Erfurt, Deutschland
produktsicherheit@kolibri360.de

Druck:
CPI Druckdienstleistungen GmbH
im Auftrag der
Kolibri 360 GmbH
Ferdinand-Jühlke-Str. 7
99095 Erfurt